数据库系统原理

（第二版）

王　勋　韩培友　编著

浙江工商大学出版社
ZHEJIANG GONGSHANG UNIVERSITY PRESS

图书在版编目(CIP)数据

数据库系统原理 / 王勋,韩培友编著. —2 版. —
杭州:浙江工商大学出版社,2018.8(2024.7 重印)
ISBN 978-7-5178-2636-1

Ⅰ.①数… Ⅱ.①王… ②韩… Ⅲ.①数据库系统
Ⅳ.①TP311.13

中国版本图书馆 CIP 数据核字(2018)第 052709 号

数据库系统原理(第二版)
SHUJUKU JITONG YUANLI (DIERBAN)

王 勋 韩培友 编著

责任编辑	吴岳婷
封面设计	林朦朦
责任印制	包建辉
出版发行	浙江工商大学出版社
	(杭州市教工路 198 号 邮政编码 310012)
	(E-mail:zjgsupress@163.com)
	(网址:http://www.zjgsupress.com)
	电话:0571 - 88904980,88831806(传真)
排 版	杭州朝曦图文设计有限公司
印 刷	广东虎彩云印刷有限公司绍兴分公司
开 本	787mm×960mm 1/16
印 张	18.5
字 数	343 千
版 印 次	2018 年 8 月第 1 版 2024 年 7 月第 5 次印刷
书 号	ISBN 978-7-5178-2636-1
定 价	49.00 元

内 容 简 介

  本书作为数据科学的入门课程,立足面向新媒体和新工科的学科要求,同时满足云时代下人工智能和大数据的需求,全书以实例分析为主线,结合 SQL Server2016,系统地阐述了数据库系统的基本原理、基本技术、基本方法及其应用。全书共 11 章,主要内容包括:概述、关系代数、数据完整性、SQL Server、概念模型和逻辑模型、关系规范化、数据安全、并发控制、数据恢复、数据库设计、数据仓库与大数据。

  本书以 SQL Server 2016 为 DBMS 介绍数据库技术的实现技术,以 Java,VC＋＋,Python 和 IDL 为主语言介绍数据库系统的设计与实现技术,并提供详细操作和完整程序系统。

  本书内容丰富、深入浅出、通俗易懂、结构严谨、注重实用,理论结合实例、实例体现理论,并以化难为易,化繁为简的理念构造了大量取材新颖、实用的例题和习题以及实用性强的微型系统,便于读者巩固所学知识。

  本书适用于高等院校计算机科学与技术、数据科学与大数据技术、信息安全、软件工程、网络工程、信息管理与信息系统、电子商务等相关本科专业的数据库原理课程教材。也可作为从事数据库系统研究与应用开发的工程技术人员的参考书。

  本书提供电子课件及学习资料,可扫描封底的二维码下载。

前　言

在云数据和大数据时代,数据库技术已经成为计算机科学和信息科学的重要组成部分,为了适应基于数据库系统的数据在线事务处理 OLTP 和基于数据库仓库与数据挖掘的大数据和人工智能的在线分析处理 OLAP 的新技术和新应用,从而确保本书的科学性和先进性,进而做到易用和实用,最终满足新媒体和新工科的专业需求,因此,需要对本书进行修订。

自从本书的第一版出版以来,已经经过了多年的使用,在得到认可的同时也发现了一些问题,所以对本书做了如下内容调整:

(1)以网上书店(授课范例)、商品销售(课内实验范例)和学籍管理(课外实验范例)等多个具体应用系统的研发过程为主线,结合实际应用过程循序渐进的详细阐述数据库系统的原理、技术与方法。

(2)调整了第一版教材内容的顺序,使之更便于学习数据处理与分析技术。

(3)删除了第一版第 5 章中实际利用率较低的较难的内容。

(4)增加了大数据的基本内容。

(5)增加了课程内容的教学视频。

(6)提供了基于 Java、VC＋＋、Python 3. 10、IDL 8. 8. 1 和 Access 2019 的 Mini 应用系统和 Mini 数据库管理系统及其相关素材和源代码(出版社网站提供下载)。

SQL Server 是微软的专业级数据库管理软件,其数据库管理功能完善,操作简单且安全稳定,拥有很高的市场占有率。

Python 是一种最新的动态数据类型、解释性、互动性和面向对象的高级可视化程序设计语言。通过 Python 提供的丰富模块,使得其在网络编程、游戏、系统编程、图形处理、多媒体应用、数据库编程、数学处理、文本处理和数据可视分析等多个方面得到了广泛的成功应用。

Java 是 Oracle(Sun)的应用最广的可视化编程工具,是基于面向对象程序设计的集成开发环境,具有执行速度快和代码效率高等特点。

修订的新书是面向高等学校计算机、软件工程、计算机网络、信息管理与信息系统和电子商务等相关专业学生的一本教材。其特点是以实例分析为主线,结合实际用例阐述数据库系统的基本原理与方法,以 SQL Server 2016 为工具介绍数据库的实现技术,以 Python 和 Java 等为主语言介绍数据库系统的设计与实现。同时注重实际应用能力培养,强调实践和动手,引入开源数据库,开阔学生视野,从而可以使读者系统、全面地学习数据库系统的基本理论和应用技术。

全书由 11 章组成。第 1 章介绍数据库技术的基本理论、数据模型,数据库系统及其系统结构等。第 2 章介绍关系数据语言、关系运算、查询处理和查询优化。第 3 章介绍数据完整性。第 4 章介绍 SQL Server 的基本操作、建立数据库和数据查询。第 5 章介绍概念模型和逻辑模型。第 6 章介绍关系模式的规范化理论和方法。第 7 章介绍数据安全模型和数据安全控制机制。第 8 章介绍事务管理、并发控制和封锁机制等。第 9 章介绍故障管理和数据恢复机制。第 10 章分析数据库设计的方法与步骤、数据库引擎、SQL Server 程序设计、游标、存储过程、函数和应用程序设计等。第 11 章介绍 XML 数据库、数据仓库、数据挖掘和大数据等数据库新技术。

为了便于读者使用本书,作者为本书制作了电子课件,需要者扫描二维码下载。

本书是作者多年从事数据库技术教学和科研的经验和总结。第 1~5 章由浙江工商大学计算机与信息工程学院王勋教授编写;第 6~11 章由浙江工商大学计算机与信息工程学院的韩培友副教授编写。

全书由王勋教授负责整体结构设计、内容安排和全部审校工作,并最后审定。

本书获浙江省重点规划教材基金资助,为本书的出版提供了经费支持。教材得以正式出版,并以较快的速度与读者见面,这与参与编写的老师及出版社编辑的辛勤工作是分不开的,在此表示诚挚的感谢!

鉴于作者水平有限,错误与不妥之处在所难免,敬请同行专家与广大读者不吝指正。

王 勋 韩培友

2021 年 10 月于杭州

目　　录

第1章　*Chapter 1*

概　　述

概述

　　现在的生活和工作已经进入云数据和大数据时代,面对不断飞速增长的海量数据,不但需要利用数据库系统对数据进行数据处理,而且需要利用数据仓库及其挖掘技术对大数据进行数据分析,从而得到有价值的信息,而数据库技术是数据处理与分析的最有效手段。

　　数据库技术是通过研究数据库的结构、存储、设计、管理以及应用的基本理论和实现方法,并利用这些理论来实现对数据库中的数据进行处理、分析和理解的技术。即:

　　数据库技术是研究、管理和应用数据库(数据仓库)的一门软件科学。

1.1　数据库实例

数据库实例

　　数据库技术作为信息系统的核心技术,研究如何科学地组织和存储数据,高效地获取和处理数据,从而减少数据冗余、实现数据共享和确保数据安全,并利用应用系统最终实现对数据的处理、分析和理解。显然,数据库技术的核心内容是数据库设计。

1.1.1　学生选课数据库

学生选课数据库

　　西湖大学准备开发教务管理系统,需要设计学生选课数据库,数据要求包括学生基本信息,课程基本信息和学生选修某些课程获得的考试成绩。为此,需要设计学生 Student、课程 Course 和选课 Student Course3 张表来组织学生选课数据库。(如表 1.1 ～ 1.3 所示)

表 1.1　学生 Student

学号 SNo	姓名 SName	性别 SSex	年龄 SAge	电话 SPhone	照片 SPhoto	微信 MInfo
S00001	杨康	男	20	13666612316	Xn. jpg	Xn123456
S00002	穆念慈	女	19	13666612326	Pj. jpg	pj234567
S00003	欧阳克	男	25	13666612336	Ws. jpg	Ws345678
S00004	周伯通	男	22	13666612346	Wd. jpg	Wd456789

表 1.2　课程 Course

课程号 CNo	课程名 CName	先修课 CPNo	开课学期 Seme	学时 Peri	学分 Cred
C001	高等数学	Null	1	64	4
C002	数据库原理	C003	3	48	3
C003	Python 语言	C001	2	48	3

表 1.3　选课 Student Course

学号 SNo	课程号 CNo	成绩 Grade	学号 SNo	课程号 CNo	成绩 Grade
S00001	C001	99	S00002	C002	95
S00001	C002	98	S00003	C001	88
S00001	C003	96	S00003	C003	89
S00002	C001	98	S00004	C002	99

微型 DBMS

1.1.2　网上书店数据库

　　西湖大学为推动学生创新创业,由校学生会发起创建了以销售旧教材为主的学生网上折扣书店,需要开发网上书店销售系统,设计网上书店数据库,书店 EBook 需要管理电子图书、客户和出版社,以及客户购买图书的相关信息,因此,可以使用图书 Book、客户 Cust、出版社 Press 和购买 Buy 4 张表(如表 1.4～1.7 所示)来组织网上书店数据库。即:

　　图书 Book(书号 BNo,书名 BName,作者 Author,社号 PNo,版次 EditNo,定价 Price,进价 PPrice,售价 SPrice)。

客户 Cust(户号 CNo,户名 CName,性别 CSex,生日 Birth,电话 Phone,婚否 Marry,照片 Photo,邮箱 Email)。

出版社 Press(社号 PNo,社名 PName,邮编 PCode,社址 PAddr,电话 Phone,邮箱 Email,网址 HPage)。

购买 Buy(户号 CNo,书号 BNo,购买日期 PDate)。

表 1.4　图书 Book

书号 BNo	书名 BName	作者 Author	社号 PNo	版次 EditNo	定价 Price	进价 PPrice	售价 SPrice
ISBN978-7-04-040664-1	数据库系统概论	王珊	ISBN978-7-04	5	39.6	20	25
ISBN978-7-302-33894-9	Java 程序设计教程	雍俊海	ISBN978-7-302	3	69	26	36
ISBN978-7-5612-2591-2	图像技术	韩培友	ISBN978-7-5612	1	36	12	16
ISBN978-7-5612-2123-1	IDL 可视化分析	韩培友	ISBN978-7-5612	1	45	19	22
ISBN978-7-5178-0167-2	Access 数据库应用	韩培友	ISBN978-7-81140	1	39.8	16	19
ISBN978-7-81140-582-8	MySQL 实验指导	韩培友	ISBN978-7-81140	1	25	10	15

表 1.5　客户 Cust

户号 CNo	户名 CName	性别 CSex	生日 Birth	电话 Phone	婚否 Marry	照片 Photo	邮箱 EMail
C001	郭靖	男	1966-06-01	13611122233	是	二进制数据 Hu. Jpg	123450@qq. com
C002	黄药师	男	1979-09-10	13911122233	是	NULL	543210@qq. com
C003	黄蓉	女	1988-10-06	13622233355	是	NULL	122220@qq. com
C004	洪七公	男	1999-06-16	13922233355	否	NULL	222220@qq. com
C005	梅超风	女	2002-07-11	13655566699	否	NULL	345220@qq. com
C006	欧阳锋	男	2006-08-08	13955566699	否	NULL	562220@qq. com

表 1.6　出版社 Press

社号 PNo	社名 PName	邮编 PCode	社址 PAddr	电话 Phone	邮箱 EMail	网址 HPage
ISBN978-7-04	高等教育出版社	100120	北京市西城区德外大街4号	(010)58581118	Gjdzfwb@pub.hep.cn	www.hep.edu.cn
ISBN978-7-302	清华大学出版社	100084	清华大学学研大厦A座	(010)62781733	e-sale@tup.tsinghua.edu.cn	www.tup.tsinghua.edu.cn
ISBN978-7-115	人民邮电出版社	100164	北京市丰台区成寿寺路11号	(010)81055075	Youdianhr@gmail.com	www.ptpress.com.cn
ISBN978-7-5612	西北工业大学出版社	710072	西安市友谊西路127号	(029)88493844	Fxb@nwpup.com	www.nwpup.com
ISBN978-7-81140	浙江工商大学出版社	310012	杭州市教工路198号	(0571)88823703	61627291@qq.com	www.zjgsupress.com

表 1.7　购买 Buy

户号 CNo	书号 BNo	购买日期 PDate	户号 CNo	书号 BNo	购买日期 PDate
C001	ISBN978-7-04-040664-1	2014-10-26	C002	ISBN978-7-04-040664-1	2014-11-22
C001	ISBN978-7-302-33894-9	2014-06-16	C002	ISBN978-7-302-33894-9	2014-08-12
C001	ISBN978-7-5612-2591-2	2010-01-12	C003	ISBN978-7-5612-2591-2	2011-11-13
C001	ISBN978-7-5612-2123-1	2006-12-01	C005	ISBN978-7-5612-2123-1	2008-10-09
C001	ISBN978-7-5178-0167-2	2014-03-19	C006	ISBN978-7-5178-0167-2	2015-06-18
C001	ISBN978-7-81140-582-8	2012-09-15	C006	ISBN978-7-81140-582-8	2013-10-17

　　不难看出,网上书店数据库把数据分散在4张表中,那么,仅使用1张表是否可行?数据只能以表的形式存储吗?是否存在规范的数据结构来组织数据。数据库技术会给出正确答案。

　　思考:为什么使用4张表优于使用1张表?请从多个方面进行详细分析。

　　提示:从数据冗余、插入异常、修改异常和删除异常等方面分析。

　　结论:对于实际应用,设计数据库中表的个数,规范每个表的属性个数以及每个属性的特征要求、约束条件和依赖关系等,最终实现安全稳定合理的数据库系统。

1.2　基本知识

数据库技术的研究对象是数据,研究内容是通过对数据的统一组织和管理,按照指定的数据结构建立相应的数据库;利用数据库管理系统实现对数据库的数据进行添加、修改、删除、查询和报表等多功能的应用系统;并利用数据库系统实现对数据的处理和分析。

1.2.1　数据

数据 + 数据库

数据(Data) 是表示客观事物的符号。我们所使用的数据通常分为文本、图形、图像、音频、视频和动画等数据类型。其中文本又分为数值、字符、日期、时间和逻辑等数据类型。

例如:网上书店中图书的定价为 39.6 元;书名为数据库系统概论;生日为 1966 年 6 月 6 日(1966-06-06);婚否为是;照片为 Hu.jpg;起飞时间是 16 时 16 分 16 秒(16:16:16) 等。

数值:表示年龄、工资和单价等大小多少的数据。例如:16, - 10 和 26.6。

字符:表示人名、地名和物品等名称的数据。例如:李明、杭州和图书。

日期:表示工作日期、出生日期和入党日期等数据。例如:2016 年 6 月 6 日。

时间:表示上班时间、休息时间和开饭时间等数据。例如:10:12:19。

逻辑:表示是否结婚、是否党员等逻辑判断结果的数据。例如:真和假。

图形:表示直线、三角形和圆形等几何图形的数据。例如:正方形和五角星。

图像:表示人物照片、风景照片和遥感图像等数据。例如:猫的照片 Cat.jpg。

音频:表示语音、声效和音乐等数据。例如:一段录音和飞机起飞的声音。

视频:表示 MTV 和电影剪辑等数据。例如:精彩电影剪辑 Robot.mpg。

动画:表示计算机三维动画的数据。例如:Flash 动画 Fly.fla 和 3D 动画 Audi.3ds。

通常把文本、图形、声音、图像、视频和动画等数据的集合,称为多媒体数据(Multimedia Data)。

总之,信息来源于数据,数据是信息的载体。信息是数据处理后有价值的数据。原始数据需要进行数据处理,才能成为真正有价值的信息。

1.2.2　数据库

数据库(Data Base,DB) 是长期存储在计算机内,有组织可共享的大量数据的集合。即:存放数据的电子仓库。

例如:图书、客户、出版社和购买等组成了电子书店数据库 EBook。

数据库对所有的数据,按照指定的数据模型实行统一的组织、存储和管理。数据库独立于程序而存在,并提供给不同的用户共享。

数据库的特点是数据永久结构化存储、冗余度低,独立性高、可以共享和易于扩展等。

支持多媒体数据的数据库,称为多媒体数据库(Multimedia Data Base,MDB)。

不难看出,数据库是数据的归宿。数据经过结构化处理,按照统一的数据结构存入数据库,进而实现数据共享。

数据管理系统 + 数据库系统

1.2.3 数据库管理系统

数据库管理系统(Data Base Management System,DBMS) 是提供给用户,并帮助用户建立、使用和管理数据库的软件系统。即:管理数据的软件;用于维护数据库、接受和完成用户提出的访问数据库的请求。

常用 RDBMS

例如:微软公司的 SQL Server 和 Access、甲骨文公司的 Oracle、IBM 公司的 DB2 和开源的 MySQL 等。

建立数据库的目的是使用数据库,并对数据库中的数据进行数据处理和分析,数据库管理系统是帮助达到这一目的的工具和手段。

数据库管理系统作为数据库系统的核心,建立在操作系统之上,位于操作系统与用户之间的一个数据管理软件,负责对数据库进行统一的管理和控制。它保证了数据的安全性和完整性,同时提供了多用户并发控制和数据恢复机制。

利用数据库管理系统可以科学地组织和存储数据、高效地获取和维护数据。

数据库管理系统的主要功能:

(1) **数据定义**

提供用于定义数据的数据定义语言(Data Definition Language,DDL) ,利用 DDL 可以方便地定义数据库的数据对象及其关系。

(2) **数据操纵**

提供用于操作数据的数据操纵语言(Data Manipulation Language,DML) ,利用 DML 可以灵活方便的对数据库进行插入、修改、删除、查询和报表等操作。

(3) **事务和运行管理**

提供用于实现对数据库的安全性、完整性、并发性和恢复性等进行保护控制的数据控制语言(Data Control Language,DCL) ,以保证数据的安全和完整。

(4) **组织、存储和管理数据**

实现对数据库的统一组织、存储和管理,确定数据库文件的存储结构和访问方式,减少数据冗余,提高数据库的利用率。

(5) 数据库的建立和维护

数据定义、操纵、控制和存贮的具体实现;数据库的备份与重组重构、性能监视与分析等维护任务。

1.2.4　数据库系统

数据库系统(Data Base System,DBS) 是在计算机系统中引入数据库后,由数据库、数据库管理系统、开发工具、应用系统、数据库管理员和用户等构成的完整系统。

用户使用数据库,需要使用由数据库设计员、程序员和管理员等利用数据库管理系统和开发工具研发的应用系统,对数据库的数据进行处理,进而得到所需要的信息。

数据库系统一般由硬件、软件和人员等 3 大部分组成。

(1) 硬件:计算机硬件和数据库专用硬件等。

数据库系统组成

计算机硬件是指计算机的 CPU、内存、硬盘、交换机和路由器等;数据库专用硬件是指快速存取数据的磁盘阵列、磁带阵列或者光盘阵列、快速传输设备和数据备份设备等。

(2) 软件:操作系统(Operating System,OS)、DBMS、开发工具(程序设计语言和专用工具) 和应用系统等。

(3) 人员:数据库设计员、程序员、数据库管理员和用户等。

数据库设计员负责系统的需求分析、性能分析、概念结构、逻辑结构和物理结构设计等。

程序员主要负责应用系统的设计、实现和测试。

数据库管理员(Data Base Administrator,DBA) 是对数据库进行建立、使用和维护等的专职管理人员。DBA 应该与数据库设计员、程序员和用户,共同参与数据库设计。

DBA 的主要职责:

(1) 决定数据库的信息内容和结构。

根据存储的数据,对数据库的信息内容和结构作统一的结构化处理。

(2) 决定数据库的存储结构和存取策略。

确定数据在存储设备上的存储结构和存取策略,提高存取效率和存储空间的利用率。

(3) 定义数据的安全性要求和完整性约束条件。

定义用户对数据库的存取权限、数据的保密级别和完整性约束条件,从而保证数据库的安全性和完整性。

(4) 监控数据库的使用和运行。

DBA 负责监视数据库系统运行的整个过程,并且及时处理运行过程中出现的问题。

(5) 数据库的改进、重组和重构。

分析系统运行的性能指标,根据实际情况,不断改进数据库设计。根据影响系统性能的因素,DBA 有权定期对数据库进行重组织和重构造,以提高整个系统的性能。

用户通过应用系统的接口使用数据库。建立数据库的目的就是让用户共享数据库。

数据库系统的组成如图 1.1 所示。数据库系统与计算机系统的关系如图 1.2 所示。

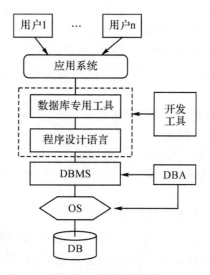

图 1.1　数据库系统

图 1.2　数据库系统与计算机系统的关系

1.2.5　数据管理技术

随着社会和计算机技术的快速发展,数据管理技术经历了人工管理、文件管理和数据库系统等 3 个阶段。

数据管理技术

(1) 人工管理阶段

利用原始计算机进行数据处理的初级阶段。根据当时计算机系统的数据处理能力,基本上由程序员采用人工方式进行数据处理,数据处理的速度慢,准确性差。

人工管理阶段的特点:

① 数据不保存,没有结构化。数据一般不予保存,而且没有经过统一结构化管理。

② 数据不能共享。一个应用程序对应一组数据集合,使得数据不能共享。

③ 应用程序管理数据。计算机没有相应的软件管理数据,数据需要应用程序自行管理。

④ 数据不具独立性。数据和程序不具有相互独立性,数据依赖于相应的应用程序。

人工管理阶段应用程序与数据集合之间的关系如图 1.3 所示。

(2) 文件管理阶段

数据以文件方式存储,使用文件管理系统对数据文件进行统一组织、存储和管理,加快了数据处理速度,提高了准确性。

文件管理阶段的特点:

① 数据可以保存,没有结构化。数据可以长期保存,仍然没有经过统一结构化管理。

② 数据不能共享。一个应用程序对应一组文件,使得数据文件不能共享。

③ 文件系统管理数据。尽管计算机提供了文件管理系统,对文件进行统一管理,但是每个应用程序仍然只能使用与自己相应的文件组。

④ 数据不具独立性:数据和程序不具有相互独立性,数据依赖于相应的应用程序。

⑤ 数据冗余度高:数据不能共享,因此存在大量的冗余数据,浪费存储空间。

文件管理阶段应用程序与文件组之间的关系如图 1.4 所示。

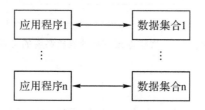

图 1.3　应用程序与数据

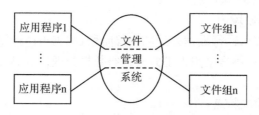

图 1.4　应用程序与文件组

(3) 数据库系统阶段

在文件管理的基础上,出现了管理数据的专用软件"数据库管理系统"。

利用数据库管理系统,把所有的数据进行有组织的统一结构化管理。使数据处理的速度更快,准确性更高,尤其是利用计算机处理大量的数据时,更体现出了数据库系统阶段在数据处理方面的快捷、准确、简单和方便等优势。

数据库系统阶段的特点:

① 数据结构化且易扩充。所有数据进行有组织的统一结构化管理,按照统一规范的结构进行永久存储,实现数据的整体结构化;从而容易添加新应用,易扩充新功能。

② 数据库管理系统管理数据。功能强大的数据库管理系统对数据进行统一管理和控制;同时提供了数据安全性保护、数据完整性约束、多用户并发控制和数据库恢复等完善的数据保护控制机制。

③ 数据独立性高。真正实现程序和数据的分离管理模式,程序和数据既相互独立,程序又可以调用数据,从而具有较高的数据和程序的独立性。如果数据库的逻辑结构或者物理结构发生变化时,应用程序可以不做修改,或者只需作少量的调整,从而减轻了程序员的工作。

④ 数据共享性高:数据独立性使得数据面向整个系统,而不是面向应用程序,从而使数据具有较高的共享性。

⑤ 数据冗余度低:由于数据可以共享,只需要保留较少的用于数据管理的冗余数据,从而节省了存储空间。

数据库系统阶段应用程序与数据库之间的关系如图 1.5 所示。

图 1.5　应用程序与数据库

1.3　数据模型

数据管理的对象是表示客观事物及其联系的数据。针对不同的实际问题,需要建立不同的数据模型来描述、组织和操作数据。

1.3.1　数据模型的概念

数据模型(Data Model)是实际问题的模拟和抽象。即:针对实际问题,研究数据及其联系,并最终解决问题的方法和步骤(数据特征的抽象 + 描述 / 组织 / 操作数据)。

例如:网上书店中图书进价的平均价格模型,可以表示为:

$$Ave = \frac{1}{n} \sum_{i=0}^{n} P_i$$

其中:Ave 是进价的平均价格,$P_i(i = 1, \cdots, n)$ 是每一本图书的进价,n 是图书的本数。

不难看出,数据模型是一组概念、描述或者公式的集合。用数据模型可以抽象、表示和处理现实世界中客观事物的本质特征及其联系。

设计数据模型一般应该满足:

① 数据模型能够真实地模拟实际问题。

② 数据模型本身容易理解。

③ 数据模型易于计算机实现。

1.3.2　数据模型的组成要素

数据模型可以严格定义和精确描述实际问题的静态特性、动态特性和完整性约束条件。即:实际问题数据特征的抽象。

因此,数据模型由数据结构、数据操作和数据完整性约束等组成。

(1) 数据结构

数据结构是数据库中数据对象特性的静态描述。数据结构用于描述数据库的组成对象及其联系。即:

① 数据对象及其特征的集合:数据对象的特性、类型和属性等。

② 数据对象之间的联系:数据对象之间的一对一联系、一对多联系和多对多联系等。

例如:在网上书店中,出版社的数据结构可以设计如下:

出版社(社号,社名,邮编,社址,电话,邮箱,网址)

(2) 数据操作

数据操作是数据库中数据对象具体内容的动态描述。数据操作是对数据库中数据对象所执行的操作以及操作规则的集合。

数据模型必须严格定义操作的确切含义、操作符号、操作规则以及实现操作的语言。即:

① 检索操作:数据对象的索引、排序和查询等。

例如:在网上书店中,对出版社按照"社号"建立索引。

② 更新操作:数据对象的插入、修改和删除等。

例如:在网上书店中,删除"购买"表中户号为"C005"的客户的购买信息。

(3) 数据完整性约束

数据完整性约束是为了确保数据的正确性和相容性,而对数据对象约定的一系列约束条件和约束规则。

例如:在网上书店中,客户的性别只能是"男"或者"女"。

数据完整性约束包括实体完整性、参照完整性和用户定义完整性等。

数据模型需要提供定义数据完整性的机制。

1.3.3   数据模型的分类

根据数据模型所描述的数据对象以及所采用的描述方法,数据模型可分为概念模型、逻辑模型和物理模型等。

(1) 概念模型

概念模型是数据及其关系的图形表示。即:利用专用描述工具,按照统一的描述方法,对实际问题抽象后,而建立的体现数据及其关系的结构模型。例如:E-R 图。

概念结构 +
实体 + 属性

专用描述工具应该具有较强语义表达能力,且拥有统一的语法格式和描述方法,能够方便地表达应用中的各种语义。例如:实体 — 联系方法(Entity Relationship Approach,E-R 方法)。

概念模型应该简单、清晰、易于理解,且独立于 DBMS。

概念模型的主要组成要素是实体、属性和联系等。

① 实体(Entity)

实体(记录,元组)是客观存在且相互区别的事物。实体可以是具体的人、事、物或者抽象对象等。

例如:拥有户号,户名,性别,生日,手机,婚否和邮箱特性的一个客户实体和拥有书号,书名,作者,社号,版次,定价,进价和售价特性的一个图书实体如下:

(C001,李明,男,1966-06-01,13611122233,是,123450@qq.com)

(ISBN978-7-04-040664-1,数据库系统概论,王珊,ISBN978-7-04,5,39.6,20,25)

实体集(表,关系)是同类实体组成的实体集合。

例如:拥有户号,户名,性别,生日,手机,婚否和邮箱特性的 6 个客户实体组成的客户实体集(即:客户表)如下:

(C001,郭靖,男,1966-06-01,13611122233,是,123450@qq.com)

(C002,黄药师,男,1979-09-10,13911122233,是,543210@qq.com)

(C003,黄蓉,女,1988-10-06,13622233355,是,122220@qq.com)

(C004,洪七公,男,1999-06-16,13922233355,否,222220@qq.com)

(C005,梅超风,女,2002-07-11,13655566699,否,345220@qq.com)

(C006,欧阳锋,男,2006-08-08,13955566699,否,562220@qq.com)

② 属性(Attribute)

属性(字段,数据项)是实体所具有的特性。不难看出,实体通常由多个属性来描述。

例如:第一列数据 C001,C002,C003,C004,C005 和 C006 是客户的户号特

征。第二列数据郭靖,黄蓉,黄药师,洪七公,欧阳锋和梅超风是客户的户名特性。

例如:客户实体和图书实体的属性如下:

客户实体可以由户号、户名、性别、生日、手机、婚否和邮箱等属性组成;图书实体可以由书号、书名、作者、社号、版次、定价、进价和售价等属性组成。

属性的取值范围称为域。

例如:户号的域为:C 开头且后面为三位数字;性别的域为:"男" 或者"女"。

对于指定的实体集,能够区分每一个实体的最小属性集称为候选键(Candidate Key,CK;或者候选码)。

关系的码

不难看出,候选键可以是一个属性,也可以是多个属性的组合,而且一个实体集可以有多个候选键。

例如:出版社实体集的候选键有两个:社号和社名。因为出版社的社名一般不相同。客户实体集的候选键为户号。

在实际应用中,被选中使用的候选键,称为主键(Primary Key,PK,或者主码)。如果实体集的所有属性组成这个实体集的候选键,则称为全键(All Key,AK,或者全码)。

显然:根据主键的定义可知主键的取值不能相同,且一个实体集只能有一个主键。

候选键的所有属性称为主属性。不包含在任何候选键中的属性称为非主属性。

总之,属性和实体集均有型和值之分。

属性是由属性的型和属性的值两部分组成;属性的型描述了属性的本质特征,属性的值给出了属性的具体数据。

实体集是由实体集的型和实体集的值两部分组成;实体集的型描述了同类实体的静态结构,实体集的值给出了同类实体的具体数据。一个实体的所有属性型构成了这个实体集的型,而实体集中所有实体的属性值的集合构成了实体集的值。

可以看出,实体集的每个属性均拥有共同的特性,并且具有相同的数据类型,因此,给每一个属性命名一个名称(即:属性名) 来表示该属性的本质特性;而同时为同类实体命名一个名称(即:实体集名) 来表示该类实体的本质特性。

实体集名和属性名两者一起共同组成了实体集的型,即:实体集的结构。

例如:多个客户实体所组成的实体集的名称可以命名为"客户"。客户实体集的所有属性(例如:户号,户名,性别,生日,手机,婚否和邮箱) 共同组成了客户实体集的型,即:

客户(户号,户名,性别,生日,手机,婚否,邮箱)

　　同理:多个图书实体所组成的实体集的名称可以命名为"图书"。图书实体集的所有属性(例如:书号,书名,作者,社号,版次,定价,进价和售价) 共同组成了图书实体集的型,即:

　　图书(书号,书名,作者,社号,版次,定价,进价,售价)

　　因此,针对实际应用,在不引起混淆的情况下,如果没有特殊声明,通常使用"属性名"代替属性,实体名代替实体集。

　　例如:用"图书"代表"图书实体集";用"客户"表示"客户实体集"。用属性名"书号"代表图书的一个属性(书号型 + 书号值);用属性名"户号"代表客户的一个属性(户号型 + 户号值)。

　　③ 联系(Relationship)

联系

　　联系是实体集之间或者实体集内部的关联关系。在实际应用中,实体集与实体集之间或者实体集内部通常存在一定的联系。实体集内部的联系称为自联系。

　　例如:客户和图书之间存在客户购买图书的联系。

　　两个实体集之间的联系如下:

　　一对一联系(1∶1):对于实体集 A 中的每一个实体,实体集 B 中有且只能有一个实体与之联系,反之亦然。

　　例如:出版社与社长之间的联系;学校与校长之间的联系等。

　　一对多联系(1∶n):对于实体集 A 中的每一个实体,实体集 B 中有 n ($n \geqslant 2$)个实体与之联系;反之,对于实体集 B 中的每一个实体,实体集 A 中有且只能有一个实体与之联系。

　　例如:出版社与图书之间的联系;学院与班级之间的联系;班级与学生之间的联系等。

　　多对多联系(m∶n):对于实体集 A 中的每一个实体,实体集 B 中有 n ($n \geqslant 2$)个实体与之联系,反之,对于实体集 B 中的每一个实体,实体集 A 中有 n ($n \geqslant 2$)实体与之联系。

　　多对多联系是一种复杂的联系。

　　例如:客户和图书之间的购买联系。因为一本电子图书可以卖给多个客户,而且一个客户可以购买多本图书。如表 1.6 所示就是客户和图书之间的联系。

　　再如:学生与课程之间的选修联系。因为一门课程可以供多个学生选修,而且一个学生可以选修多门课。

　　联系也可以拥有属性,联系及其属性构成了联系的一个完整描述。

　　例如:客户和图书之间的购买联系产生一个新属性:购买日期。

　　E-R 图是使用实体 — 联系方法所建立的用于描述概念模型中实体及其联系的图形。即:E-R 图是概念模型的一种常用的表述方法。亦即:E-R 图是一种概念模型。E-R 图简单易学,在数据库设计中得到了广泛应用。详细内容参阅第 5 章。

例如:在网上书店中,客户购买图书的概念模型(即:E-R 图) 如图 1.6 所示。

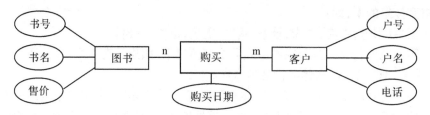

图 1.6　客户购买图书的 E-R 图

(2) 逻辑模型

逻辑模型:概念模型的 DBMS 表示。即:为了能够用 DBMS 实现用户需求,将概念模型转化为适用于 DBMS 表示和实现的数据结构模型。例如:关系模式的集合。

常用的逻辑模型主要包括:层次模型、网状模型、关系模型和面向对象模型等。

通常把相同特征的数据所组成的整体称为集合(例如:实体集)。集合之间或者集合内部通常存在着一定的联系。

① 层次模型

针对实际问题,把具有树型结构,如图 1.7 所示的数据模型称为层次模型(Hierarchical Model)。层次模型是最早出现的数据模型。

例如:1968 年 IBM 公司推出的 IMS(Information Management System)。

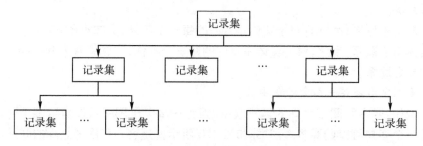

图 1.7　层次模型

显然,在层次模型中,记录集之间的联系是一对多联系。层次模型可以很好地反映事物之间的一对多联系。支持层次模型的数据库称为层次数据库。

不难看出,层次模型的特点如下:

a. 存在唯一的没有双亲的根节点。

b.非根节点均有唯一的双亲节点。

思考:层次模型的优缺点。

例如:学校的组织机构可以表示为如图1.8所示的层次模型。即:学校为根节点,其下级有两个子节点学院和处;学院又有两个子节点系和班级;处有一个子节点科。

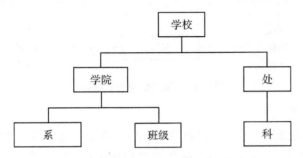

图 1.8 学校的层次模型

② 网状模型

针对实际问题,把具有网状结构,如图1.9所示的数据模型称为网状模型(Network Model)。网状模型是最复杂的数据模型。

例如:20世纪70年代数据系统语言研究会的DBTG系统方案。HP公司的IMAGE。

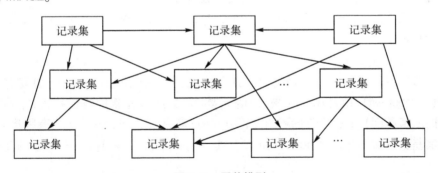

图 1.9 网状模型

显然,在网状模型中,记录集之间的联系是多对多联系。网状模型可以很好地反映事物之间的多对多联系。支持网状模型的数据库称为网状数据库。

不难看出,网状模型的特点如下:

a.可以存在多个没有双亲的节点。

b.节点可以有多个双亲节点。

思考:网状模型的优缺点。

例如:速递公司需要管理车队、车辆和司机,车队需要聘任司机,车队需要拥有车辆,司机可以驾驶车辆,则速递公司的数据模型可以表示为如图 1.10 所示的网状模型。

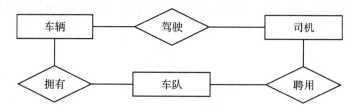

图 1.10 速递公司网状模型

关系模型

③ 关系模型

关系模型是继层次模型和网状模型之后迅速发展起来的一种非常流行的数据模型。迄今为止,支持关系模型的关系数据库一直是主导产品。关系模型有坚实的数学理论支持。

关系模型结构简单,符合人类的思维方式,很容易被接受和使用,同时易于计算机实现,很容易从概念模型转换过来。

针对实际问题,把具有规范二维表格结构,如表 1.1 ~ 1.7 所示的数据模型称为关系模型(Relational Model)。关系模型由 IBM 公司的 E.F.Codd 于 1970 年首次提出。支持关系模型的数据库称为关系数据库。

笛卡尔积 + 关系

定义 1.1 笛卡尔积:对于集合 $A_1, A_2, \cdots, A_n$,则集合 $A_1, A_2, \cdots, A_n$ 的笛卡尔积如下:

$$A_1 \times A_2 \times \cdots \times A_n = \{(a_1, a_2, \cdots, a_n) \mid a_i \in A_i, i = 1, \cdots, n\}$$

其中:$(a_1, a_2, \cdots, a_n)$ 称为元组(Tuple),用 t 表示;$a_i(i = 1, \cdots, n)$ 称为分量(Component),用 $t[A_i]$;a_i 是 A_i 的元素,A_i 的所有元素的集合称为 A_i 的域(即:取值范围);n 是笛卡尔积的度(Degree);若 $A_i(i = 1, \cdots, n)$ 为有限集合,且其基数(Cardinal Number) 为 $m_i(i = 1, \cdots, n)$,则 $A_1 \times A_2 \times \cdots \times A_n$ 的基数为:

$$m = m_1 \times m_2 \times \cdots \times m_n = \prod_{i=1}^{n} m_i$$

显然,笛卡尔积可以用二维表格表示,每一列数据是类型相同的一个属性。

针对实际问题,笛卡尔积中的很多元组是没有意义的,因此,需要从中筛选出有实际意义的元组。

定义 1.2 关系:笛卡尔积的子集称为关系。关系的名称称为关系名,记为:R。

　　关系是由关系型和关系值两部分组成的整体;关系型是所有组成关系的属性型的集合;关系值是所有组成关系的属性值的集合;关系值的每一行(即:实体)称为一个元组或者记录,因此,关系值是所有元组的集合。

　　例 1.1　如果客户的姓名和性别的取值如下:

　　姓名 = {张三,李四,王五}

　　性别 = {男,女}

　　则姓名和性别的笛卡尔积如下:

　　(姓名,性别) = {(张三,男),(张三,女),

　　(李四,男),(李四,女),

　　(王五,男),(王五,女)}。

　　姓名和性别组成的关系(不妨命名为:客户)如下:

　　客户(姓名,性别) = {(张三,男), (李四,女), (王五,女)}

　　其中:客户(姓名,性别)是关系型。{(张三,男), (李四,女), (王五,女)}是关系值。

　　显然,关系是笛卡尔积的一个子集,而且是具有实际意义的关系,如图 1.11 所示。

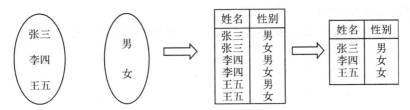

图 1.11　笛卡儿积与关系

　　定义 1.3　关系模式:组成关系的关系型,即:关系的结构描述。

　　如果组成关系 R 的关系型为 $A_1, A_2, \cdots, A_n$,则关系模式记为:

$$R(A_1, A_2, \cdots, A_n)$$

　　或

$$R(U), U = \{A_1, A_2, \cdots, A_n\}。$$

　　或

$$R(U, F), U = \{A_1, A_2, \cdots, A_n\}。F = \{A_i \rightarrow A_j, \cdots\}(函数依赖集)。$$

　　显然,关系是由关系模式和元组集合两部分组成的整体。

　　根据定义 1.2 和定义 1.3 不难看出,关系与关系模式的关系如下:

　　a. 关系模式是关系型、关系的结构部分,关系特征的静态描述。通常把关系模式称为关系结构。关系模式决定关系,即:关系模式一旦确定,则关系的取值必须满足关系模式的类型和域的要求。关系模式是元组个数为 0 时的关系,即:不包含任何元组的空关系。

　　b.关系是关系模式和关系在某一时刻的值所组成的整体。关系值是在指定关系模式下数据的动态描述。关系是关系模式下关系值的动态描述。

　　例如:二维表格由表头和表体组成。表头就是关系模式,表体就是元组集合。

　　c.一个关系模式对应多个关系。在一个关系模式下,可以存在多个与之相应的关系,从而表现出关系模式在不同时刻的动态数据状态。即:关系 = 关系模式 + 关系值。

　　思考:在例 1.1 中,添加年龄属性:年龄 = {16,18,19},则姓名,性别,年龄 =?,姓名,性别,年龄中元组的个数是多少?构造一个有意义的客户关系:客户(姓名,性别,年龄)。

　　定义 1.4　关系数据库:所有关系的集合。如果组成关系数据库的关系为 $R_1, R_2, \cdots, R_n$,则关系数据库记为:$\mathscr{R}\{R_1, R_2, \cdots, R_n\}$,简记为:$\mathscr{R}$。

　　例如:根据表 1.1 ~ 表 1.4,可以设计网上书店的数据库(本书范例数据库)如下:

　　网上书店 EBook = $\mathscr{R}$ {图书 Book,客户 Cust,出版社 Press,购买 Buy}

　　综上所述,关系模型的特点如下:

　　a.属性(或数据项)是同类型的不可再分的最小单位,即满足第一范式(1NF)。

　　b.属性不能重名(即:不同的字段不能重名)。

　　c.元组不能重复(即:不同的记录不能重复)。

　　d.属性的顺序可以互换。

　　e.元组的顺序可以互换。

　　例如:表 1.5 所示的图书价格表不是关系。因为属性"价格"又分为定价、进价和售价,所以"价格"不是不可再分的最小单位。如表 1.8 所示不是规范的二维表,因为规范的表中不能嵌套子表。

表 1.8　图书价格

书　号	书　名	作者	价格		
			定价	进价	售价
ISBN978-7-04-040664-1	数据库系统概论	王珊	39.6	20	25
ISBN978-7-302-33894-9	Java 程序设计教程	雍俊海	69	26	36

续　表

书号	书名	作者	价格		
			定价	进价	售价
ISBN978-7-5612-2591-2	图像技术	韩培友	36	12	16
ISBN978-7-5612-2123-1	IDL 可视化分析	韩培友	45	19	22
ISBN978-7-5178-0167-2	Access 数据库应用	韩培友	39.8	16	19
ISBN978-7-81140-582-8	MySQL 实验指导	韩培友	25	10	15

　　关系模型的组成层次：属性、元组、关系和数据库等。即：若干属性值组成元组，若干元组组成关系，若干关系组成数据库。规范的二维表是关系的常用表示方法。

　　总之，关系模型具有结构简单清晰、表达能力强、易懂易用和拥有严谨数学理论支持等优点。这使得它成为目前最流行的数据模型。

　　④ 面向对象模型

　　面向对象模型（Object Oriented Model）是 20 世纪 80 年代把面向对象程序设计（Object Oriented Programming，OOP）方法和技术引入到数据库技术之后发展起来的新数据模型。

　　面向对象模型不仅支持传统的数据库应用，而且支持 CAD、OA 和 GIS 等多媒体领域。遗憾的是面向对象模型没有推广成功。

　　(3) 物理模型

　　物理模型是数据的存储模型，用于描述数据在计算机内部的存储结构和存取方法的模型。物理模型是对数据最底层的抽象。

　　建立物理模型的目的是利用合理的存储结构和存取策略，充分利用存储空间，实现快速存取，提高数据存取效率和存储空间的利用率。

　　物理模型是逻辑模型的最终物理实现，为逻辑模型选取最适合的物理环境。

　　概念模型、逻辑模型和物理模型的关系如图 1.12 所示。

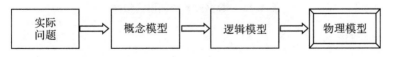

图 1.12　概念、逻辑和物理模型的关系

1.4 数据库系统的结构

对于数据库系统的结构,从数据库管理系统角度分析,数据库系统拥有数据库系统模式结构;从最终用户角度分析,数据库系统拥有数据库系统体系结构。

1.4.1 数据库系统的模式结构

三级模式结构

数据库系统的模式结构是由外模式、模式和内模式三级模式以及外模式 / 模式和模式 / 内模式二级映像构成的结构。

数据库系统的模式结构如图 1.13 所示。

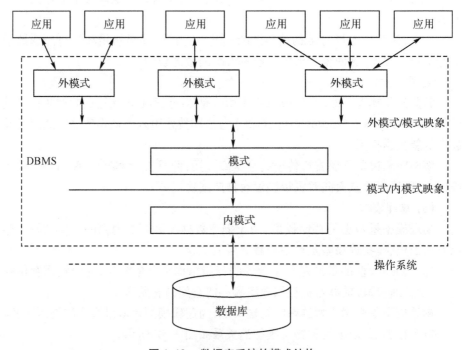

图 1.13 数据库系统的模式结构

(1) 三级模式

① 外模式

外模式(子模式;用户模式) 是面向用户的数据库局部数据的逻辑结构和特征的描述,是数据库用户的数据视图。它是局部应用数据的逻辑表示。

一个数据库可以有多个外模式。不同的外模式反映了不同用户的应用需求、看待数据的方式以及对数据保密的要求。

模式中的同一数据,在外模式中的结构、类型、长度、保密级别等都可以不同;外模式与应用的关系为一对多关系。同一外模式可以为用户的多个应用系统所使用,但是一个应用程序只能使用一个外模式。

② 模式

模式(结构模式;逻辑模式)是数据库中全部数据的整体逻辑结构和特征的描述,即数据库中数据的逻辑表示,是所有用户的公共数据视图,体现了数据库的总体特征。

数据库模式是以某一种数据模型为基础,统一综合地考虑所有用户的需求,并将这些需求结合成为一个逻辑整体。

一个数据库只能有一个模式。

③ 内模式

内模式(存储模式;物理模式)是对数据库物理结构和存储方式的描述,是数据在数据库内部的组织存储方式。

一个数据库只能有一个内模式。

(2) 二级映像

数据库系统的三级模式是对数据的三种抽象表示,内模式是数据的物理存储,而模式和外模式则是数据的逻辑表示,把数据的组织和处理交给 DBMS 统一管理,使用户能够直观的使用数据,而不必关心数据在计算机中的具体表示方式与存储方式。

二级映像

为了能够在数据库内部实现这三种模式之间的相互转换,数据库系统在三级模式之间提供了两种映像:外模式 / 模式映像和模式 / 内模式映像。

① 外模式 / 模式映像

外模式 / 模式映像实现了用户级的数据库和逻辑层的数据库之间的转换,并通过映像提供的上下级服务把两者联系起来。

外模式 / 模式映像的用途:保证数据的逻辑独立性。即:当模式发生改变时,数据库管理员修改有关的外模式 / 模式映像,使外模式保持不变。应用程序是依据数据的外模式编写的,从而应用程序不必修改,保证了数据与程序的逻辑独立性,即数据的逻辑独立性。

② 模式 / 内模式映像

模式 / 内模式映像实现了逻辑层的数据库和物理层的数据库之间的转换,并通过映像提供的上下级服务把两者联系起来。

模式 / 内模式映像的用途:保证数据的物理独立性。即:当数据库的存储结构发生改变时(例如:选用新的存储结构),数据库管理员修改模式 / 内模式映像,使模式保持不变,应用程序不受影响。保证了数据与程序的物理独立性,即数据的物理独立性。

　　数据的逻辑独立性和数据的物理独立性合称为数据独立性。通过二级映像，保证了数据库系统的数据独立性，同时使用户使用数据库更加灵活方便。

　　数据库系统的二级映像反映出了三级模式之间的相互关系：模式是内模式的逻辑表示；内模式是模式的物理实现；外模式则是模式的部分抽象和提取。

　　显然，数据库系统模式结构的优点：

　　a. 确保数据库的数据独立性；

　　b. 确保数据库的安全性和保密性；

　　c. 用户使用数据库更加灵感方便；

　　d. 提高了数据库的共享性，减少了数据冗余。

1.4.2　数据库系统的体系结构

　　数据库系统的模式结构对用户和程序员是透明的，他们只能看到数据库的外模式和应用程序。从最终用户分析，数据库系统的体系结构主要包括：单用户数据库系统、主从式数据库系统、分布式数据库系统、客户／服务器数据库系统和浏览器／应用服务器／数据库服务器数据库系统等。

　　(1) 单用户数据库系统

　　单用户数据库系统是一个数据库系统只被一个用户使用，是早期简单的数据库系统。在单用户数据库系统中，整个数据库系统安装在一台计算机上，由一个用户独占，不同计算机之间不能共享数据。

　　单用户数据库系统的体系结构如图 1.14 所示。

　　(2) 主从式数据库系统

　　主从式数据库系统是一台主机带多台终端的多用户结构。在主从式数据库系统中，数据库系统都集中存放在主机上，所有处理任务都由主机来完成，各个用户通过主机的终端并发地存取数据，共享数据库资源。

　　主从式数据库系统的体系结构如图 1.15 所示。其优缺点如下：

　　优点是结构简单，易于管理和维护。

　　缺点是当终端用户增加到一定程度后，系统性能可能会大幅度下降；当主机出现故障时，整个系统都不能使用，同时系统的可靠性不高。

　　(3) 分布式数据库系统

　　分布式数据库系统是数据库中的数据在逻辑上是一个整体，但却物理地分布在计算机网络的不同结点上。网络中的每一个结点都可以独立处理本地数据库的数据，执行局部应用，同时也可以存取和处理异地数据库的数据，执行全局应用。

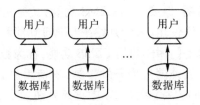

图 1.14 单用户数据库系统

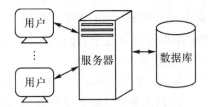

图 1.15 主从式数据库系统

分布式数据库系统是计算机网络发展的必然产物,是目前比较流行的数据库系统。

分布式数据库系统的体系结构如图 1.16 所示。

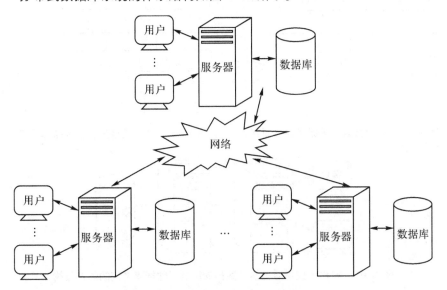

图 1.16 分布式数据库系统的体系结构

(4) 客户/服务器数据库系统

主从式数据库系统的主机和分布式数据库系统的每个结点均是使用通用或

者专用计算机作为服务器,既要执行 DBMS 功能,又要执行应用程序。随着工作站功能的增强和得到广泛使用,人们开始把 DBMS 功能和应用分开,网络中若干结点上的高性能计算机专门用于执行 DBMS 功能,称为数据库服务器;其他结点上的计算机安装 DBMS 的外围应用开发工具,支持用户的应用,称为客户机,这就是客户 / 服务器(Client/Server, C/S) 数据库系统。

在 C/S 数据库系统中,客户端的用户请求被传送到数据库服务器,数据库服务器进行处理后,只将结果返回给用户(而非整个数据),从而大幅度地减少了网络上的数据传送量,提高系统的性能、吞吐量和负载能力。同时 C/S 数据库系统一般都能运行在不同的硬件和软件平台上,可以使用不同厂商的数据库应用开发工具,从而使应用程序具备更强的可移植性。

C/S 数据库系统可分为集中式 C/S 结构(如图 1.17 所示)、分布式 C/S 结构(如图 1.18 所示) 和客户 / 应用服务器 / 服务器结构(如图 1.19 所示)。其中分布式 C/S 结构是目前较为流行且使用比较广泛的一种数据库系统。

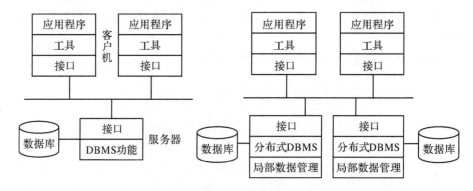

图 1.17　集中式客户 / 服务器体系结构　　图 1.18　分布式客户 / 服务器体系结构

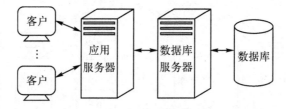

图 1.19　客户 / 应用服务器 / 数据库服务器数据库系统的体系结构

(5) 浏览器 / 应用服务器 / 数据库服务器数据库系统

浏览器和服务器结构(Browser/Server, B/S) 是随着 Internet 技术的兴起,对 C/S 结构的改进结构。在 B/S 结构下,用户工作界面是通过 WWW 浏览器来实现的,极少部分事务在前端实现,但主要事务在服务器端实现,形成所谓的三层结构。这样就大大简化了客户端载荷,减轻了系统维护与升级的成本和工作量,降低了用户的总体拥有成本。目前流行的办公管理软件基本上都是 B/S 结构的管理软件。特别是在跨平台语言 Java 出现之后,B/S 架构管理软件更是方便、快捷、高效。

浏览器 / 应用服务器 / 数据库服务器显示了开放数据库的三层体系结构。在这种体系结构中,开放数据库系统由开放数据库服务器、应用服务器、开放数据库连接中间件组成。这是一种典型的"瘦客户机模式",客户端几乎不需要专门设计软件,极大地降低了开发和维护费用,并使对信息的访问不受地理位置的限制,用户可以在网络的任何地方,使用任何能够运行浏览器的计算机,就能获得存储在服务器上的信息。

浏览器 / 应用服务器 / 数据库服务器数据库系统是目前比较流行,且使用比较广泛的一种数据库系统,同时也是将来数据库系统发展的方向。

浏览器 / 应用服务器 / 数据库服务器结构的示意图如图 1.20 所示。

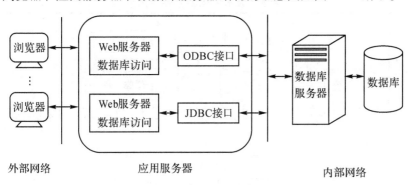

图 1.20　浏览器 / 应用服务器 / 数据库服务器的体系结构

1.5　小结

学习本章内容,应该把注意力放在数据库技术的基本概念上,掌握数据模型在实际问题转换为物理存储过程中的作用,理解三级模式结构和二级映像对数据库系统的意义。

本章概述了数据库技术的基本概念;介绍了数据管理技术的发展。重点描述了数据模型的概念、组成要素和分类;层次模型是最早的数据模型,网状模型是最复杂的数据模型,关系模型是最流行的数据模型。同时,详述了数据库系统的三级模式(外模式、模式和内模式) 二级映像模式结构,确保数据库系统的数据独立性(逻辑独立性和物理独立性)。

主要知识点如下:

(1) 数据、数据库、数据管理系统和数据库系统的概念及其关系。

(2) 数据管理的3个阶段:人工管理阶段、文件管理阶段和数据库系统阶段。

(3) 数据库管理系统的功能。

(4) 数据库系统的组成。DBA 的职责。

(5) 数据模型的概念和组成要素以及常用的数据模型:概念模型、逻辑模型(层次模型,网状模型,关系模型和面向对象模型) 和物理模型。

(6) 数据库系统的模式结构与数据独立性。

数据库技术的研究内容:数据库理论研究、数据库设计、数据库管理系统的研发和数据库应用系统(Management Info System, MIS) 的开发等领域。如图1.21所示。

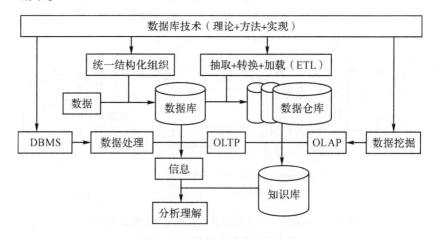

图 1.21 数据库技术研究内容

习 题

(1) 名词解释:数据、数据库 / 关系数据库、数据库管理系统 / 关系数据库管理系统、数据库系统 / 关系数据库系统、属性实体、联系、元组、关系、关系模式、候选键、主键。

(2) 简述数据库管理系统的功能。

(3) 简述数据库系统的组成和特点。

(4) 解释数据模型,常用的数据模型有哪些?简述数据模型的组成要素。

(5) 简述 DBA 的职责。

(6) 简述数据管理技术发展的基本阶段。

(7) 简述文件系统与数据库系统的区别。

(8) 解释概念模型和 E-R 图,简述概念模型的组成要素。

(9) 解释实体之间的常用联系。

(10) 简述数据库系统的模式结构。

(11) 解释数据独立性。数据独立性包括哪两种独立性?简述数据库系统模式结构与数据独立性的关系。

(12) 简述数据库技术的主要研究领域和应用领域。

第2章 *Chapter 2*

关系运算

关系数据库是建立在严格数学理论上,支持关系模型的最流行的数据库系统。关系数据库是关系的集合。本章将从关系代数和关系演算等方面介绍关系数据库的常用运算。

关系运算概述

2.1 关系数据语言

关系数据语言是一种抽象的查询语言。基于关系数据语言的关系运算是设计数据操纵语言 DML 的基础。关系运算是数据操纵语言的一种传统表达方式,数据库的数据操作基本上均可以表示成为关系运算表达式。

关系运算的特点是操作对象和操作结果都是集合。用于实现关系运算的两类主要关系数据语言为关系代数语言(例如:信息系统基础语言(Information System Base Language,ISBL),经典的关系代数语言)、关系演算语言和结构查询语言(Structured Query Language,SQL)。其中关系演算语言又分为:元组关系演算语言(例如:Alpha 语言和查询语言(Query Language,QL))和域关系演算语言(例如:范例查询语言(Query By Example,QBE))。

其中:关系代数语言是常用的关系运算语言。

关系数据语言分类如下:

$$
关系数据语言 \begin{cases} 关系演算语言 \begin{cases} 关系代数语言(例如:ISBL) \\ 元组关系演算语言(例如:ALPHA,QL) \\ 域关系演算语言(例如:QBE) \end{cases} \\ 关系代数/演算双重语言:结构查询语言(例如:SQLServer) \end{cases}
$$

(1) 关系代数语言

关系代数语言的操作对象和操作结果均为关系。即：

$$R = E(R_1, R_2, \cdots, R_n)$$

其中：关系 R 为运算结果；$E(R_1, R_2, \cdots, R_n)$ 为关系运算符作用于关系 R_1, R_2, $\cdots$, R_n 之后，所生成的关系代数表达式。

常用的关系运算符如下：

$\cup$, $\cap$, $-$, $\times$, σ, π, $\div$, $\neg$, $\wedge$, $\vee$, $\leqslant$, $<$, $\geqslant$, $>$, $=$, $\neq$, $\bowtie$。

关系运算主要包括：查询运算和更新运算等。

查询运算：笛卡尔积、并集、差集、交集、选择、投影、连接和除等。其中笛卡尔积、并集、差集、选择、投影是基本运算；差集、连接和除是导出运算；选择、投影和连接是核心运算。

更新运算：插入、修改和删除等。

(2) 元组关系演算语言

元组关系演算语言的操作对象和操作结果均为元组。元组的集合构成关系。即：

$$R = \{ f(t, t[i]) \mid t \in S \wedge \varphi(t, t[i]) = True \}$$

其中：关系 R 为运算结果，是由 t 或者若干 $t[i]$ 组成的元组的集合；t 为关系 S 的元组；$t[i]$ 为元组 t 的第 i 个分量；$f(t, t[i])$ 是由 t 或者 $t[i]$ 构成的元组；$\varphi(t, t[i])$ 是由元组、元组的分量、常量、变量和函数等组成的有意义的表达式（即：t 和 $t[i]$ 可以来自多个关系的多个元组或者多个元组的多个分量）。

R 的含义是关系 S 中的元组，且使得 $\varphi(t, t[i])$ 成立的元组 $f(t, t[i])$ 所形成的关系。

(3) 域关系演算语言

域关系演算语言操作对象和操作结果均为域变量，域变量的组合构成元组。元组的集合构成关系。即：

$$R = \{ (z_1, z_2, \cdots, z_k) \mid (x_1, x_2, \cdots, x_n) \in S \wedge (y_1, y_2, \cdots, y_m) \in T \wedge$$
$$\varphi(z_1, \cdots, z_k) = True \wedge$$
$$z_l \in \{x_1, x_2, \cdots, x_n, y_1, y_2, \cdots, y_m\} \wedge$$
$$l = 1, 2, \cdots, k\}$$

其中：关系 R 为运算结果；x_i 为关系 S 的元组的分量；y_j 为关系 T 的元组的分量；$\varphi(z_1, \cdots, z_k)$ 是由元组的分量、常量、变量和函数等组成的表达式。

R 的含义是关系 S 或 T 中元组的分量，且使得 $\varphi(z_1, \cdots, z_k)$ 成立的元组的分量所形成的新元组组成的关系。

范例数据库

(4) 范例数据库

本章利用第一章中网上书店数据库 EBook 作为范例数据库。即：

图书(书号,书名,作者,社号,版次,定价,进价,售价)

客户(户号,户名,性别,生日,电话,婚否,照片,邮箱)

出版社(社号,社名,邮编,社址,电话,邮箱,网址)

购买(户号,书号,购买日期)

EBook 中关系模式的代码表示如下：

Book(BNo,BName,Author,PNo,EditNo,Price,PPrice,SPrice)

Cust(CNo,CName,CSex,Birth,Phone,Marry,Photo,Email)

Press(PNo,PName,PCode,PAddr,Phone,Email,HPage)

Buy(CNo,BNo,PDate)

Book、Cust、Press 和 Buy 的元组如表 1.4 ～ 1.7 中。

关系笛卡尔积

2.2　基本集合运算

基本集合运算主要包括关系的笛卡尔积、并集、差集和交集等。

2.2.1　笛卡尔积

关系 R 和关系 S 的笛卡尔积(即：广义笛卡尔积,Extended Cartesian Product)：把关系 $R(X_1, X_2, \cdots, X_n)$ 中的每一个元组和关系 $S(Y_1, Y_2, \cdots, Y_m)$ 中每一个元组依次对接起来,对接后所生成的分量个数为 n + m 的所有元组的集合。

R 和 S 的笛卡尔积的关系代数表示如下(× 表示笛卡尔积)：

$$R \times S$$

不难看出,$R \times S$ 的属性为：

$$(X_1, X_2, \cdots, X_n, Y_1, Y_2, \cdots, Y_m)$$

$R \times S$ 的元组的分量的个数：R 的分量个数和 S 的分量个数的和。

$R \times S$ 的元组的个数：R 的元组个数和 S 的元组个数的乘积 $k_1 \times k_2$。k_1 是 R 的元组的个数；k_2 是 S 的元组的个数。

$R \times S$ 的元组关系演算表示如下：

$$R \times S = \{\widehat{t_1 t_2} \mid t_1 \in R \land t_2 \in S\}$$

其中：$\widehat{t_1 t_2}$ 表示 t_1 和 t_2 的对接；$t_1 \in R$ 表示元组 t_1 属于关系 R,$t_2 \in S$ 表示元组 t_2 属于关系 S。

$R \times S$ 的域关系演算表示如下：

$R \times S = \{(x_1, x_2, \cdots, x_n, y_1, y_2, \cdots, y_m) \mid (x_1, x_2, \cdots, x_n) \in R \land (y_1, y_2, \cdots, y_m) \in S\}$

其中逻辑运算符的含义：$\lnot$ 表示逻辑非；$\land$ 表示逻辑与；$\lor$ 表示逻辑或。

例 2.1　已知关系 R 和 S 如图 2.1(a)、(b) 所示，则关系的笛卡尔积 $R \times S$ 如图 2.1(c) 所示。显然，关系的笛卡尔积中包含有较多无意义的元组。

姓名	性别
张良	男
李丽	女

（a）R

×

年龄	成绩
18	98
16	99
19	96

（b）S

=

姓名	性别	年龄	成绩
张良	男	18	98
张良	男	16	99
张良	男	19	96
李丽	女	18	98
李丽	女	16	99
李丽	女	19	96

（c）$R \times S$

图 2.1　关系的笛卡儿积

并集

2.2.2　并集

关系的并集（Union）：具有相同属性的关系 $R(X_1, X_2, \cdots, X_n)$ 和 $S(X_1, X_2, \cdots, X_n)$ 中的所有元组的集合。

注意：对于 $R(X_1, X_2, \cdots, X_n)$ 和 $S(X_1, X_2, \cdots, X_n)$ 中相同的元组，只保留一个。

R 和 S 的并集的关系代数表示如下（$\cup$ 表示并集）：

$$R \cup S$$

不难看出，$R \cup S$ 的属性为：

$$(X_1, X_2, \cdots, X_n)$$

$R \cup S$ 的元组的分量个数：等于 R 的元组的分量个数，或等于 S 的元组的分量个数。

$R \cup S$ 的元组的个数：小于等于 $k_1 + k_2$。k_1 和 k_2 分别为 R 和 S 的元组的个数。

$R \cup S$ 的元组关系演算表示如下（t 表示元组；$t[i]$ 表示元组的第 i 个分量）：

$$R \cup S = \{t \mid t \in R \lor t \in S\}$$

R 和 S 的并集的域关系演算表示如下（x_i 表示元组的第 i 个分量）：

$$R \cup S = \{(x_1, x_2, \cdots, x_n) \mid (x_1, x_2, \cdots, x_n) \in R \lor (x_1, x_2, \cdots, x_n) \in S\}$$

例2.2　关系 R 和关系 S 及其并集 $R \cup S$ 如图2.2所示。

图 2.2　并集

差集 + 交集

2.2.3　差集

关系的差集(Except)：具有相同属性的关系 $R(X_1, X_2, \cdots, X_n)$ 和 $S(X_1, X_2, \cdots, X_n)$ 中属于 R，但不属于 S 的所有元组的集合。

R 和 S 的差集的关系代数表示如下($-$ 表示差集)：

$$R - S$$

不难看出，$R - S$ 的属性为：

$$(X_1, X_2, \cdots, X_n)$$

$R - S$ 的元组的分量个数：等于 R 的元组的分量个数，或等于 S 的元组的分量个数。

$R - S$ 的元组的个数：小于等于 k_1。k_1 是 R 的元组的个数。

$R - S$ 的元组关系演算表示如下：

$$R - S = \{t \mid t \in R \land t \notin S\}$$

$R - S$ 的域关系演算表示如下：

$$R - S = \{(x_1, x_2, \cdots, x_n) \mid (x_1, x_2, \cdots, x_n) \in R \land (x_1, x_2, \cdots, x_n) \notin S\}$$

例2.3　关系 R 和 S 及其差集 $R - S$ 如图2.3所示。

图 2.3　差集

2.2.4 交集

关系的交集(Intersection):具有相同属性的关系 $R(X_1, X_2, \cdots, X_n)$ 和 $S(X_1, X_2, \cdots, X_n)$ 中相同元组的集合。

R 和 S 的交集的关系代数表示如下($\cap$ 表示交集):

$$R \cap S$$

交集与差集的关系:$R \cap S = R - (R - S)$。因此,交集可以由差集导出。

不难看出,R 和 S 的交集的属性为:

$$(X_1, X_2, \cdots, X_n)$$

$R \cap S$ 的元组的分量个数:等于 R 的元组的分量个数,或等于 S 的元组的分量个数。

$R \cap S$ 的元组的个数:小于等于 $Min(k_1, k_2)$。k_1 和 k_2 分别为 R 和 S 的元组的个数。

$R \cap S$ 的元组关系演算表示如下:

$$R \cap S = \{t \mid t \in R \wedge t \in S\}$$

$R \cap S$ 的域关系演算表示如下:

$$R \cap S = \{(x_1, x_2, \cdots, x_n) \mid (x_1, x_2, \cdots, x_n) \in R \wedge (x_1, x_2, \cdots, x_n) \in S\}$$

例 2.4 关系 R 和 S 及其交集 $R \cap S$ 如图 2.4 所示。

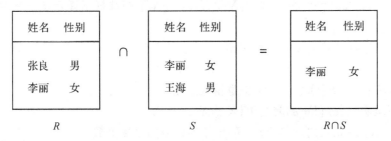

图 2.4 交集

例 2.5 关系 R 和关系 S 及其并集、交集、差集和笛卡尔积如图 2.5 所示。

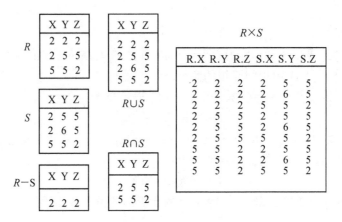

图 2.5　R 和 S 及其并集、交集、差集和笛卡尔积

2.3　专用关系运算

专用关系运算主要包括关系的选择、投影、连接和除等。

选择

2.3.1　选择

选择(Selection)：在关系 $R(X_1, X_2, \cdots, X_n)$ 中选择出满足给定条件 $F(t)$ 的元组。

R 的选择运算的关系代数表示如下(σ 表示选择)：

$$\sigma_F(R)$$

其中：$F = F(t)$ $(t \in R)$ 是逻辑表达式。

不难看出，$\sigma_F(R)$ 的属性为 $(X_1, X_2, \cdots, X_n)$。

$\sigma_F(R)$ 的元组的分量个数：等于 R 的元组的分量个数。

$\sigma_F(R)$ 的元组的个数：小于等于 k_1。k_1 是 R 的元组的个数。

$\sigma_F(R)$ 的元组关系演算表示如下：

$$\sigma_{F(t)}(R) = \{t \mid t \in R \wedge F(t) = True\}$$

其中：逻辑表达式 $F(t)$ 是指使用关系运算符($<, \leqslant, \geqslant, >, \neq, =$)和逻辑运算符(非 $\neg$，与 $\wedge$，或 $\vee$)把属性名、常量、变量和函数等，按照指定的语法规则连接起来的表达式。

$\sigma_F(R)$ 选择的域关系演算表示如下：

$$\sigma_{F(x_1, x_2, \cdots, x_n)}(R) = \{(x_1, x_2, \cdots, x_n) \mid (x_1, x_2, \cdots, x_n) \in R \wedge$$
$$F(x_1, x_2, \cdots, x_n) = True\}$$

例 2.6 从关系 R 中,查询 90 分以上(不含 90 分)的女生,如图 2.6 所示。

姓名	性别	年龄	成绩
张军	男	18	88
李明	男	16	99
王娟	女	19	96
孙丽	女	18	98

R

姓名	性别	年龄	成绩
王娟	女	19	96
孙丽	女	18	98

$\sigma_{成绩>90 \wedge 性别="女"}(R)$

图 2.6 选择

例 2.7 查询 "高等教育出版社" 的出版社信息。

关系代数表示如下:

$$\sigma_{PName="高等教育出版社"}(Press)$$

或者

$$\sigma_{2="高等教育出版社"}(Press)$$

其中:2 表示关系的第 2 个属性,即:属性可以使用属性名,也可以使用属性所在的列数。建议使用属性名。

元组演算表示如下:

$$\{t \mid t \in Press \wedge t[PName] = "高等教育出版社"\}$$

或者

$$\{t \mid t \in Press \wedge t[2] = "高等教育出版社"\}$$

域演算表示如下:

$\{(PNo, PName, Pcode, PAddr, Phone, EMail, HPage) \mid$
$(PNo, PName, PCode, PAddr, Phone, EMail, HPage) \in Press \wedge$
$Pname = "高等教育出版社"\}$

或者

$\{(1,2,3,4,5,6,7) \mid (1,2,3,4,5,6,7) \in Press \wedge 2 = "高等教育出版社"\}$

例 2.8 查询作者是"王珊",或者售价大于等于 15 且小于 25 的图书信息。

关系代数表示如下:

$$\sigma_{BName="王珊" \vee (SPrice \geqslant 15 \wedge SPrice < 25)}(book)$$

元组演算表示如下:

$\{t \mid t \in Book \wedge (t[Author] = "王珊" \vee (t[SPrice] \geqslant 15 \wedge$
$\qquad t[SPrice] < 25))\}$

域演算表示如下:

$\{(BNo, BName, Author, PHo, EditNo, Price, PPrice, SPrice) \mid (BNo, BName,$
$Author, PNo, EditNo, Price, PPrice, SPrice) \in Book \wedge (Author = "王珊" \vee$

$$(\text{SPrice} \geqslant 15 \wedge \text{SPrice} < 25))\}$$

投影

2.3.2 投影

投影(Projection):在关系 $R(X_1, X_2, \cdots, X_n)$ 中选择出若干属性列组成的关系。

R 投影运算的关系代数表示如下(π 表示投影):

$$\pi_A(R)$$

其中:A 是一个或多个属性列。

不难看出,$\pi_A(R)$ 的属性为 A 中的属性。

$\pi_A(R)$ 的元组的分量个数:等于 A 中的属性的个数。

$\pi_A(R)$ 的元组的个数:小于等于 k_1。k_1 是 R 的元组的个数。因为要去掉重复元组。

$\pi_A(R)$ 元组关系演算表示如下:

$$\pi_A(R) = \{t[A] \mid t \in R\}$$

其中:$t[A]$ 是 R 中的元组在 A 上的分量组成的新元组。投影后需要去掉重复的元组。

$\pi_A(R)$ 的域关系演算表示如下:

$$\pi_{(y_1, y_2, \cdots, y_k)}(R) = \{(y_1, y_2, \cdots, y_k) \mid (x_1, x_2, \cdots, x_n) \in R \wedge y_j \in A \wedge A \subseteq U\}$$

其中:$y_j \in A(j = 1, \ldots, k)$,$U$ 是 R 的属性集。

例 2.9　从关系 R 中,查询所有人的姓名和性别。如图 2.7 所示。

	姓名	性别	年龄	成绩
R	张军	男	18	88
	李明	男	16	99
	王海	女	19	96
	孙丽	女	18	98

姓名	性别
张军	男
李明	男
王海	女
孙丽	女

$\pi_{\text{姓名, 性别}}(R)$

图 2.7　投影

例 2.10　从关系 R 中,查询所有 90 分以上(不含 90 分)的女生的姓名和性别,如图 2.8 所示。

例 2.11　查询图书的书名、作者和定价。

关系代数表示如下:

$$\pi_{\text{BName, Author, Price}}(\text{Book})$$

元组演算表示如下:

$$\{t[\text{BName, Author, Price}] \mid t \in \text{Book}\}$$

姓名	性别	年龄	成绩
张军	男	18	88
李明	男	16	99
王海	女	19	96
孙丽	女	18	98

R

姓名	性别
王海	女
孙丽	女

$\pi_{姓名,\ 性别}(\sigma_{成绩>90\wedge性别="女"}(R))$

图 2.8　选择和投影

域演算表示如下：

$\{(BName, Author, Price) \mid (BNo, BName, Author, PNo, EditNo, Price, PPrice, SPrice) \in Book\}$

例 2.12　查询客户的户名和电话。

关系代数表示如下：

$$\pi_{CName, Phone}(Cust)$$

元组演算表示如下：

$$\{t[CName, Phone] \mid t \in Cust\}$$

域演算表示如下：

$\{(CName, Phone) \mid (CNo, CName, CSex, Birth, Phone, Marry, Photo, EMail) \in Cust\}$

例 2.13　查询作者是"王珊"，或者售价大于等于 15 且小于 25 的图书的书名、作者和定价。

关系代数表示如下：

$$\pi_{BName, Author, Price}(\sigma_{Author=王珊\vee(SPrice\geqslant15\wedge SPrice<25)})(Book)$$

元组演算表示如下：

$\{t[BName, Author, Price] \mid t \in Book \wedge t[Author] = "王珊" \vee (t[SPrice] \geqslant 15 \wedge t[SPrice] < 25)\}$

域演算表示如下：

$\{(BName, Author, Price) \mid (BNo, BName, Author, PNo, EditNo, Price, PPrice, SPrice) \in Book \wedge (Author = "王珊" \vee (SPrice \geqslant 15 \wedge SPrice < 25))\}$

思考：

(1) 查询购买图书的客户的户号和书号。

(2) 查询作者不是王珊和雍俊海的图书的书名、作者和售价。

提示(元组演算和域演算请自行解答)：

(1) $\pi_{CNo, BNo}(Buy)$

(2) $\pi_{BName, Author, SPrice}(\sigma_{\neg(Author="王珊"\vee Author="雍俊海")})(Book)$

连接

2.3.3 连接

连接(Join):把两个关系按照连接条件进行连接后生成一个新关系的过程。即:根据指定的连接条件,依次检测关系 $R(X_1, X_2, \cdots, X_n)$ 和 $S(Y_1, Y_2, \cdots, Y_m)$ 中的每一个元组,如果 R 中的某个元组与 S 中的某个元组满足了连接条件,则把这两个元组对接起来,而最终所有对接后的元组的集合即为 R 和 S 的连接。

常用的连接方法和连接过程如下:

(1) **嵌套循环法**(Nested Loop)

● 首先在关系 R 中找到第一个元组,然后从头开始扫描关系 S,逐一查找满足连接件的元组,找到后就将 R 中的第一个元组与该元组拼接起来,形成结果关系中一个元组。

● 关系 S 全部查找完后,再找关系 R 中第二个元组,然后再从头开始扫描关系 S,逐一查找满足连接条件的元组,找到后就将关系 R 中的第二个元组与该元组拼接起来,形成结果表中一个元组。

重复上述操作,直到关系 R 中的全部元组都处理完毕。

(2) **排序合并法**(Sort Merge)

● 首先按连接属性对关系 R 和关系 S 排序。

● 对关系 R 的第一个元组,从头开始扫描关系 S,顺序查找满足连接条件的元组,找到后就将关系 R 中的第一个元组与该元组拼接起来,形成结果关系中一个元组。当遇到关系 S 中第一条大于关系 R 连接字段值的元组时,对关系 S 的查询不再继续。

● 找到关系 R 的第二个元组,然后从刚才的中断点处继续顺序扫描关系 S,查找满足连接条件的元组,找到后就将关系 R 中的第二个元组与该元组拼接起来,形成结果关系中一个元组。直接遇到关系 S 中大于关系 R 连接字段值的元组时,对关系 S 的查询不再继续。

● 重复上述操作,直到关系 R 或关系 S 中的全部元组都处理完毕为止。

(3) **索引连接**(Index Join)

● 对关系 S 按连接字段建立索引。

● 对关系 R 的每个元组,依次根据其连接字段值查询关系 S 的索引,从中找到满足条件的索引值,进而在关系 S 中找到与之对应的元组,找到后就将关系 R 中的第一个元组与该元组拼接起来,形成结果表中一个元组;依次进行下去,直到结束。

R 和 S 连接的关系代数表示如下(⋈表示连接):

$$R \underset{R.A \quad S.B}{\bowtie} S$$

其中：R. A 和 S. B 分别为 R 和 S 上度数相等而且可以比较的属性组；是比较运算符。

不难看出，R 和 S 的连接实际上就是从两个关系的笛卡尔积中选择出满足指定条件的元组。即：R 和 S 的连接是 R 和 S 的笛卡尔积的选择操作。

因此，R 和 S 连接的关系代数可以表示为：$\sigma_{R.A \quad S.B}(R \times S)$。即：连接运算可以由关系的笛卡尔积和选择运算导出。

R 和 S 连接的属性为：

$$(X_1, X_2, \cdots, X_n, Y_1, Y_2, \cdots, Y_m)$$

R 和 S 连接的元组的分量个数：等于 R 和 S 分量个数的和。

R 和 S 连接的元组的个数：小于等于乘积 $k_1 \times k_2$。k_1 是 R 的元组的个数；k_2 是 S 的元组的个数。

R 和 S 连接的元组关系演算表示如下：

$$R \underset{R.A \quad S.B}{\bowtie} S = \{\widehat{t_1 t_2} \mid t_1 \in R \wedge t_2 \in S \wedge t_1[R.A] \quad t_2[S.B]\}$$

其中：$\widehat{t_1 t_2}$ 表示 t_1 和 t_2 的对接；$t_1 \in R$ 表示元组 t_1 属于 R；$t_2 \in S$ 表示元组 t_2 属于 S。

R 和 S 连接的域关系演算表示如下：

$\{(x_1, x_2, \cdots, x_n, y_1, y_2, \cdots, y_m) \mid$

$(x_1, x_2, \cdots, x_n) \in R \wedge (y_1, y_2, \cdots, y_m) \in S$

$\wedge x_{i_1} \quad y_{j_1} \wedge x_{i_2} \quad y_{j_2} \wedge \cdots \wedge x_{i_k} \quad y_{j_k},$

$x_{i_u} \in (x_1, x_2, \cdots, x_n) \wedge y_{j_u} \in (y_1, y_2, \cdots, y_m), u = 1, 2, \cdots, k\}$

在 R 和 S 的连接中，有两个有价值的特殊连接：等值连接和自然连接。

R 和 S 的等值连接：连接条件是 $R.A$ 和 $S.B$ 相等（即：为 " = "）的连接运算。即：从关系 R 和 S 的笛卡尔积中选取 A 和 B 的属性值相等的元组的集合。

R 和 S 的等值连接的关系代数表示如下：

$$R \underset{R.A \quad S.B}{\bowtie} S$$

R 和 S 的自然连接：连接条件是 $R.B$ 和 $S.B$ 相等（B 为 R 和 S 的公共属性），并且去掉重复列的等值连接运算。即：从关系 R 和 S 的笛卡尔积中选取公共属性的属性值相等的元组的集合，然后去掉重复的属性列。

R 和 S 的自然连接是一种特殊的去掉重复属性列的等值连接。

R 和 S 的自然连接的关系代数表示如下：

$$R \bowtie S$$

等值连接与自然连接的区别与联系：

等值连接和自然连接都是要求属性间按照等值进行连接，而自然连接要求两个关系中相等的分量必须是相同的属性组而等值连接不需要，且自然连接要在结果中把重复的属性列去掉而等值连接不需要。

思考：给出等值连接和自然连接的元组关系演算和域关系演算的表示方法。

例 2.14　已知 R 和 S 如图 2.9(a)(b) 所示，则 R 和 S 的条件($C<D$) 连接、等值连接和自然连接如图 2.9(c)、(d) 和(e) 所示。

R			S		连接（C<D）					等值连接					自然连接			
A	B	C	B	D	A	R.B	C	S.B	D	A	R.B	C	S.B	D	A	B	C	D
a1	b1	5	b1	3	a1	b1	5	b2	6	a1	b1	5	b1	3	a1	b1	5	3
a2	b1	6	b2	6	a1	b1	5	b4	9	a2	b1	6	b1	3	a2	b1	6	3
a3	b2	7	b3	3	a2	b1	6	b4	9	a3	b2	7	b2	6	a3	b2	7	6
a4	b3	9	b4	9	a3	b2	7	b4	9	a4	b3	9	b3	3	a4	b3	9	3

图 2.9　连接

R 和 S 的连接的关系代数表示如下：

$$R \underset{R_1C<S.D}{\bowtie} S \text{ 或者 } R \underset{C<D}{\bowtie} S$$

R 和 S 的等值连接的关系代数表示如下：

对于等值条件为：$R.C = S.D$ 时：

$$R \underset{R.C=S.D}{\bowtie} S \text{ 或者 } R \underset{C=D}{\bowtie} S$$

对于等值条件为：$R.B = S.B$ 时(即：默认等值条件)：

$$R \underset{R_1B=S.B}{\bowtie} S$$

R 和 S 的自然连接的关系代数表示如下：

$$R \bowtie S$$

思考：请写出本例中连接、等值连接和自然连接的元组关系演算和域关系演算的表达式。

例 2.15　查询作者是"王珊"的书名、定价、社名和电话。

关系代数表示如下：

$$\pi_{BName, Price, PName}(\sigma_{Author = "王珊"}(Book \bowtie Press))$$

元组演算表示如下：

$\{(t_1[BName, Price], t_2[PNmae, Phone]) \mid t_1 \in Book \land t_2 \in Press \land$
$t_1[Author] = "王珊" \land t_1[PNo] = t_2[PNo]\}$

域演算表示如下：

$\{(BName, Price, PName, Phone) \mid (BNo, BName, Author, PNo, EditNo, Price,$
$PPrice, SPrice) \in Book \land (PNo, PName, PCode, PAddr, Phone, EMail, HPage) \in$
$Press \land Author = "王珊" \land Book.PNo = Press.PNo\}$

2.3.4　除运算

除

为了更好地理解关系的除法运算，请先分析如下例题：

例 2.16　如图 2.10 所示，已知成绩关系 Grade 和条件关系 Cond，利用 Cond 中的条件在 Grade 中选择满足条件的学生 Result，即在 Grade 中选择高等数学和数据结构均为 A 的学生信息。

Grade

SName	SSex	CName	SDept	Grade
李思	男	高等数学	计算机	A
刘英	女	高等数学	数学	B
吴康	男	高等数学	计算机	A
王晶	女	数据结构	数学	A
吴康	男	英语	计算机	B
王晶	女	高等数学	数学	A

Cond

CName	Grade
高等数学	A
数据结构	A

Result

SName	SSex	SDept
王晶	女	数学

图 2.10　关系的除法示例

显然，Grade ÷ Cond = Result。

不难看出，除法运算的特点：

(1) Result 中的属性是 Grade 中的属性除去 Cond 中的属性。

(2) Result 中的元组是 $\pi_{SName, SSex, CName}$(Grade) 中的元组。

即：Result 是 Grade 在 SName，SSex，和 CName 上的投影的子集。

亦即：Result $\subseteq \pi_{SName, SSex, CName}$(Grade)。

(3) Result × Cond $\subseteq$ Grade。

即：对 Result 中，在分量 SName、SSex 和 SDept 上的投影值为王晶、女和数学的诸元组，在分量 CName 和 Grade 上的投影值，一定包含 Cond 中的元组。

亦即：Result 中的元组（王晶，女，数学）与 Cond 中所有元组对接后所生成的新元组一定是 Grade 的元组。

综上所述,可以得出如下结论:

对于 Grade 在 SName、SSex 和 SDept 上的投影的一个元组 t,如果 Grade 中在 SName、SSex 和 SDept 上的投影值等于 t 的诸元组,在 CName 和 Grade 上的投影包含 Cond 中的元组,则该元组 t 是一个结果元组(t ∈ Grade ÷ Cond)。所有这样的 t 就组成了 Grade ÷ Cond。

关系 R 与 S 的除运算:已知关系 $R(X,Y)$ 和 $S(Y,Z)$,R 与 S 的除运算的结果是一个属性组为 X 的关系 P(X),并且满足:对于 P(X) 中的元组 p,R 中在 X 上的投影值等于 p 的诸元组,在 Y 上的投影包含 S 在 Y 上的投影。即:

$$R \div S = \{t[X] \mid t \in R \land t[Y] \supseteq \pi_Y(S) \land t[X] = p, \forall p \in P\}$$

其中:X,Y,Z 为属性组。R 中的 Y 与 S 中的 Y 可以使用不同的属性名,但它们必须拥有相同的域。

不难证明:Z 与 $R \div S$ 无关。$P \times S \subseteq R$。若 Y $= \varnothing$,则 $R \div S = R$。

R 和 S 的连接的关系代数表示如下:

$$R \div S$$

$R \div S$ 的属性:X。

$R \div S$ 的元组的分量个数:X 的分量个数。

$R \div S$ 的元组的个数:小于等于 k_1。k_1 是 R 的元组的个数。

$R \div S$ 元组关系演算表示如下:

$$\{t[X] \mid t \in R \land t[Y] \supseteq \pi_Y(S) \land t[X] = p, \forall p \in P\}$$

其中:P 是结果关系。

R 和 S 连接的域关系演算表示:请自行完成。

例 2.17 已知关系 R 与 S,则 $R \div S$ 的结果如图 2.11 所示。

	A	B
	α	1
	α	2
	α	3
	β	1
R	γ	1
	δ	1
	δ	3
	δ	4
	β	2

B	
1	S
2	

A	
α	$R+S$
β	

图 2.11 R ÷ S 的范例 1

例 2.18 查询至少购买书号是 ISBN978-7-04-040664-1 和 ISBN978-7-302-33894-9 的这两本书的客户的户号。

首先,构造包含这两本书号的临时关系 T 如图 2.12 所示。

BNo
ISBN978-7-04-040664-1
ISBN978-7-302-33894-9

图 2.12　$R \div S$ 的范例 2

然后,利用如下除运算得出结果:

$$\pi_{CNo, BNo}(Buy) \div T$$

例 2.19　已知关系 R 与 S,则 $R \div S$ 的结果如图 2.13 所示。

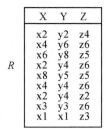
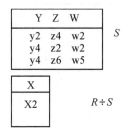

图 2.13　$R \div S$ 的范例 3

实际上:$R \div S$ 就是在 R 中选择满足 S 中条件的元组,在 X 上的投影。

因此,$R \div S$ 的计算方法如下:

为了使算法更具通用性,不妨设两个关系为 $R(X)$ 和 $S(Y)$,而且 $X \supseteq Y$,否则只需使用 $X \cap Y$ 代替 Y 即可。

(1) 计算 $T = \pi_{X-Y}(R)$。

(2) 计算 $V = T \times S - R$。即:计算 $T \times S$ 中不在 R 中的元组。

(3) 计算 $W = \pi_{X-Y}(V)$。

(4) 计算 $R \div S = T - W$。

根据上述算法,可以得出 $R \div S$ 的通用代数表达式:

$$R \div S = \pi_{X-Y}(R) - \pi_{X-Y}((\pi_{X-Y}(R) \times S) - R)$$

$R \div S$ 的更通用的代数表达式(去掉条件 $X \supseteq Y$):

$$R(X) \div S(Y) = \pi_{X-(X \cap Y)}(R) - \pi_{X-(X \cap Y)}((\pi_{S_{X-(X \cap Y)}}(R) \times \pi_{X \cap Y}(S)) - R)$$

例 2.20 关系 R 和 S 如表 2.1、2.2 所示,表 2.3 ～ 2.6 给出了 $R \div S$ 的计算过程。

表 2.1 R

A	B	C	D
a_1	b_1	c_1	d_1
a_1	b_1	c_2	d_2
a_1	b_1	c_3	d_3
a_2	b_2	c_2	d_2
a_3	b_3	c_1	d_1
a_3	b_3	c_2	d_2

表 2.2 S

C	D
c_1	d_1
c_2	d_2

表 2.3 T

A	B
a_1	b_1
a_2	b_2
a_3	b_3

表 2.4 V

A	B	C	D
a_2	b_2	c_1	d_1

表 2.5 W

A	B
a_2	b_2

表 2.6 $R \div S$

A	B
a_1	b_1
a_3	b_3

不难看出:选择、投影和连接是核心运算;广义笛卡尔积、并集、差集、选择和投影是基本运算;交集、连接和除等均是导出运算。

2.4 更新运算

更新运算主要包括插入、修改和删除等。插入元组可以采用并运算实现;修改元组可以采用差和并运算实现;删除元组可以采用差运算实现。

1.插入

插入运算(Insert):在关系代数运算中,实现元组的插入,可以采用并运算来实现。

具体方法如下:

首先利用需要插入的元组,创建一个与 R 同属性的临时关系 T,然后计算 $R \cup T$。

2.修改

修改运算(Update):在关系代数运算中,实现元组的修改,可以采用差和并运算来实现。

具体方法如下:

首先利用差运算把需要修改的元组从 R 中删除,得到 $R - \sigma_{F(t)}(R)$;然后利用元组的更新数据创建一个与 R 同属性的临时关系 T,最后计算 $(R - \sigma_{F(t)}(R))$ ∪ T。

3.删除

删除运算(Delete):在关系代数运算中,实现元组的删除,可以采用差运算来实现。

具体方法如下:

首先从关系 R 中选择出需要删除的元组,并构造一个临时关系 $\sigma_{F(t)}(R)$,创建一个与 R 同属性的临时关系 T,然后计算 $R - \sigma_{F(t)}(R)$。

2.5 综合实例

综合实例 1

使用关系代数的关系运算,不但可以进行基本的数据查询,而且可以利用这些运算的复合运算,实现数据的复杂查询。下面以网上书店数据库 EBook 为例,介绍关系代数的综合复杂案例。

例 2.21 查询 Book、Cust、Buy 和 Press 的笛卡尔积(不难看出,该查询没有实际意义)。

$$Book \times Cust \times Buy \times Press$$

例 2.22 查询客户、图书和出版社的详细信息及其所有购买信息。

$$Book \bowtie Cust \bowtie Buy \bowtie Press$$

例 2.23 查询图书的书名、作者、社名和售价。

$$\pi_{BName, Author, PName, SPrice}(Book \bowtie Press)$$

例 2.24 查询图书的书名、作者、售价、社名和购买图书的客户姓名。

$$\pi_{BName, Author, SPrice, PName, CName}(Book \bowtie Cust \bowtie Buy \bowtie Press)$$

例 2.25 查询客户李明购买的作者是韩培友的出版社是浙江工商大学出版的图书的户名、书名、作者、定价、售价、社名和购买日期。

$$\pi_{CName, Bname, Author, PName, Price, SPrice, PName, PName}$$
$$(\sigma_{BName = '李明' \wedge Author = '韩培友' \wedge PName = '浙江工商大学出版社'}(Book \vee Cust \bowtie Buy \bowtie Press))$$

例 2.26 查询购买王珊或者雍俊海书的客户的户号和户名。

$$\pi_{CNo, CName}(\sigma_{Author = "王珊"}(Book \bowtie Cust \bowtie Buy)) \cup \pi_{CNo, CName}(\sigma_{Author = "雍俊海"}(book \bowtie Cust \bowtie Buy))$$

思考:如下关系代数表达式是否正确?

$$\pi_{CNo, CName}(\sigma_{Author = "王珊" \vee Author = "雍俊海"}(book \bowtie Cust \bowtie Buy))$$

例 2.27 查询至少购买王珊和雍俊海的书的客户的户号和户名。

$$\pi_{CNo, CName}(\sigma_{Author = "王珊"}(Book \bowtie Cust \bowtie Buy) \cap \pi_{CNo, CName}(\sigma_{Author = "雍俊海"}(book \bowtie$$

Cust ⋈ Buy)))

综合实例2

思考1:如下关系代数表达式是否正确?

$$\pi_{CNo, CName} (\sigma_{Author = "王珊" \wedge Author = "雍俊海"} (Book \bowtie Cust \bowtie Buy))$$

思考2:查询仅购买王珊和雍俊海的图书的客户的户号和户名。

思考3:查询购买除王珊和雍俊海之外的图书的客户的户号和户名。

例2.28 查询购买过图书的客户的户名和邮箱。

$$\pi_{CName, Email} (\pi_{CNo(Buy)} \bowtie Cust)$$

例2.29 查询没有购买任何图书的客户的户名、性别、生日、电话和邮箱。

$$\pi_{CName, CSex, Birth, Phone, Email} ((\pi_{CNo} (Cust) - \pi_{CNo} (Buy)) \bowtie Cust)$$

例2.30 查询购买所有图书的客户的户号、户名和电话。

$$\pi_{CNo, CName, Phone} ((Buy \div \pi_{BNo} (Book)) \bowtie Cust)$$

思考:请写出本节实例中各查询的元组关系演算和域关系演算的表达式。

2.6 查询优化

查询优化概述

数据共享的主要手段是查询操作,而同一个查询操作,可以采用多种查询方案来实现查询,因此需要选择优化的查询方案来提高查询效率。

查询优化器:对于给定查询,能够自动生成与之对应的多个优化查询方案的程序,并且能够根据查询环境的改变,选择相应的优化方案实施查询。拥有高效的查询优化器是 DBMS 的一项重要指标,且直接提升 DBMS 的性能。

查询优化器的作用:在执行查询时,DBMS 会利用查询优化器自动生成多个查询方案,并选择最优的方案实施查询。

2.6.1 查询示例分析

查询优化概念

首先通过一个查询示例,来分析查询的整个执行过程,并进一步说明查询优化化的必要性和重要性。

例2.31 查询在2014年10月26日当天,购买王珊的数据库系统概论的已婚男客户的户号和姓名。

分析:假设 Cust、Buy 和 Book 的元组的个数分别为 x、y 和 z;已婚男客户在 Cust 中的元组的个数为 u,2014年10月26日当天在 Buy 中购书的元组的个数为 v,王珊的数据库系统概论在 Book 中的元组的个数为 w;2014年10月26日当天,购买王珊的数据库系统概论的已婚男客户的元组个数为 n。

查询的 SQL Server 实现:

```
SELECT Cust.CNo, CName
```

FROM Cust, Buy, Book

WHERE Cust. CNo = Buy. CNo AND Book. BNo = Buy. BNo AND

BName = '数据库系统概论' AND Author = '王珊' And

CSex = '男' AND Marry = '是' AND PDate = '2014 - 10 - 26'

查询的三个关系代数方案：

方案 1：

$$\pi_{Cust.CNo,CName}(\sigma_{BName='数据库系统概论' \wedge Author='王珊' \wedge CSex='男' \wedge Marry='是' \wedge PDate='2014-10-26' \wedge Cust.CNo=Buy.CNo \wedge Book.BNo=Buy.BNo}(Cust \times Buy \times Book))$$

方案 2：

$$\pi_{Cust.CNo,CName}(\sigma_{Cust.CNo=Buy.CNo \wedge Book.BNo=Buy.BNo}(\sigma_{CSex='男' \wedge Marry='是'}(Cust) \times \sigma_{PDate='2014-10-26'}(Buy) \times \sigma_{BName='数据库系统概论' \wedge Author='王珊'}(Book)))$$

方案 3：

$$\pi_{Cust.CNo,CName}(\pi_{Book.BNo}(\sigma_{BName='数据库系统概论' \wedge Author='王珊'}(Book)) \bowtie$$
$$\pi_{Book.BNo,Cust.CNo}(\sigma_{PDate='2014-10-26'}(Buy)) \bowtie$$
$$\pi_{Cust.CNo,CName}(\sigma_{CSex='男' \wedge Marry='是'}(Cust)))$$

对于方案 1：使用的操作是先做笛卡尔积，再做选择，最后做投影。即：

(1) 笛卡尔积的结果生成了由 26 个属性，x × y × z 个元组组成的"庞大"的临时数据。

(2) 扫描数据并进行 7 个条件的选择运算。

(3) 扫描数据并按户号和户名进行投影运算。

对于方案 2：使用的操作是先做选择，后做笛卡尔积，再做选择，最后做投影。即：

(1) 选择的结果使得 Cust、Buy 和 Book 中元组的个数由 x、y 和 z，减少到 u、v 和 w。显然 u、v 和 w 分别远远小于 x、y 和 z(即：u << x, v << y, w << z)。

(2) 笛卡尔积的结果生成了由 26 个属性，u × v × w 个元组组成的"较大"的临时数据。

(3) 扫描数据并进行等值条件 Cust. Cno = Buy. CNo 和 Book. BNo = Buy. BNo 的选择运算。

(4) 扫描数据并按户号和户名进行投影运算。

对于方案 3：使用的操作依次为选择且投影、自然连接和投影。即：

(1) 选择的结果使得：

Cust 中元组的个数由 x 减少到 u(u << x)，同时直接向 Cust. CNo 投影；

Buy 中元组的个数由 y 减少到 v(v << y)，同时直接向(Buy. CNo, Buy. BNo)投影；

Book 中元组的个数由 z 减少到 w(w ≪ z),同时直接向 Book. BNo 投影。

(2) 自然连接的结果是由 3 个属性,n(≪ u × v × w) 个元组组成的"很小"的临时数据。

(3) 扫描数据并按户号和户名进行投影运算。

通过方案 1、方案 2 和方案 3 的处理过程,不难看出,对于同一个查询如果选择的查询策略不同,其查询费用的差别相当大。方案 3 明显优于方案 1 和方案 2。如果使用索引和排序技术进行预处理,则查询效率会更优。

思考 1:分析 3 个方案对数据的扫描次数和比较次数,以及生成中间元组的查询费用。

思考 2:分析处理机 CPU 时间、磁盘存取 I/O 代价、内存 RAM 开销和网络传输的硬件费用。

查询处理

2.6.2　查询处理与查询优化

通过例 2.31 的查询方案及其执行过程,可以看出,查询处理需要经过查询分析、查询检查、查询优化和查询执行等阶段。

(1) 查询分析。扫描查询语句、进行词法分析(识别语言符号) 和语法检查分析。

(2) 查询检查。检查权限和语义;检查安全性和完整性;"视图操作"向"表操作"的转换;查询语句的内部表示,就是把 SQL 语句转化为等价的关系代数表达式(即:查询树,或语法(分析) 树) 等。

(3) 查询优化:利用等价变换对关系代数表达式进行优化,从而降低查询费用,提高查询效率。目标是选择高效查询策略,使用最低查询费用,实现快速数据查询。

查询优化需要提供多种查询条件下的多个查询处理策略,并形成相应的查询计划,最终生成查询优化器。

查询优化不但需要代数优化(关系代数表达式的优化),而且需要物理优化(存取路径和操作算法等)。

(4) 查询执行。利用查询优化器,形成查询策略,生成查询计划(代码生成器),执行查询,返回查询结果。

查询等价变换

2.6.3　查询优化等价变换

查询优化需要利用等价变换把关系代数表达式变换为另一个等价的优化的关系代数表达式。常用的等价变换如下(E_i 是代数表达式、F_i 是条件表达式、A_i 和 B_i 是关系的属性):

(1) 笛卡尔积的交换律和结合律

$E_1 \times E_2 \equiv E_2 \times E_1$

$(E_1 \times E_2) \times E_3 \equiv E_1 \times (E_2 \times E_3)$

(2) 并集和交集的交换律和结合律

$E_1 \cup E_2 \equiv E_2 \cup E_1$

$E_1 \cap E_2 \equiv E_2 \cap E_1$

$(E_1 \cup E_2) \cup E_3 \equiv E_1 \cup (E_2 \cup E_3)$

$(E_1 \cap E_2) \cap E_3 \equiv E_1 \cap (E_2 \cap E_3)$

$(E_1 \cup E_2) \cap E_3 \equiv (E_1 \cap E_3) \cup (E_2 \cap E_3)$

$(E_1 \cap E_2) \cup E_3 \equiv (E_1 \cup E_3) \cap (E_2 \cup E_3)$

(3) 选择运算的分配律

$\sigma_{F_1 \wedge F_2 \wedge \cdots \wedge F_n}(E) \equiv \sigma_{F_1}(\sigma_{F_2}(\cdots(\sigma_{F_n}(E))))$

$\sigma_{F_1 \wedge F_2 \wedge \cdots \wedge F_n}(E) \equiv \sigma_{F_1}(E) \cap \sigma_{F_2}(E) \cap \cdots \cap \sigma_{F_n}(E)$

$\sigma_{F_1 \vee F_2 \vee \cdots \vee F_n}(E) \equiv \sigma_{F_1}(E) \cup \sigma_{F_2}(E) \cup \cdots \cup \sigma_{F_n}(E)$

$\sigma_F(E_1 \cup E_2) \equiv \sigma_F(E_1) \cup \sigma_F(E_2)$

$\sigma_F(E_1 \cap E_2) \equiv \sigma_F(E_1) \cap \sigma_F(E_2)$

$\sigma_F(E_1 - E_2) \equiv \sigma_F(E_1) - \sigma_F(E_2)$

(4) 投影运算的分配律($A_{i_j} \in \{A_1, \cdots, A_n\}, k \leqslant n, j = 1, 2, \cdots, k$)

$\pi_{A_{i_1}, A_{i_2}, \cdots, A_{i_k}}(\pi_{A_1, A_2, \cdots, A_n}(E)) \equiv \pi_{A_{i_1}, A_{i_2}, \cdots, A_{i_k}}(E)$

$\pi_{A_1, A_2, \cdots, A_n}(E_1 \cup E_2) \equiv \pi_{A_1, A_2, \cdots, A_n}(E_1) \cup \pi_{A_1, A_2, \cdots, A_n}(E_2)$

$\pi_{A_1, A_2, \cdots, A_n}(E_1 \cap E_2) \equiv \pi_{A_1, A_2, \cdots, A_n}(E_1) \cap \pi_{A_1, A_2, \cdots, A_n}(E_2)$

(5) 连接运算的交换律、结合律和分配律

$E_1 \bowtie E_2 \equiv E_2 \bowtie E_1$

$E_1 \underset{F}{\bowtie} E_2 \equiv E_2 \underset{F}{\bowtie} E_1$

$E_1 \bowtie (E_2 \bowtie E_3) \equiv (E_1 \bowtie E_2) \bowtie E_3$

$E_1 \underset{F}{\bowtie} (E_2 \underset{F}{\bowtie} E_3) \equiv (E_1 \underset{F}{\bowtie} E_2) \underset{F}{\bowtie} E_3$

$\sigma_F(E_1 \bowtie E_2) \equiv \sigma_F(E_1) \bowtie \sigma_F(E_2)$

(6) 混合运算($X, Y \notin \{A_1, \cdots, A_n, B_1, \cdots, B_m\}$)

$\sigma_{F(A_1, A_2, \cdots, A_n)}(\pi_{A_1, A_2, \cdots, A_n}(E)) \equiv \pi_{A_1, A_2, \cdots, A_n}(\sigma_{F(A_1, A_2, \cdots, A_n)}(E))$

$\sigma_{F(A_1, \cdots, A_n)}(E_1(A_1, \cdots, A_n) \times E_2(B_1, \cdots, B_m)) \equiv \sigma_{F(A_1, \cdots, A_n)}(E_1(A_1, \cdots, A_n)) \times E_2$

$\sigma_{F_1(A_1, \cdots, A_n) \wedge F_2(B_1, \cdots, B_m)}(E_1(A_1, \cdots, A_n) \times E_2(B_1, \cdots, B_m))$
$\equiv \sigma_{F_1(A_1, \cdots, A_n)}(E_1(A_1, \cdots, A_n)) \times \sigma_{F_2(B_1, \cdots, B_m)}(E_2(B_1, \cdots, B_m))$

$$\pi_{A_1, \cdots, A_n, B_1, \cdots, B_m}(E_1(A_1, \cdots, A_n, X) \times E_2(B_1, \cdots, B_m, Y))$$
$$\equiv \pi_{A_1, \cdots, A_n}(E_1(A_1, \cdots, A_n, X)) \times \pi_{B_1, \cdots, B_m}(E_2(B_1, \cdots, B_m, Y))$$

查询优化
规则 + 方法

2.6.4 查询优化规则

在利用查询树对关系代数表达式进行优化的过程中,应该遵循如下规则:

(1) 选择运算(减少元组数量)或者投影运算(减少属性个数)尽量先运算。

例如:在例 2.31 中,方案 2 先对三张表进行了选择操作。

(2) 选择和投影尽量同时运算。尽管有时需要先选择后投影,或者先投影后选择,如果可能,选择和投影尽量同时做,这样可以减少数据库的访问次数和对元组的扫描次数。

例如:在例 2.31 中,尽管方案 3 是先选择后投影,但是执行查询时,可以对数据对象进行一次扫描,并同时进行选择判断和投影运算。

(3) 投影运算尽量与其前后的双目运算同时运算(减少数据访问和扫描次数)。

例如:在例 2.31 中,方案 1 的 3 张表的笛卡尔积与 7 个选择条件和投影运算,可以在对数据对象的一次扫描中同时运算。

(4) 选择运算尽量与其前笛卡尔积合并为连接运算。连接运算通常比笛卡尔积生成更少的中间数据,从而节省更多时间。

例如:在例 2.31 中,方案 3 的等值选择运算与其前 3 张表的笛卡尔积合并为连接运算,并同时进行投影运算。

(5) 提取公共代数表达式(减少数据访问和扫描次数,避免重复运算)。对于多次重复使用的代数表达式,尽量提取出来,并保存其值作为中间结果。

例如:在外模式中,对视图的查询运算。

2.6.5 查询优化方法

根据查询优化规则,利用关系代数等价变换,对查询对应的关系代数表达式进行优化的方法描述如下:

(1) 查询的关系代数表示。

利用并、差、笛卡尔积、选择和投影等基本运算,写出与查询等价的关系代数表达式。

(2) 绘制初始查询树。

根据关系代数表达式,绘制出与之相对应的初始查询树。

(3) 分解选择和投影运算,更新查询树。

把查询条件,分解成与不同关系相关的多个子查询,并移至叶结点,更新查询树。

把投影属性,分解成与不同关系相关的多个子投影,并移至叶结点,更新查询树。

(4) 合并选择和投影运算,更新查询树。

对于相同关系的相邻的选择和投影运算,在一次扫描中同时运算,更新查询树。

(5) 结点分组,连接运算,优化查询树。

把双目运算与其相邻的单目运算分为一组,并在一次扫描中同时运算。优化查询树。

(6) 生成查询优化器,提供查询优化方案。

把最终生成的多个等价的优化查询树,转化为相应的查询方案,并形成查询优化器。

不难看出,在查询优化器中,不同的查询方案,适用于不同的查询条。

因此,针对具体查询,可以从查询优化器提供的查询方案中,选择一个查询费用最优的方案执行查询。

例 2.32　给出查询"购买图像技术的未婚女客户的户号和姓名"的优化方案。

分析:针对查询涉及的表 Cust、Buy 和 Book,设计查询方案如下:

(1) 查询的关系代数表达式:

$$\pi_{CNo, CName} \left(\sigma_{BName = '图像技术' \wedge CSex = '女' \wedge Marry = '否' \wedge Cust.CNo = Buy.CNo \wedge Book.BNo = Buy.BNo} \left(Cust \times Buy \times Book \right) \right)$$

(2) 绘制初始查询树如图 2.14 所示。

(3) 把查询条件 CSex = '女' $\wedge$ Marry = '否'分解出来,并移向 Cust,如图 2.15 所示,把 BName = '图像技术'分解出来,并移向 Book,如图 2.16 所示。即:

$$\pi_{CNo, CName} \left(\sigma_{Cust.CNo = Buy.CNo \wedge Book.BNo = Buy.BNo} \left(\sigma_{CSex = '女' \wedge Marry = '否'} \left(Cust \right) \times Buy \times \sigma_{BName = '图像技术'} \left(Book \right) \right) \right)$$

(4) 投影运算 $\pi_{CNo, CName}$ 和等值查询条件 $\sigma_{Cust.CNo = Buy.CNo \wedge Book.BNo = Buy.BNo}$ 分为一组,并在一次数据扫描中同时执行;把底层的笛卡儿积与 Book 的选择运算分为一组,并在一次扫描同时执行,如图 2.17 所示。

(5) 把查询条件 Cust.CNo = Buy.CNo 分解出来,并与相邻的笛卡尔积分为一组,如图 2.15 所示,把 Book.BNo = Buy.BNo 分解出来,并与相邻的笛卡尔积分为一组,如图 2.16 所示。即:

$$\pi_{CNo, CName} \left(\sigma_{CSex = '女' \wedge Marry = '否'} \left(Cust \right) \quad Buy \quad \sigma_{BName = '图像技术'} \left(Book \right) \right)$$

(6) 最终生成的优化查询树如图 2.19 所示。

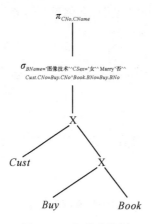

图 2.14　初始查询树

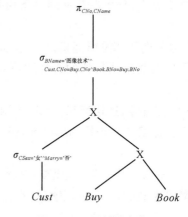

图 2.15　更新语查询 1

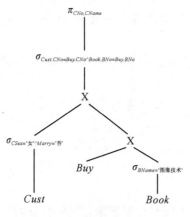

图 2.16　更新查询树 2

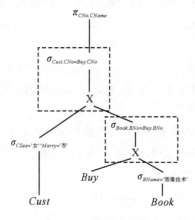

图 2.17　更新查询树 3

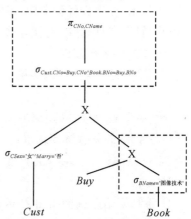

图 2.18　更新查询树 4

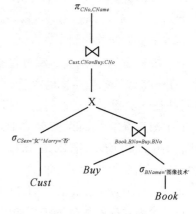

图 2.19　优化查询树

2.7　小结

学习本章内容,需要重点掌握 8 种常用关系运算及其关系代数语言。熟练掌握关系代数表达式的书写规则和表示方法,掌握元组关系演算和域关系演算的表达方法,同时掌握查询优化的概念、优化规则和优化算法。理解关系数据语言在数据查询中的作用。

关系数据语言是目前最流行的关系数据库的理论保证。

本章作为本书的重点,概述了关系数据语言的特点及其分类;介绍了关系数据语言的运算规则和表示方法。重点详述了 8 种常用关系运算的关系代数表达方法和元组关系演算表达方法;描述了常用关系运算的域关系演算表达方法,同时,介绍了查询优化的概念、规则和算法,并通过实例分析进一步说明了关系运算的实现方法。

主要知识点如下:

关系运算包括查询运算和更新运算等。查询运算包括笛卡尔积、并集、差集、交集、选择、投影、连接和除等。其中笛卡尔积、并集、差集、选择、投影是基本运算;差集、连接和除是导出运算;选择、投影和连接是核心运算。导出运算和更新运算均可以用 5 种基本运算导出。因此,关系运算中的 3 类运算具有同等的表达能力。

(1) 关系数据语言的特点及其分类。

(2) 8 种常用关系运算的关系代数表达方法。

(3) 8 种常用关系运算的元组关系演算表达方法。

(4) 8 种常用关系运算的域关系演算表达方法。

(5) 3 种常用数据更新运算。

(6) 查询优化的概念、规则和算法。

显然,SQL Server(参见第 4 章) 作为这 3 类关系运算的综合应用实例语言,目前已经被广泛应用到多个领域的数据库系统中。

在数据库系统的实际应用中,数据查询是使用最多的操作,而关系运算是数据查询的理论基础和理论保证,所以关系运算和 SQL Server 是本书的重点。

因此,在学习的过程中,建议大家对每一种查询,尽量使用关系代数、SQL 语句、元组关系演算和域关系演算等 4 种数据表达方法进行表示。

习 题

(1) 简述关系数据语言分类。

(2) 简述关系运算基本运算,导出运算和核心运算。给出使用基本运算表示导出运算的表示方法。

(3) 简述等值连接和自然连接的与区别和联系。

(4) 计算 $R(A,B,C,D,E) \div S(D,E)$。

R 的元组如下:

$\{(x,a,x,a,1),(x,a,z,a,1),(x,a,z,b,1),(y,a,z,a,1),$
$(y,a,z,b,3),(z,a,z,a,1),(z,a,z,b,1),(z,a,y,b,1)\}$

S 的元组如下:

$\{(a,1),(b,1)\}$

(5) 已知工程管理数据库的关系如下:

供应商 S(供应商号 SNo,供应商名 SName,所在城市 City)

零件 P(零件号 PNo,零件名 PName,颜色 Color,重量 Weight)

工程 J(工程号 JNo,工程名 JName,所在城市 City)

供应 SPJ(SNo,PNo,JNo,供应数量 Qty)

请完成如下查询:

① 查找上海的各工程名。

② 查询供应商 S1 给工程 J2 供应的所有零件名。

③ 查询北京的工程使用蓝色零件的工程号。

④ 查询没有使用 S1 所供应零件的工程号。

⑤ 查询找出能提供零件号为 P3 的供应商。

⑥ 查询能提供供应商 S1 所提供的所有零件的供应商

⑦ 查询不提供零件 P1 和 P2 的供应商。

⑧ 查询同时提供零件 P1 和 P2 的供应商。

⑨ 查询同供应商 S1 在同一城市的供应商所提供的所有零件。

⑩ 查询供应红色的 P1 零件的供应商,且其供应量大于 1000。

(6) 已知读者订单管理数据库的关系如下:

读者 Read(读者号 RNo,读者名 RName,读者身份 Status,读者城市 City)

图书 Book(书号 BNo,书名 BName,书价 Price,出版社 Publisher)

订单 OrderForm(订单号 ODNo,BNo,订书数量 Quantity)

订单读者索引 Index(ODNo,RNo)

请完成如下查询：

① 找出科学出版社出版的全部书号和价格。

② 找出有订单的书名和订单号。

③ 找出订购数量为 20 的所有订单号和书号。

④ 找出至少订购了"数据库技术"的读者号。

⑤ 找出没有订购任何图书的读者号。

(7) 已知商品销售数据库的关系如下：

商品 SP(商品号 SPNO,商品名 SPN)、库存 KC(SPNO,库存数量 SL1)

销售 XS(SPNO,KHNO,销售日期 RQ,销售数量 SL2,单价 DJ)

客户 KH(客户码 KHNO,客户名 KHN)。

请完成以下查询：

① 查询所有商品的全部信息。

② 查询客户"蓝天食品厂"所购的商品码和数量。

③ 查询客户'1616'所购商品的库存数量。

④ 查询购买所有商品的客户名。

(8) 已知运输公司数据库的关系如下：

Team(TNo,TName,Phone)

Car(CNo,Company,CDate,TNo)

Driver(DNo,DName,Phone,TNo,WDate)

代码含义：

Team— 车队:TNo— 车队编号;TName— 车队名称;Phone— 电话

Car— 车辆:CNo— 车辆编号;Company— 生产厂家;CDate— 出厂日期

Driver— 司机:DNo— 司机编号;DName— 姓名;Phone— 电话;WDate—
聘期

请完成如下查询：

① 查询生产厂家是"金龙公司"的车辆信息,显示数据为 CNo,Company,
CDate,TNo。

② 查询李明司机的名称、电话和聘期,显示数据为 DName,Phone, 和
WDate。其中:Phone 为司机的电话。

③ 查询车队编号为"01"的车辆信息,显示数据为 TName,Phone,CNo,
Company 和 CDate。其中:Phone 为车队的电话。

④ 查询车队名称为"翔龙车队"的司机信息,显示数据为 TName, Phone(该
电话为车队电话,DName 和 Phone(该电话为司机电话)。

⑤ 查询运输公司车队、车辆和司机的信息清单,显示数据为 TName,

Phone(该电话为车队电话,CNo,Company,CDate,DName,Phone(该电话为司机电话)和 WDate。

(9) 已知学籍管理数据库的关系如下：

学生 S(学号 SNo,姓名 SName,性别 SSex,年龄 SAge,班级 Class,学院 Coll)

课程 C(课程号 CNo,课程名 CName,选修课 CPNo,学分 Credit)

选课 SC(学号 SNo,课程号 CNo,成绩 Grade)

请完成如下任务：

① 查询男生的基本信息。

② 查询学生的姓名、年龄和班级。

③ 查询物流 1602 班的学生的学号。

④ 查询选修英语的学生的姓名。

⑤ 查询选修所有课程的学生的学号和姓名。

⑥ 把学号、课程号和成绩分别为 2016010201、020102 和 96 的元组添加到选课 SC。

⑦ 在选课 SC 中,删除学号为"2016010201"、选修课为"网球"的元组。

⑧ 查询"信息学院"的学生信息。

⑨ 查询"外语学院",并且年龄小于等于 16 岁或者大于 22 岁的学生信息。

⑩ 查询学生的姓名和所在学院。

⑪ 查询"信息学院"的学生的学号和姓名。

⑫ 查询"软件学院",并且年龄小于等于 16 或者大于 22 岁的学生的姓名、性别和年龄。

⑬ 查询选修了课程的学生的学号。

⑭ 查询年龄在 19 ～ 22 岁(包括 19 岁和 22 岁)之间的学生的姓名、系别和年龄。

⑮ 查询外语学院、数学学院和工商学院学生的姓名和性别。

⑯ 查询至少选修了课程号分别为:020101、030102 和 060206 三门课程的学生的学号。

⑰ 查询选修课程号为 020101 或者 030102 或者和 060206 的课程的学生的学号。

⑱ 查询只选修课程号分别为:020101、030102 和 060206 三门课程的学生的学号。

⑲ 查询选修了"数据库原理"课程的男生的学号和姓名。

⑳ 查询至少选修了一门课程其选修课的课程号为 2016010201 的学生的姓名。

（10）解释查询优化。简述查询优化规则和方法。

（11）写出如下查询的 SQL Server 语句和关系代数表达式,并绘制初始查询树和优化查询树;最后写出优化后的关系代数表达式。

查询在 2012 年 12 月 12 日之后(含当天)购买高等教育出版社出版的作者是王珊的图书的客户的姓名和电话。

第3章　　*Chapter 3*

数据完整性

数据完整性

俗话说"没有规矩,不成方圆"。在数据库系统中,为了确保数据库中数据与实际应用的一致性,数据本身及其之间必须遵循一定的约束规则。

数据完整性(数据库完整性)是指数据的正确性和相容性。在数据库系统运行过程中,始终需要保持数据的完整性,从而有效地防止非法数据进入数据库。

数据的正确性是指数据必须符合实际应用。

例如:在 Ebook 的 Cust 中,客户的户号必须唯一且不能为空值(实体完整性);性别只能是男或者女(用户定义完整性)。

如果在 Cust 中,存在性别为"美食",姓名"吴光"输入成为"无光",生日为"1866-16-36",则均破坏了数据的正确性。

数据的相容性是指数据在不同的关系中必须符合相应的逻辑关系。

例如:在 Ebook 的 Cust、Book 和 Buy 中,Buy 中的户号必须是 Cust 中的户号(参照完整性),Buy 中的书号必须是 Book 中的书号(参照完整性)。

如果在 Buy 中存在书号"ISBN111-1-11-1111-1",而在 Book 中不存在;在 Buy 中存在户号"C123",而在 Cust 中不存在;则均破坏了数据的相容性。

再如:在查询购买信息时,如果查询的结果是:户号为"C666",书号为"ISBN666",购买日期为"1666-16-16",则说明数据库系统对户号、书号和购买日期的完整性约束不够完善,从而导致非法数据进入了数据库。

因此,数据完整性控制机制已经成为数据库系统必须具备的控制机制,并且已经成为数据库系统的一项基本指标。

数据完整性包括:实体完整性、参照完整性和用户定义完整性等。

3.1 实体完整性

在关系中,因为元组代表了不同的实体,所以元组通常是可以区分的,这样不但可以实现精确查询,而且一定程度上避免了数据冗余。

例如:Cust 中每一个客户唯一;Book 中每一本书唯一。

区分元组的有效方法是定义实体完整性。

实体完整性(Entity Integrity)规则:主属性 A 的取值不能为空值(NULL)。

例如:Cust 中户号的取值不能为空值且唯一;Book 中书号的取值不能为空值且唯一。

再如:Buy 中户号的取值不能为空值,但不一定唯一;书号的取值不能为空值,但不一定唯一;(户号,书号)的取值不能为空值且唯一。

不难看出,主属性 A 的取值一定不能为空值,但不一定唯一;而主属性 A 所在的候选键 X 的取值一定不能为空且唯一。

关于空值,为了能够有效地进行数据处理,每一个数据对象都必须有"确定的类型"和"确定的值";而空值则是一个没有类型且没有大小的"未知"数据。

在输入数据时,对于未知的数据,通常可以使用空置,这样虽然给数据处理带来了方便,但是也带来了不便(例如:NULL + 100 =?)。

如果 A 的取值为空值,说明候选键 X 的值存在"未知"数据(例如:Buy 中户号存在空值),则候选键 X 就失去了元组的区分能力,不符合实际应用的要求。

因此,实体完整性约束规则是合理的而且是必要的,也是与实际应用相一致的。同时,实体完整性规则蕴含了:候选键 X 的取值不能为空值且具有区分能力。

温馨提示:空值是值和类型均未知的数据。在进行数据处理时,空值是不易管理的数据,因而应该尽量避免使用(有时会方便数据管理)。对于不同的DBMS,空值的管理机制各不相同,因此在使用时,应该严格遵循 DBMS 的具体规则。

3.2 参照完整性

在数据库的多个关系中,不同的关系之间通常存在一定的关联和参照关系,而这些联系必须符合相应的逻辑关系,确保数据之间的相容性。

参照 + 用户
定义完整性

例如:在 Ebook 的 Cust、Book 和 Buy 中,Buy 中的户号与 Cust 中的户号存在参照关系,Buy 中的书号与 Book 中的书号也存在参照关系。

确保数据相容性的有效方法是定义参照完整性。

外键:已知 X 是关系 R 的主键,Y 是关系 S 的属性(或属性组),但不是 S 的主键,如果 Y 与 X 相对应,则称 Y 是关系 S 的外键(Foreign Key,FK)。

其中:S 称为外键关系(外键表,参照关系);R 称为主键关系(主键表,被参照关系,目标关系)。

不难看出,X 和 Y 可以同名,也可以异名,但 X 和 Y 的域必须相同。在实际应用中,为了方便管理,X 和 Y 一般同名。

显然,外键可以简单地描述为:

如果 S 的属性 A 不是 S 的主键,而是 R 的主键,则 A 是 S 的外键。

例 3.1　在 Ebook 中:Cust、Book、Buy 和 Press 之间的参照关系如下:

(1) 对于 Buy 和 Cust,户号不是 Buy 的主键,而与 Cust 的主键户号相对应,则户号是 Buy 的外键。其中,Buy 是外键关系(外键表),Cust 是主键关系(主键表)。

(2) 对于 Buy 和 Book,书号不是 Buy 的主键,而与 Book 的主键书号相对应,则书号是 Buy 的外键。其中,Buy 是外键关系(外键表),Book 是主键关系(主键表)。

(3) 对于 Book 和 Press,社号不是 Book 的主键,而与 Press 的主键社号相对应,则社号是 Book 的外键。其中,Book 是外键关系(外键表),Press 是主键关系(主键表)。

例 3.2　如果如下职工关系内部存在一对多的领导联系:

职工(工号,姓名,性别,年龄,经理)

其中,经理的取值为工号(即:经理和工号同域)。

则经理不是职工关系的主键,而与职工的主键"工号"相对应,即:经理的取值来自于职工的工号。因此,经理是职工的外键。这时职工既是外键关系,同时又是主键关系。

参照完整性(Referential Integrity) 规则:如果 X 是关系 R 的主键,Y 是关系 S 的外键,且 Y 与 X 相对应,则 Y 的取值要么为空值,要么取 X 的值。

参照完整性规则的等价描述:

如果 Y 是 S 的外键,且是 R 的主键,则 Y 的取值要么为空值,要么为 R 的主键的值。

对于例 3.1 的进一步分析如下:

(1) 对于 Buy 和 Cust,户号是 Buy 的外键,且是 Cust 的主键,则 Buy 的户号的取值:要么为空值(即:不知道是哪一个客户购买了图书);要么为 Cust 中户号的值(即:Buy 的客户必须是 Cust 中已经存在的客户)。这时 Buy 的户号取空值与实际应用不相容,因此应该再进一步限制其不能取空值。

(2) 对于 Buy 和 Book,书号是 Buy 的外键,且是 Book 的主键,则 Buy 的书号的取值:要么为空值(即:不知道客户购买了哪一本图书);要么为 Book 中书号的值(即:Buy 的客户购买的图书必须是 Book 中已经存在的图书)。这时 Buy 的书号取空值与实际应用不相容,因此应该再进一步限制其不能取空值。

(3) 对于 Book 和 Press,社号是 Book 的外键,且是 Press 的主键,则 Book 的社号的取值:要么为空值(即:不知道是哪一个出版社出版的图书);要么为 Press 中社号的值(即:Book 的出版社必须是 Press 中已经存在的出版社)。这时 Book 的社号取空值与实际应用不相容,因此应该再进一步限制其不能取空值。

对于例 3.2 的进一步分析如下:

经理是职工的外键,且与职工的主键"工号"相对应,则经理的取值:要么为空(即:该职工所在部门暂时没有选经理,实际中有意义);要么为职工中工号的值(即:经理必须来自于职工)。

3.3 用户定义完整性

在关系中,属性代表关系的特征,不同的属性通常具有不同的特性,进而需要满足不同的约束条件,而这些约束,确保了数据的正确性。

例如:在 Ebook 的 Cust、Book 和 Buy 中,Cust 中的户号的首字符为 C,长度为4,性别必须为男或女,婚否必须为是或否;Book 中书号的前 4 个字符必须为ISBN,版次为 1 位非 0 数字,进价低于定价和售价,售价低于定价;Buy 中的购买日期大于 2010-01-01,比较合理的处理方法是把购买时计算机的当前日期由系统自动写入数据库等。

确保数据正确性的有效方法是定义用户定义约束。

用户定义完整性(User Defined Integrity) 规则:用户根据系统需求自己定义的约束条件。

例 3.3 在 Ebook 的 Press 中,对属性的约束如下:

书号:前4个字符必须为ISBN且满足出版局规定的编码方法,取值唯一且非空值。

社名:长度不能超过 16 个汉字。

邮编:必须为 6 位数字且满足邮政局规定的编码方法。

社址:长度不能超过 22 个汉字。

电话:长度小于 16 位的数字且满足电话的编码方法。

邮箱:必须包含 @ 且满足电子邮箱的编码方法。

网址:满足网址的国际编码方法。

温馨提示:根据用户定义完整性规则,在实际应用中,用户可以根据实际需要自己定义任意的约束条件,从而使得数据管理更加灵活方便。

总之,实体完整性、参照完整性和用户定义完整性为数据完整性提供了理论依据。

完整性控制机制

3.4 完整性控制机制

"没有规矩,不成方圆";但是"有了规矩",还必须有配套的"监督机制";如果"破坏规矩",还需要相应的"惩罚机制"。即:"规矩"+"监督"+"惩罚"。

为了确保数据完整性,完整性控制机制应该具备:定义功能、检查功能和违约处理等功能。即:"定义"+"检查"+"违约处理"。

因为数据完整性约束的对象是属性、元组和关系等,所以设计数据完整性时,应该充分考虑以下3个层面:

① 属性级:对属性的取值类型、范围和精度等约束条件的定义、检测和违约处理。

例如:在 Ebook 的 Book 中,定价必须大于 0。

② 元组级:对元组各个属性之间的数据依赖的约束条件的定义、检测和违约处理。

例如:在 Ebook 的 Book 中,售价必须高于进价。

③ 关系级:对元组之间、关系模式及其联系的约束条件的定义、检测和违约处理。

例如:在 Ebook 的 Cust 和 Buy 中,Buy 中的户号必须来自于 Cust 中的户号。

(1) 定义功能

提供完善的定义数据完整性约束的功能,同时提供相应的接口。即:

通过定义功能提供的接口,可以方便地定义实体完整性约束条件、定义参照完整性约束条件和用户定义完整性约束条件。

例如:SQL Server 2016 的 DDL 是通过命令加短语的接口控制方式,定义关系的主键(实体完整性)。即:

CREATE TABLE Cust(CNo CHAR(4) PRIMARY KEY NOT NULL)

(2) 检查功能

对于插入、修改和删除等更新操作,提供检查完整性约束违约的功能。即:

检查用户操作是否违背了完整性约束条件,对于非违约操作,则执行相应的操作;对于违约操作则执行相应的违约处理。

常用的检查机制一般提供两种检查方式:立即检查方式和延迟检查方式。

立即检查方式:在一条语句执行完后,立即检查完整性约束条件的方式。这种方式一般适用于单语句单功能的简单操作(即:一条语句完成一个完整的功能)。

例如:在 Cust 中,把户号为 C001 的元组的性别改为"女",即:

UPDATECustSET SSex = '女' WHERE CNo = ' C001 '

则在语句执行后,会立即在 Cust 中,找到该元组,并检查性别的新值是否为:"男"或者"女"。如果是,则进行修改;否则,则拒绝修改,并进行相应的违约处理。

延迟检查方式:如果指定的任务需要多条语句完全执行后才能够完成,则在一条语句执行完后,就不能立即检查完整性约束,而需要等到多条语句全部执行完之后,才能进行完整性检查的方式。这种方式一般适用于多语句单功能的复杂操作(即:多条语句完成一个完整的功能)。

例 3.4　在 Cust 中,把户号分别为 C001 和 C006 的两个元组的性别的值进行互换,即:

── 声明两个长度为 1 的字符型变量

DECLARE @VarSex1 CHAR(2), @VarSex2 CHAR(2)

── 把户号为 C001 的元组的性别的值赋值给 @VarSex1

SELECT @VarSex1 = SSex FROM Cust WHERE CNo = ' C001 '

── 把户号为 C006 的元组的性别的值赋值给 @VarSex2

SELECT @VarSex2 = SSex FROM Cust WHERE CNo = ' C006 '

── 使用 @VarSex2 的值修改户号为 C001 的元组的性别的值

UPDATE Cust SET SSex = @VarSex2 WHERE CNo = ' C001 '

── 使用 @VarSex1 的值修改户号为 C006 的元组的性别的值

UPDATE Cust SET SSex = @VarSex1 WHERE SNo = ' C006 '

分析:虽然互换两个值不会引起违约,但是最后的两个语句是修改语句,仍然需要违约检查,而且上述多个语句,只有全部执行完才有意义,因此,像这样的数据处理需要采用延迟检查方式。

思考:是否可以把两个变量 @VarSex1 和 @VarSex2 改为一个变量 @VarSex?

例 3.5　在银行代理的工资数据库中,进行工资转账(即:把张三的工资的一半转到李四的工资中),则:

在数据库中,首先把张三的工资的一半添加到李四的工资中;然后再把张三的工资减半。对于该数据处理,也必须采用延迟检查方式。

(3) 违约处理

对于破坏数据完整性的违约操作,提供相应的违约处理能力。即:

违约处理

　　如果在进行完整性检查时,发现了违背完整性约束的操作,则应该采取一系列合理的处理方法,确保数据的完整性。

　　违约处理的常用方法:拒绝更新、置空和级联更新等。

　　说明:违约处理通常是针对插入、修改和删除等更新操作。

　　① 拒绝更新:对于违约操作仅仅提供违约信息,并不采取任何有效的处理,而是直接拒绝执行更新操作。

　　拒绝更新是最简单最方便最常用的处理方法。没有真正执行相应的操作,所以对于复杂的参照完整性和用户定义完整性不太适合。

　　拒绝更新通常用于拒绝更新主键和外键。即:

　　由于关系的主键和外键一般不再轻易发生改变,所以拒绝更新是简单而有效的处理方法。对需要更新主键和外键的情况,则需要采用级联更新。

　　② 置空:对于违约操作所涉及的数据,采取把数据的值,置为空值的处理方法。

　　置空处理的对象主要包括:无约束属性(即:非主属性置空) 和外键约束属性(即:外键置空) 等。

　　尽管空值是较难管理的未知数据,但对于无约束属性,置空处理是最有效的处理方法,只需要严格按照 DBMS 提供的空值处理机制进行管理即可。

　　③ 级联更新:对于违约操作,不是简单的拒绝,而是根据具体情况,把违约更新转换为非违约更新,然后接受更新。

　　例 3.6　在 Ebook 的 Cust 和 Buy 中,如果修改 Cust 中的户号,则完整性机制如下:

　　① 检查新的户号是否"首字符为 C,长度为 4"(用户定义完整性),如果违约,则拒绝修改,结束;否则,再检查新的学号在 Cust 中是否唯一(实体完整性),如果违约,则拒绝修改,结束。否则,进入下一步。

　　② 进一步检查,在 Buy 中是否存在原户号对应的购买元组(参照完整性),如果不存在,则在 Cust 中接受修改,结束;如果存在,则进入下一步。

　　③ 首先在 Buy 中,把原户号对应的所有购买元组的户号均改为新户号,然后再把 Cust 中的户号改为新值(级联更新)。

　　结论:

　　① 在主键表中,插入操作不会影响外键表,修改和删除操作会影响外键表。

　　② 在外键表中,删除操作不会影响主键表,修改和插入操作会影响主键表。

　　思考:在 Ebook 的 Cust 和 Buy 中,如果修改 Buy 中的户号,则完整性机制如何?

　　不难看出,级联更新需要考虑,是否同时修改主键和外键的值,且所涉及的属性和关系较多,所以级联更新是完整性控制中最难的部分,这里仅仅使用一个简单的例子说明其复杂的控制过程。

因此,在设计数据完整性时,根据应用系统的需要,一定要提供详细完善的处理方法、步骤和策略(切记!),从而设计出更加完善的完整性控制机制。

目前,比较流行的关系数据库管理系统,基本上均提供了功能完善的完整性控制机制,从而在很大程度上保证了数据库的完整性,为高效数据管理提供了方便。

3.5 数据完整性实现

完整性实现
+ 实例分析

实现数据完整性可以使用:DBMS 完整性控制机制和主语言完整性控制机制等。

DBMS 完整性控制机制:使用 DBMS 提供的功能完善的完整性控制机制来实现应用系统的数据完整性。DBMS 是目前进行完整性控制的主要方式。

主语言完整性控制机制:在 DBMS 的基础上,直接使用主语言进行自行设计,并实现相应的完整性控制。主语言可以更自主灵活地实现任意的完整性控制,但是工作量较大。

提示:利用 DBMS 和主语言进行完整性控制均有自己的优缺点,因此充分结合和使用两者的优点,弥补不足,从而设计出更加合理的方案,确保数据的完整性。

目前 DBMS 的主流专业产品之一 SQL Server 2016,提供了功能丰富完善、运行安全稳定的完整性控制机制。下面介绍 SQL Server 2016 下,数据完整性的实现方法。

3.5.1 实体完整性的实现

实现实体完整性可以在创建表时直接定义;也可以先创建表,然后再进行添加;同时可以为每一个约束命名;也可以删除无用的约束。

语句和短语:CREATE TABLE、ALTER TABLE、PRIMARY KEY、NOT NULL、ADD CONSTRAINT 和 DROP CONSTRAINT 等。具体方法如下:

(1) 在创建表时,使用 PRIMARY KEY 和 NOT NULL(属性级)

利用 CREATE TABLE,直接在属性之后使用 PRIMARY KEY 和 NOT NULL,对属性建立完整性约束。其中:PRIMARY KEY 为主键约束,NOT NULL 为非空约束;

提示:在 SQL Server 2016 下,使用 PRIMARY KEY 创建的主键,默认包含非空。

例如:在 Ebook 的 Cust 中,定义户号为主键,户名非空。

CREATE TABLE Cust(

CNo CHAR(4) PRIMARY KEY,

CName CHAR(8) NOT NULL)

(2) 在创建表时,在所有属性之后使用 PRIMARY KEY(关系级)

利用 CREATE TABLE,在所有属性之后使用 PRIMARY KEY 对整个表建立完整性约束。

例如:在 Ebook 的 Book 中,定义书号为主键,书名非空。

CREATE TABLE Book(

BNo CHAR(22),

BName CHAR(8) NOT NULL,

  PRIMARY KEY (BNo))

例如:在 Ebook 的 Buy 中,定义(户号,书号) 为主键。

CREATE TABLE Buy(

CNo CHAR(4),

BNo CHAR(22),

  PRIMARY KEY (CNo,BNo))

提示:在语句中,(CNo) 、(BNo) 和(CNo,BNo) 的括号不能省略。(CNo,BNo)表示 Buy 的主键为 CNo 和 BNo 两个属性的组合。

(3) 在创建表时,使用 CONSTRAINT、PRIMARY KEY 和 NOT NULL(属性级)

利用 CREATE TABLE,使用 CONSTRAINT 为创建的约束命名,以方便以后修改和删除该约束时使用。

例如:在 Ebook 的 Cust 中,定义名称为 CNo_PK 的户号为主键的约束。

CREATE TABLE Cust(

CNo CHAR(4) CONSTRAINT CNo_PK PRIMARY KEY,

CName CHAR(8))

或者

CREATE TABLE Cust(

CNo CHAR(4),

CName CHAR(8),

  CONSTRAINT CNo_PK PRIMARY KEY(CNo))

提示:SNo_PK 为约束的名称,由用户自己定义。将来需要修改和删除该约束时,只需修改和删除该约束名即可,因此方便用户对约束的动态管理。

(4) 在当前表中,使用 ALTER TABLE …ADD CONSTRAINT

如果在创建表时,没有创建实体完整性约束,则可以使用 ALTER TABLE 语句中的 ADD CONSTRAINT 短语。

情况 1:在添加新属性的同时,建立实体完整性约束。

CREATE TABLE Cust(CName CHAR(8))

ALTER TABLE Cust

ADD CNo CHAR(4) CONSTRAINT CNo_PK PRIMARY KEY

提示:适用于既需要添加新属性,又需要建立相应的约束。

情况 2:对已经存在的属性,建立新的实体完整性约束。

CREATE TABLE Cust(

　　CNo CHAR(4) NOT NULL,

　　CName CHAR(8))

ALTER TABLE Cust

ADD CONSTRAINT CNo_PK PRIMARY KEY (SNo)

提示:在情况 2 中,先创建表 Cust,而且在创建 Cust 时,CNo 必须带有 NOT NULL 约束,否则不能正常建立。

(5) 删除实体完整性(可用于其他完整性)

使用 ALTER TABLE…DROP CONSTRAINT 删除已经存在约束。

CREATE TABLE Cust(

　　CNo CHAR(4) CONSTRAINT CNo_PK PRIMARY KEY,

　　CName CHAR(8) CONSTRAINT CName_UQ UNIQUE)

ALTER TABLE Cust

DROP CONSTRAINT CNo_PK,CName_UQ

(6) 修改实体完整性(可用于其他完整性)

先使用 ALTER TABLE…DROP CONSTRAINT 删除已经存在的约束,再使用 ALTER TABLE…ADDCONSTRAINT 添加新的约束。

例如:在 Ebook 的 Cust 中,把户号的主键约束改为名称为 Cno_UQ 的唯一性约束。

CREATE TABLE Cust(

　　CNo CHAR(4)CONSTRAINT CNo_PK PRIMARY KEY)

ALTER TABLE Cust

　　DROP CONSTRAINT CNo_PK

ALTER TABLE Cust

　　ADD CONSTRAINT CNo_UQUNIQUE(CNo)

3.5.2 参照完整性的实现

实现参照完整性可以在创建表时直接定义;也可以先创建表,然后再进行添加;同时可以为每一个约束命名;也可以删除无用的约束。

语句和短语:CREATE TABLE、ALTER TABLE、FOREIGN KEY、REFERENCES、NOT NULL、ADD CONSTRAINT 和 DROP CONSTRAINT 等。

例如:在 Ebook 的 Buy 中,为户号定义名称为 CNo_FK 的外键;为书号定义名称为 BNo_FK 的外键。具体方法如下:

方法 1:使用默认名称(关系级)。

```
CREATE TABLE Cust(
    CNo CHAR(4) PRIMARY KEY,
    CName CHAR(8))
CREATE TABLE Book(
    BNo CHAR(22) PRIMARY KEY,
    BName CHAR(12))
CREATE TABLE Buy(
    CNo CHAR(4),
    BNo CHAR(22),
    PDate DATE,
    PRIMARY KEY (CNo, BNo),
    FOREIGN KEY (CNo) REFERENCES Cust(CNo),
    FOREIGN KEY (BNo) REFERENCES Book(BNo))
```

提示 1:(SNo) 、(CNo) 和(SNo,CNo) 的括号不能省略。

提示 2:FOREIGN KEY (CNo) REFERENCES Cust(CNo) 中,前面的 CNo 是外键表 Buy 的外键,后面的 CNo 是主键表 Cust 的主键。即:

外键表 Buy 的外键 Cno → 参照 → 主键表 Cust 的主键 Cno

方法 2:使用默认名称(属性级)。

```
CREATE TABLE Cust(
    CNo CHAR(4) PRIMARY KEY,
    CName CHAR(8))
CREATE TABLE Book(
    BNo CHAR(22) PRIMARY KEY,
    BName CHAR(12))
CREATE TABLE Buy(
```

```
    CNo CHAR(4) REFERENCES Cust(CNo),
    BNo CHAR(22) REFERENCES Book(BNo),
    PDate DATE,
    PRIMARY KEY (CNo, BNo))
```
方法 3:使用默认名称(级联更新)。
```
CREATE TABLE Buy(
    CNo CHAR(4),
    BNo CHAR(22),
    PDate DATE,
    PRIMARY KEY (CNo, BNo),
    FOREIGN KEY (CNo) REFERENCES Cust(CNo)
      ON DELETE CASCADE
      ON UPDATE CASCADE,
    FOREIGN KEY (BNo) REFERENCES Book(BNo)
      ON DELETE CASCADE
      ON UPDATE CASCADE)
```
　　提示:使用 ON DELETE CASCADE 和 ON UPDATE CASCADE,可以实现级联删除和更新。即:在主键表中进行删除和修改元组时,将级联删除和修改外键表中的相应元组。

　　方法 4:使用指定名称。
```
CREATE TABLE Buy(
    CNo CHAR(4),
    BNo CHAR(22),
    PDate DATE,
    PRIMARY KEY (CNo, BNo),
    CONSTRAINT CNo_FK FOREIGN KEY (CNo)
        REFERENCES Cust(CNo),
    CONSTRAINT BNo_FK FOREIGN KEY (BNo)
        REFERENCES Book(BNo))
```
　　提示:使用 CONSTRAINT 为约束命名。CNo_FK 和 BNo_FK 为约束的名称,由用户自己定义,如果需要删除约束,则只需删除指定约束名称,方便约束的动态管理。

　　方法 5:使用指定名称,先建表,后建约束。
```
CREATE TABLE Cust(
```

```
    CNo CHAR(4) PRIMARY KEY,
    CName CHAR(8))
CREATE TABLE Book(
    BNo CHAR(22) PRIMARY KEY,
    BName CHAR(12))
CREATE TABLE Buy(
    CNo CHAR(4),
    BNo CHAR(22) NOT NULL,
    PDate DATE,
    PRIMARY KEY (CNo, BNo))
ALTER TABLE Buy
    ADD CONSTRAINT CNo_FK FOREIGN KEY (CNo)
            REFERENCES Cust(CNo)
ALTER TABLE Buy
    ADD CONSTRAINT BNo_FK FOREIGN KEY (BNo)
            REFERENCES Book(BNo)
```

提示:先创建 Cust 和 Book,而且在创建 Cust 和 Book 时,应该建立相应的主键。

说明:参照完整性的其他用法,与"实体完整性"的相应用法雷同。

思考:自行举例,使用"实体完整性"的各种用法,实现"参照完整性"的相应用法。

综合实例

3.5.3　用户定义完整性的实现

实现用户定义完整性,可以使用 CREATE TABLE、ALTER TABLE、CHECK、NOT NULL、UNIQUE、LIKE、ADD CONSTRAINT 和 DROP CONSTRAINT 等来实现,具体方法与实体完整性雷同。其中:

UNIQUE:唯一性约束。

NOT NULL:非空约束。

CHECK(< 表达式 >):自定义约束。

LIKE < 表达式 >:向 < 表达式 > 表达的特征。用于模糊查询。

说明:PRIMARY KEY 与 UNIQUE 的异同。前者是主键唯一、非空,而且一个表只能包含一个 PRIMARY KEY 约束;后者是非主键唯一;可空,而且一个表可以包含多个 UNIQUE 约束。两者的相同点是 PRIMARY KEY 与 UNIQUE 均取值唯一。

例如:在 Ebook 的 Book 中,,定义如下约束:

(1) 书号定义名称为 BNo_ISBN 的前 5 个字符为 ISBN 和一位数字的约束。

(2) 社号定义名称为 PNo_ISBN 的前 4 个字符为 ISBN 的约束。

(3) 版次定义名称为 EditNo_19 的取值 1～9 的约束。

(4) 售价定义名称为 SPrice_PPP 的大于进价且小于等于定价的约束。

具体方法如下：

方法 1：使用默认名称（属性级 + 关系级）。

```
CREATE TABLE Book(
    BNo CHAR(22) CHECK (BNo LIKE ' ISBN[0 - 9]% '),
    BName CHAR(20) NOT NULL,
    PNo CHAR(16) CHECK (PNo LIKE ' ISBN% '),
    EditNo SMALLINT CHECK (EditNo > 0 AND EditNo < = 9),
    Price REAL,
    PPrice FLOAT,
    SPrice DECIMAL(6,2),
CHECK (SPrice > PPrice AND SPrice < = Price))
```

思考：如下语句是否正确？

```
CREATE TABLE Book(
    BNo CHAR(22) CHECK (BNo LIKE ' ISBN[0 - 9]% '),
    BName CHAR(20) NOT NULL,
    PNo CHAR(16) CHECK (PNo LIKE ' ISBN% '),
    EditNo SMALLINT CHECK (EditNo > 0 AND EditNo < = 9),
    Price REAL,
    PPrice FLOAT,
    SPrice DECIMAL(6,2) CHECK (SPrice > PPrice AND
        SPrice < = Price))
```

提示：在语句中，CHECK 后面的表达式一定要使用圆括号引起来。

方法 2：使用指定名称（属性级 + 关系级）。

```
CREATE TABLE Book(
    BNo CHAR(22) CONSTRAINT BNo_ISBN
        CHECK (BNo LIKE ' ISBN[0 - 9]% '),
    BName CHAR(20) NOT NULL,
    PNo CHAR(16) CONSTRAINT PNo_ISBN
        CHECK (PNo LIKE ' ISBN% '),
    EditNo SMALLINT CONSTRAINT EditNo_19
```

```
        CHECK (EditNo > 0 AND EditNo <= 9),
    Price REAL,
    PPrice FLOAT,
    SPrice DECIMAL(6,2),
    CONSTRAINT SPrice_PPP CHECK (SPrice > PPrice AND
        SPrice <= Price))
```

思考:如果 EditNo SMALLINT 改为 EditNo CHAR(1),如何改写约束?

方法 3:使用指定名称,先建表,后建约束。

```
CREATE TABLE Book(
    BNo CHAR(22),
    BName CHAR(20) NOT NULL,
    EditNo SMALLINT,
    Price REAL,
    PPrice FLOAT,
    SPrice DECIMAL(6,2))
ALTER TABLE Book
ADD PNo CHAR(16) CONSTRAINT PNo_ISBN
        CHECK (PNo LIKE ' ISBN% ')
ALTER TABLE Book
ADD CONSTRAINT BNo_ISBN CHECK (BNo LIKE ' ISBN[0 - 9]% ')
ALTER TABLE Book
    ADD CONSTRAINT EditNo_19
        CHECK (EditNo > 0 AND EditNo <= 9)
ALTER TABLE Book
    ADD CONSTRAINT SPrice_PPP
        CHECK (SPrice > PPrice AND SPrice <= Price)
```

思考 1:在 Ebook 的 Cust 中,定义如下约束:

(1) 户号定义名称为 CNo_C999 的首字符为 C 后面 3 个数字的约束。

(2) 性别定义名称为 CSex_MW 的取值只能为男或女的约束。

(3) 婚否定义名称为 Marry_YN 的取值只能为是或否的约束。

提示:CNo CHAR(4)CONSTRAINT CNo_C999 CHECK (CNo LIKE ' C[0 - 9][0 - 9][0 - 9] ')。

思考 2:在 Ebook 的 Buy 和 Press 中,定义合理的约束,具体约束自定。

3.5.4　触发器和断言

　　触发器是定义在关系上的"事件 — 条件 — 动作"规则。在对关系进行插入、修改和删除操作时,会检查相应的条件,如果条件成立,则触发并执行相应的动作。

　　断言是定义在多个关系上的复杂的完整性约束。

　　(1) 触发器

　　实现触发器可以使用 CREATE TRIGGER…BEFORE | AFTER…AS…、INSERT、UPDATE、DELETE 和 DROP TRIGGER 等。

　　创建触发器的语法格式如下:

CREATE TRIGGER ＜触发器名称＞ ON ＜表名＞
　　{FOR | AFTER} ＜触发事件＞ AS ＜表达式＞

　　其中:＜触发事件＞为 INSERT、UPDATE 和 DELETE 等。

　　例如:在 EBook 的 Buy 中,为 Buy 创建名称为 Trig_UpDel 的不允许进行修改和删除的触发器。

CREATE TRIGGER Trig_UpDel ON Buy AFTER DELETE,UPDATE
AS RAISERROR ('不能修改购买信息!', 16, 10)

　　删除建触发器的语法格式如下:

DROP TRIGGER ＜触发器名称＞

　　例如:在 EBook 的 Buy 中,删除名称为 Trig_UpDel 的触发器。

DROP TRIGGER Trig_UpDel

　　(2) 断言

　　实现断言可以使用 CREATE ASSERTION…CHECK… 和 DROP ASSERTION 等。

　　创建断言的语法格式如下:

CREATE ASSERTION ＜断言名称＞
　　CHECK ＜表达式＞

　　例如:在 EBook 中,创建名称为 Ass_ZjsuPressMax50 的断言,要求浙江工商大学出版社出版的图书的售价不能高于 50。

CREATE ASSERTION Ass_ZjsuPressMax50
CHECK (50 ＞= (SELECT MAX(SPrice)
　　　　　　　FROM Book,Press
　　　　　　　WHERE Book.PNo = Press.PNo AND
　　　　　　　PName = '浙江工商大学出版社'))

删除建断言的语法格式如下:

DROP ASSERTION ＜ 断言名称 ＞

例如:在 EBook 中,删除名称为 Ass_ZjsuPressMax50 的断言。

DROP ASSERTION Ass_ZjsuPressMax50

思考:在 EBook 中,创建名称为 Ass_GePressMin20 的断言,要求高等教育出版社出版的图书的售价不能低于 20。

综上所述,SQL Server 2016 提供了功能强大完善的完整性控制机制。数据完整性一旦完成定义,系统会自动启动检查机制进行完整性检查,且对违约操作会自动启动违约处理机制进行相应的违约处理。

3.6　小结

本章详细论述了数据完整性控制机制的基本概念和基本理论,并通过具体实例分析了其实现技术。

基本概念包括:主键、外键、主键表、外键表;数据完整性、实体完整性、参照完整性、用户定义完整性;级联更新等。

基本理论包括:数据完整性的内容、实体完整性规则、参照完整性规则、用户定义完整性规则;数据完整性控制机制的功能(拒绝更新 + 置空 + 级联更新)等。

实现技术包括:实体完整性、参照完整性和用户定义完整性的创建和删除方法;触发器和断言的创建和删除方法。

主要知识点如下:

(1) 数据完整性概念:数据的正确性和相容性。

(2) 数据完整性内容:实体完整性、参照完整性、用户定义完整性。

(3) 实体完整性规则:主属性的取值不能为空值。

(4) 参照完整性规则:外键的取值要么为空值,要么为主键表主键的值。

(5) 用户定义完整性规则:用户自行定义的约束。

(6) 完整性控制机制:定义功能、检查功能和违约处理。

(7) 违约处理方法:拒绝更新、置空和级联更新。

总之,为了确保数据库的完整性,最有效的处理方法:在 DBMS 提供的完整性控制机制上,利用主语言针对实际应用的特点和需求,设计出满足实际要求的、更加合理有效的完整性控制机制,使得数据管理更加灵活方便有效。

数据库实验

通过理解数据库及其完整性的基本概念和基本理论,在 SQL Server 2016 环境下,熟练掌握数据库及其完整性的实现方法,同时掌握触发器和断言的使用方法。

实验 1　建立数据库

(1) SQL Server 2016 的安装、配置、启动、基本操作和退出方法。

(2) 使用对象资源管理器,在默认位置,使用默认参数建立数据库 JimInfo。

(3) 使用对象资源管理器,在 D 盘的 MyData 文件夹中,建立数据库 EBook。

要求:EBook 的逻辑名称为 EBook,初始大小为 10MB,增量为 10MB,不限制增长,物理文件名称为 EBook. mdf。EBook 的日志的逻辑名称为 EBookLog,初始大小为 5MB, 增量为 5%, 增长的最大值限制为 2000MB, 物理文件名称为 EBookLog. ldf。

(4) 使用查询编辑器,在默认位置,使用默认参数建立数据库 MimInfo。

(5) 使用查询编辑器,在 D 盘的 MyData 文件夹中,建立数据库 CInfo。

要求:CInfo 的逻辑名称为 CInfo,初始大小为 10MB,增量为 10MB,不限制增长,物理文件名称为 ComInfo. mdf。CInfo 的日志的逻辑名称为 CInfoLog,初始大小为 5MB,增量为 5%,增长的最大值限制 6000MB,物理文件名称为 ComInfo. ldf。

(6) 使用对象资源管理器,删除数据库 JimInfo。使用查询编辑器,删除数据库 MimInfo。

实验 2　数据完整性

已知商品销售数据库 CInfo 及其职工表、商品表、商店表和销售表如下:

职工 Emp(工号 ENo, 姓名 EName, 性别 ESex, 生日 Birth, 电话 Phone, 店号 SNo, 工资 Salary, 聘期 Term, 职补 Subs, 经理 Head)

商品 Ware(品号 WNo, 品名 WName, 厂商 Maker, 厂址 MAddr, 单价 Price, 数量 Quant)

商店 Shop(店号 SNo, 店名 SName, 店址 SAddr, 电话 Phone)

销售 Sale(店号 SNo, 品号 WNo, 销量 SVol)

请在"实验 1"创建的 CInfo 中,创建上述关系,设计并实现相应的完整性约束。

实验3 学籍数据库及其完整性

已知学籍数据库 SInfo 及其学生表、课程表、选课表、专业表、教师表和讲授表如下：

学生 S(学号 SNo,姓名 SName,性别 SSex,生日 Birth,专业号 MNo)

课程 C(课程号 CNo,课程名 CName,先修课 CPNo,学分 Credit)

选课 SC(学号 SNo,课程号 CNo,成绩 Grade)

专业 M(专业号 MNo,专业名 MName,学院 Coll)

教师 T(工号 TNo,姓名 TName,性别 TSex,职称 Title,婚否 Marry)

讲授 TC(工号 TNo,课程号 CNo,教学效果 TEffe)

请完成如下任务：

(1) 创建学籍数据库 SInfo。

(2) 创建上述关系及其相应的完整性约束。

习　题

(1) 解释外键、数据完整性和级联更新。

(2) 简述数据完整性的内容及其约束规则。

(3) 简述完整性控制机制的基本功能。

(4) 简述完整性的违约处理方法。

(5) 已知关系模式如下：

客户 C(客户号 CNo,客户名 CName,地址 CAddr)

产品 P(产品号 PNo,产品名 PName,价格 Price,供应商 PSupp)

订单 R(RNo,CNo,PNo,日期 RDate,数量 Quant)。

如果规定一张订单只能订购一种产品,请用 SQL Server 2016 语言创建上述关系模式,并完成以下完整性约束：

① 定义相应的实体完整性。

② 定义相应的参照完整性。

③ 定义价格不得高过 60(不含 60),且不得低于 20(含 20)。

(6) 已知关系供应商 S 和零件 P 如表 3.1、3.2 所示,其主键分别是供应商号和零件号,P 的供应商号是 P 的外键,颜色只能取红、白或蓝。假设 DBMS 无级联功能。

表 3.1	供应商 S	
供应商号	供应商名	城市
B01	红星	北京
S10	宇宙	上海
T20	黎明	天津
Z01	立新	重庆

表 3.2	零件 P	
零件号	颜色	供应商号
010	红	B01
011	蓝	B01
201	蓝	T20
312	白	S10

① 如果向 P 插入新元组（'201'，'白'，'S10'）、（'301'，'红'，'T11'）和（'301'，'绿'，'B01'），则不能插入的元组是哪些？

② 如果删除 S 的元组（'S10'，'宇宙'，'上海'）和（'Z01'，'立新'，'重庆'），则可以删除的是哪些？

③ 如果把 S 中供应商号的值'Z01'改为'Z30'，或者把 P 中供应商号的值'T20'改为'T10'，则可以执行的操作是哪些？

④ S×P 的元组个数是多少。

⑤ S 与 P 自然连接后的元组个数是多少？

(7) 已知雇员关系和部门关系如表 3.3、3.4 所示。

表 3.3 雇员			
雇员号	雇员名	部门号	工资
001	张三	02	2000
010	王宏	01	1200
056	马林	02	1000
101	张三	04	1500

表 3.4 部门			
部门号	部门名	电话	地址
01	业务部	000	A 楼
02	销售部	001	B 楼
03	服务部	002	C 楼
04	财务部	003	D 楼

① 雇员的主键是哪些属性？

② 雇员的外键是哪些属性？

③ 雇员名是雇员关系的候选键吗？

④ 如果部门关系中，财务部的部门号需要调整为 06，则雇员关系如何调整？

⑤ 把雇员马林调往服务部，则雇员关系如何调整？

(8) 已知关系 R 和 S 如表 3.5、3.6 所示。

表 3.5 R		
A	B	C
1	b1	c1
2	b2	c2
3	b1	c1

表 3.6 S		
D	E	A
d1	e1	1
d2	e2	1
d3	e1	2

① 定义 R 和 S 的完整性约束。

② 在 ① 的基础上,能否删除 R 中 A 的值分别为 2 和 3 的元组?说明原因。

第4章　*Chapter 4*

SQL Server

SQL Server 是微软研发的符合国际结构化查询语言 (Structured Query Language, SQL) 标准的专业级数据库管理系统,并提供了 ODBC (Open Data base Connectivity, 开放数据库互连) 接口,其管理功能相当完善,由于通过它简单的操作就可以非常安全稳定的进行数据库管理,从而拥有很高的市场占有率。目前 SQL Server 已经成为数据库领域的主流数据库管理工具,最新产品是 SQL Server 2016。

在 SQL Server 中,不但可以使用系统提供的集成环境,进行数据库及其表的编辑、数据查询和用户管理等,而且可以使用数据定义语言 DDL、数据操纵语言 DML、数据查询语言 DQL 和数据控制语言 DCL 等子语系,完成复杂的数据处理和分析。

本章将使用 SQL Server 2016 介绍数据库及其表的设计、创建和查询。

4.1　结构查询语言 SQL

结构化查询语言 SQL 是关系数据库的国际标准语言。目前流行的数据库管理系统,基本上都支持 SQL。即:SQL 是一个语言标准。

4.1.1　ANSI SQL

SQL 由 Boyce 和 Chamberlin 于 1974 年提出,并在 IBM 公司的关系数据库管理系统原型上实现。SQL 作为功能丰富、简单易学的语言,经过不断完善,最终发展成为关系数据库的标准语言。

1986 年美国国家标准局 (American National Standard Institute, ANSI) 的数

据库委员会公布了 SQL-86 标准,批准 SQL 为关系数据库语言的美国标准。1987年国际标准化组织(International Standardization,ISO Organization)通过了 SQL-86 标准。

已经公布的 SQL 标准主要有:SQL-1974 Boyce IBM、SQL-86、SQL-89、SQL-92、SQL-99 和 SQL-2003 等。

SQL 作为国际标准的关系数据库标准语言,主要包括数据定义语言(Data Definition Language,DDL)、数据操纵语言(Data Manipulation Language,DML)和数据控制语言(Data Control Language,DCL)等三大子语言系统。

SQL 已经成为数据库厂家推出的数据库产品的标准数据存取语言和标准数据库接口。即:ODBC 标准。SQL 推动了数据库技术的标准化,并为数据库技术的标准化发展起到了重大作用。

SQL Server 概述

4.1.2 SQL Server

正是因为 SQL Server 自身的优点,以及它提供的功能强大的管理工作室,使得数据库管理方便、快捷、安全、稳定、高效。

(1)SQL Server 的特点

SQL Server 的主要特点是综合统一、语法简单、易学易用、面向集合操作、高度非过程化和一语多用等。

SQL Server 支持数据库系统的三级模式结构。即:

存储文件 ←→ 内模式,表 ←→ 模式,视图 ←→ 外模式。

① 综合统一

SQL 集成数据定义语言 DDL、数据操纵语言 DML 和数据控制语言 DCL 于一身,语言风格统一,可以独立完成数据库管理。

② 语法简单,易学易用

SQL 设计巧妙、语法简捷、易学易用、功能极强。完成数据库管理的核心功能仅使用了 9 个动词(Create、Select、Drop、Alter、Insert、Update、Delete、Grant 和 Revoke 等)。

③ 面向集合操作

SQL 全面采用集合操作方式。其查找、插入、修改和删除等操作的操作对象均是集合。

④ 高度非过程化

SQL 把对数据库的数据定义、数据操作和数据控制等进行了高度集成,从而使用户只需要关心自己要做的事情,不需要关心计算机的底层管理,具体的操作过程由 DBMS 自动完成,大大减轻了用户负担。

⑤ 一语多用

SQL 既是自含式语言,又是嵌入式语言。作为自含式语言,用户可以直接输入 SQL 命令,以联机交互的方式独立的管理和使用数据库。作为嵌入式语言,SQL 语句能够嵌入到高级语言(例如:C 语言、Delphi 语言和 IDL 语言等)程序中,供程序员设计程序时使用。SQL 使用一种语法系统提供两种不同的使用方式(即:一语多用),使得该语言更加灵活方便。

(2)SQL Server 管理工作室

SQL Server 的管理工作室(SQL Server Management Studio,SSMS)是为数据库管理员和开发人员提供的新工具,由 Microsoft Visual Studio 内部承载,提供了用于数据库管理的图形工具和功能丰富的开发环境。SSMS 将 SQL Server 2000 企业管理器、Analysis Manager 和查询分析器等功能集成于一身。利用 SSMS 不但可以创建数据库、表和视图等数据库管理,而且还可用于编写 MDX、XMLA 和 XML 语句。

启动 SSMS 之后的 GUI 如图 4.1 所示,启动方法如下:

开始 → 所有程序 → Microsoft SQL Server 2016 → SQL Server Management Studio。

SSMS 的主工作区主要由对象资源管理器(图 4.1 的左侧)和多文档浏览与编辑区(查询分析器 + 表结构设计器 + 表记录编辑器 + 信息浏览等,图 4.1 的右侧)等组成。

图 4.1　SQL Server 2016 管理工作室

创建数据库

4.2 创建数据库

SQL Server 的数据定义功能包括定义数据库、表、触发器、断言、视图、索引、登录、数据库角色、数据库角色和过程(如表 4-1 所示) 等。

表 4.1 SQL Server 的数据定义语句

操作对象	操作方式		
	创建	修改	删除
数据库	CREATE DATABASE		DROP DATABASE
表	CREATE TABLE	ALTER TABLE	DROP TABLE
视图	CREATE VIEW	ALTER VIEW	DROP VIEW
索引	CREAT INDEX	ALTER INDEX	DROP INDEX
登录	CREATE LOGIN	ALTER LOGIN	DROP LOGIN
数据库用户	CREATE USER	ALTER USER	DROP USER
数据库角色	CREATE ROLE	ALTER ROLE	DROP ROLE
触发器	CREATE TRIGGER	ALTER TRIGGER	DROP TRIGGER
断言	CREATE ASSERTION		DROP ASSERTION
过程	CREATE PROCEDURE	ALTER PROCEDURE	DROP PROCEDURE

数据库(存储文件) 属于内模式,表属于模式,视图属于外模式,索引隶属于表,登录、数据库角色、数据库角色和登录属于数据库安全,过程属于存储过程(程序设计)。

4.2.1 创建数据库

创建数据库既可以使用对象资源管理器,也可以使用查询分析器。前者可以在对象资源管理器中,按照创建数据库的向导很方便地创建数据库。后者可以在查询分析器中,使用 SQL Server 语句更加灵活自主的创建数据库。

使用查询分析器创建数据库的语法:

CREATE DATABASE < 数据库名 >

[ON (NAME =< 数据库逻辑名称 >,FILENAME =< 数据库物理名称 >

[,LOG ON (NAME =< 日志逻辑名称 >,FILENAME =< 日志物理名称 >)]]

例 4.1   使用查询分析器,在 D 盘的 My Data 文件夹中,建立数据库 EBook。

要求:EBook 的逻辑名称为 EBook,初始大小为 10MB,增量为 10MB,不限制增长,物理文件名称为 EBook.mdf。EBook 的日志的逻辑名称为 EBookLog,初始大小为 5MB,增量为 5%,增长的最大值限制为 2 000MB,物理文件名称为 EBookLog.ldf。

```
CREATE DATABASE EBook
    ON (NAME = ' EBook ',FILENAME = ' D:\MyData\EBook.mdf ',
        SIZE = 10MB,FILEGROWTH = 10MB,MAXSIZE = UNLIMITED)
    LOG ON (NAME = ' EBookLog ',
        FILENAME = ' D:\MyData\EBookLog.ldf ',
        SIZE = 5MB,FILEGROWTH = 5%,MAXSIZE = 2 000MB)
```

说明:建立数据库 Ebook 之前,首先需要建立文件夹 D:\MyData。

提示:如果使用 CREATE DATABASE EBook 创建数据库,则 EBook 按照默认参数存储在默认文件夹中。

使用查询分析器打开数据库的语法:

USE < 数据库名 >

例如:打开数据库 Ebook。

—— 使用数据库之前,必须先打开数据库。

USE Ebook

说明:"——"开头的为注释语句。

使用查询分析器删除数据库的语法:

DROP DATABASE < 数据库名 >[, < 数据库名 >,…]

例如:删除数据库 EBook。

DROP DATABASE EBook

思考 1:使用对象资源管理器创建上述数据库 EBook,然后删除该数据库。

思考 2:数据库的默认文件夹。

思考 3:如何关闭数据库?

4.2.2   创建表

创建表的过程是首先创建表结构,然后编辑表记录。

(1) 创建表结构

创建表结构的语法:

CREATE TABLE < 表名 >

(< 属性名 >< 数据类型 >[< 属性完整性约束 >]

创建表结构

[,＜属性名＞＜数据类型＞[＜属性完整性约束＞]]

[,＜关系完整性约束＞])

属性的常用数据类型如表 4.2 所示。

表 4.2 SQL Server 的常用数据类型

位型	整型	货币型	日期时间型	图像型	浮点型	字符型
BIT	TINYINT SMALLINT INT/BIGINT	MONEY SMALLMONEY	DATE/TIME DATETIME SMALLDATETIME	IMAGE	REAL/FLOAT DECIMAL(n,m) NUMERIC(n,m)	CHAR(n) VARCHAR(n) TEXT/NTEXT

例 4.2   创建 Ebbook 中的 Press、Book、Cust 和 Buy。要求如下(其他自定):

(1) 社号、书号、户号、(户号,书号):文本,主键。

(2)Book 的社号、Buy 的户号和书号:外键,级联更新,级联删除。

(3) 社名:文本,长度 22,唯一。

(4) 邮编:文本,6 位数字。

(5) 电话:文本,长度不能超过 15 位。

(6) 邮箱:文本,包含字符"@"。

(7) 版次:短整型,1 到 9。

(8) 定价、进价、售价:实数,定价＜进价,售价＜= 定价,售价＞进价。

(9) 户号:文本,首字符为 C,后跟 3 个数字。

(10) 性别、婚否:文本,分别只能为"男"或"女"、"是"或"否"。

(11) 购买日期:日期,默认值为计算机的当前日期。

```
CREATE TABLE Press(
    PNo CHAR(16) PRIMARY KEY,
    PName CHAR(20) UNIQUE,
    PCode CHAR(6) CHECK(PCode LIKE '[0-9][0-9][0-9][0-9][0-9][0-9]'),
    PAddr CHAR(30),
    Phone CHAR(16) CHECK(LEN(Phone)<= 15),
    EMail CHAR(26)CHECK(CHARINDEX(' @ ',EMail)>0),
    HPage CHAR(25))
CREATE TABLE Book(
    BNo CHAR(22) PRIMARY KEY,
    BName CHAR(22) NOT NULL,
    Author CHAR(8),
    PNo CHAR(16) REFERENCES Press(PNo),
```

```
    EditNo SMALLINT CHECK(EditNo > 0 AND EditNo <= 9),
    Price REAL,
    PPrice FLOAT,
    SPrice DECIMAL(6,2),
    CHECK(PPrice <= Price AND SPrice <= Price AND SPrice >= PPrice))
CREATE TABLE Cust(
    CNo CHAR(4) PRIMARY KEY CHECK
        (CNo LIKE 'C[0-9][0-9][0-9]'),
    CName CHAR(8),
    CSex CHAR(2) CHECK(CSex = '男' OR CSex = '女'),
    Birth DATE,
    Phone CHAR(11) CHECK(LEN(Phone) <= 15),
    Marry CHAR(2) CHECK(Marry = '是' OR Marry = '否'),
    Photo IMAGE,
    EMail CHAR(26) CHECK(CHARINDEX('@',EMail) > 0))
CREATE TABLE Buy(
    CNo CHAR(4) NOT NULL,
    BNo CHAR(22) NOT NULL,
    PDate DATE DEFAULT DATENAME(YEAR,GETDATE()) + '-' +
                     DATENAME(MONTH,GETDATE()) + '-' +
                     DATENAME(DAY,GETDATE()),
    PRIMARY KEY (CNo, BNo),
    FOREIGN KEY (CNo) REFERENCES Cust(CNo)
        ON DELETE CASCADE
        ON UPDATE CASCADE,
    FOREIGN KEY (BNo) REFERENCES Book(BNo)
        ON DELETE CASCADE
        ON UPDATE CASCADE)
```

思考 1:定义社号和书号的前 4 个字符必须为"ISBN"。

思考 2:定义电话必须为小于等于 15 位的数字。

修改表结构:

修改表结构包括添加属性、修改属性和删除属性等。

添加属性的语法:

ALTER TABLE < 表名 >

修改表结构

ADD ＜属性名＞＜数据类型＞［完整性约束］

例如:在 Cust 中,添加注册时间 CEnroll,数据类型为日期时间型,。

ALTER TABLE Cust ADD CEnroll DATETIME

修改属性的语法:

ALTER TABLE ＜表名＞

ALTER COLUMN ＜属性名＞＜数据类型＞［完整性约束］

例如:在 Cust 中,修改注册时间的类型为 SMALLDATETIME。

ALTER TABLE Cust ALTER COLUMNCEnroll SMALLDATETIME

思考:修改购买日期的类型为日期时间型,默认值为计算机的当前日期时间。

删除属性的语法:

ALTER TABLE ＜表名＞

DROP COLUMN ＜属性名＞ | CONSTRAINT ＜约束名＞

例如:在 Cust 中,删除注册时间。

ALTER TABLE Cust DROP COLUMN CEnroll

插入＋修改记录

(2) 编辑表记录

编辑表记录(更新表)包括添加记录、修改记录和删除记录等。

① 添加表记录的语法:

INSERT INTO ＜表名＞［(＜属性 1＞［,＜属性 2＞…)］

VALUES (＜常量 1＞［,＜常量 2＞] …)

说明:如果常量的类型、个数和顺序与表的属性的类型、个数和顺序均相匹配,则表的属性部分可以省略,否则属性和常量必须给出,而且两者的类型、个数和顺序均相匹配。

例如:在 Buy 中,添加如下记录:

户号:C006;书号:ISBN978-7-302-33894-9;购买日期:2016-11-11。

INSERT INTO Buy

VALUES (' C006 ',' ISBN978-7-302-33894-9 ',' 2016-11-11 ')

例如:在 Buy 中,添加如下记录:

户号:C006;书号:ISBN978-7-04-040664-1。

INSERT INTO Buy(Cno,BNo)

VALUES(' C006 ',' ISBN978-7-04-040664-1 ')

说明:如果需要向表中添加多个元组,可以使用如下格式,或者使用主语言实现。

INSERT INTO ＜表名＞［(＜属性 1＞［,＜属性 2＞…)］

SELECT 语句

② 修改表记录的语法：

UPDATE ＜表名＞

　SET ＜属性 1＞＝＜表达式 1＞ [，＜属性 2＞＝＜表达式 2＞,…]

　[WHERE ＜条件＞]

说明：把满足＜条件＞的记录，使用＜表达式 i＞的值，修改＜属性 i＞的值。

例如：在 Cust 中，把户号为 C003 的户名改为王云。

UPDATECust

SET CName ＝ '王云'

WHERE CNo ＝ ' C003 '

例如：在 Book 中，将所有售价增加 1 元。

UPDATE Book

　SET SPrice ＝ SPrice ＋ 1

例如：在 Book 中，把浙江工商大学出版社出版的图书的版次全部改为 2。

UPDATEBook

SET EditNo ＝ 2

WHERE PNo ＝

　　　(SELECT PNo

FROM Press

WHERE PName ＝ '浙江工商大学出版社')

③ 删除表记录的语法：

DELETE FROM ＜表名＞

　[WHERE ＜条件＞]

说明：删除满足＜条件＞的记录。省略 WHERE 时，则删除表中的所有记录。

例如：在 Cust 中，删除户号为 C004 的客户。

DELETEFROM Cust

WHERE CNo ＝ ' C004 '

例如：在 Buy 中，删除户号为 C003 的购买信息。

DELETEFROMBuy

WHERE CNo ＝ ' C003 '

例如：在 Buy 中，删除所有购买信息。

DELETEFROMBuy

例如：在 Book 中，删除所有浙江工商大学出版社出版的图书。

简单查询＋
删除记录

DELETEFROMBook
WHERE PNo =
　　(SELECT PNo
FROM Press
WHERE PName = '浙江工商大学出版社')

(3) 删除表(结构+记录)

删除表的语法:

DROP TABLE <表名>[,<表名>…]

例如:删除 Press,Book,Cust 和 Buy。

DROP TABLE Buy,Book,Press,Cust

思考:DROP TABLE Press,Book,Cust,Buy 是否正确?

提示:在删除表时,会同时删除表的结构和记录。

思考:使用对象资源管理器创建上述表,然后进行相应的删除操作。

Select 概述

4.3　数据查询

建立数据库及其表的目的是给用户提供共享数据。数据查询语言用于从一个或者多个表中,查询用户所需要的数据。SQL Server 是一种具有关系代数和关系演算双重功能的结构查询语言。

SQL Server 查询的语法如下:

SELECT [ALL | DISTINCT | *] <表达式>[,<表达式>]…

FROM <表名或视图名>[,<表名或视图名>]…

[WHERE <条件表达式>]

[GROUP BY <属性名> [HAVING <条件表达式>]]

[ORDER BY <属性名> [ASC | DESC]]

其中:SELECT 和 FROM 必选,其他可选。

SELECT(投影):显示的数据列;All 表示所有行;* 表示所有列;DISTINCT 表示去掉重复行。

FROM(连接):查询对象(表或视图)。

WHERE(选择):查询条件;省略 WHERE 条件时,查询所有行。

GROUP BY(分组):对查询结果按指定列的值分组,该列的值相等的行为一个组。通常会在每组中作用聚集函数,即实现分类统计。

HAVING(筛选分组,隶属于分组):筛选出满足指定条件的分组。

ORDER BY(排序):对查询结果按照指定列值进行升序(ASC)或降序排序

(DESC),默认升序。

表达式

　　<表达式>:使用算术运算符(+,-,*,/等)、关系运算符(<,<=,>=,>,! =,<>,=,! >,! <等)、逻辑运算符(NOT,AND 和 OR 等)和短语(BETWEEN A AND B,NOT BETWEEN A AND B,IN,NOT IN,LIKE,NOT LIKE,IS NULL,IS NOT NULL),把常量、属性、变量和函数,按照指定的语法规则连接起来的有意义的组合(具体用法与 C ++ 和 Java 的表达式雷同)。

　　常量:文本→使用英文单引号(例如:'C006');日期时间→使用日期格式、时间格式和英文单引号(例如:'2016-6-6','16:10:10','2016-6-6 16:10:10');数值→使用+,-,数字、小数点和 E 等(例如:60,-10.26,0.2E2,-0.6E-2)。

　　SQL Server 的运算符和函数如表 4.3 所示。

表 4.3　SQL Server 的运算符和函数

名称	运算符	注释
比较运算	=,<,>,>=,<=,! =,<>,! >,! <	等于、小于、大于、…
谓词	BETWEEN AND, NOT BETWEEN AND	介于两者之间,介于两者之外
	IN,NOT IN	在其中,不在其中
	LIKE,NOT LIKE;[ABC],[^ABC]	匹配、不匹配
	IS NULL,IS NOT NULL	是空值,不是空值
逻辑运算	NOT, AND, OR	非,与,或
集函数	COUNT(*), COUNT(列名), SUM(列名) AVG(列名), MAX(列名), MIN(列名)	统计元组个数,统计列值个数,列值汇总,求列值平均,求列值最大,求列值最小

说明:聚合函数若使用列名,则可以使用 DISTINCT,表示相同的列值不参与计算。

　　SELECT 的功能是根据 WHERE 指定的条件,按照 SELECT 指定的列表达式,从 FROM 指定的表或者视图中,查询出相应的数据。

　　SELECT 语句作为 SQL 的核心,提供了丰富的功能选项,从而可以非常方便地实现选择、投影和连接及其复杂的嵌套和统计查询等。

　　查询默认使用 EBook 中的 Press、Book、Cust 和 Buy。

4.3.1　集合查询

　　集合查询包括笛卡尔积、并集、交集和差集等。

(1) 笛卡尔积

笛卡尔积的语法:

SELECT ＊ FROM ＜表1＞,＜表2＞,…

例如:查询 Press 和 Book 的笛卡尔积。

SELECT ＊ FROM Press,Book

不难看出,关系的笛卡尔积中包含有较多无意义的记录。笛卡尔积的真正意义在于其理论价值。

(2) 并集

并集的语法:

SELECT … FROM … WHERE

UNION

SELECT … FROM … WHERE

例 如： 查 询 购 买 书 号 为 "ISBN978-7-04-040664-1" 或 "ISBN978-7-81140-582-8"的客户的户号。

SELECT CNo FROM Buy

  WHERE BNo = ' ISBN978-7-04-040664-1 '

UNION

SELECT CNo FROM Buy

  WHERE Bno = ' ISBN978-7-81140-582-8 '

查询结果:

CNo

C001

C002

C006

提示:两个查询的属性列表必须个数相等、类型相同、顺序一致。对于关系的差集和交集,也有同样的要求。

(3) 交集

交集的语法:

SELECT … FROM … WHERE

INTERSECT

SELECT … FROM … WHERE

例如:查询购买书号为"ISBN978-7-04-040664-1"和"ISBN978-7-81140-582-8"的客户的户号。

SELECT CNo FROM Buy

  WHERE BNo = ' ISBN978-7-04-040664-1 '

INTERSECT

SELECT CNo FROM Buy

　　WHERE Bno = ' ISBN978-7-81140-582-8 '

查询结果：

CNo

C001

(4) 差集

差集的语法：

SELECT … FROM … WHERE

EXCEPT

SELECT … FROM … WHERE

例如：查询购买书号为"ISBN978-7-04-040664-1"，但没有购买书号为"ISBN978-7-81140-582-8"的客户的户号。

SELECT CNo FROM Buy

　　WHERE BNo = ' ISBN978-7-04-040664-1 '

EXCEPT

SELECT CNo FROM Buy

　　WHERE Bno = ' ISBN978-7-81140-582-8 '

查询结果：

CNo

C002

思考：查询仅购买书号为"ISBN978-7-04-040664-1"和"ISBN978-7-81140-582-8"的客户的户号。

4.3.2 单表查询

单表查询涉及选择、投影、更名、区间、枚举、模糊、统计、排序和空值等。

(1) 选择

选择的语法：

SELECT * FROM < 表名 >

WHERE < 逻辑表达式 >

例如：在 Buy 中，查询 2012 年 01 月 01 日(含本日)之前客户的购买信息。

SELECT * FROM Buy

　　WHERE Pdate < = ' 2012-01-01 '

例如：在 Cust 中，查询未婚女客户的信息。

SELECT * FROM Cust

单表选择＋
投影＋更名

WHERE CSex = '女' AND Marry = '否'

思考1：在 Cust 中，查询1988年01月01日之前出生的男客户信息和未婚女客户的信息。

思考2：关系代数的选择运算对应于 SELECT…FROM…WHERE 的哪个短语？

(2) 投影

投影的语法：

SELECT [*] ＜表达式1＞[，＜表达式2＞]…

FROM ＜表＞

[WHERE ＜逻辑表达式＞]

例如：在 Cust 中，查询客户的户名、生日和电话。

SELECT CName，Birth，Phone

FROM Cust

如果需要在查询结果中去掉重复记录，则可以使用 DISTINCT。

例如：查询购买过图书的客户的户号。

SELECT DISTINCT CNo

FROM Buy

思考：分析 SELECT CNo FROM Buy 的查询结果。

例如：查询1990年之后出生的未婚男客户的户号、户名、生日和邮箱。

SELECT Cno，CName，Birth，EMail

FROM Cust

   WHERE Birth ＞= ' 1990-1-1 ' AND CSex = '男' AND Marry = '否'

例如：查询客户的所有属性的详细信息。

SELECT *

FROM Cust

思考：关系代数的投影运算对应于 SELECT…FROM…WHERE 的哪个短语？

(3) 更名

如果需要给查询的＜表达式＞命名，则可以在＜表达式＞之后给出指定的名称。即：

SELECT ＜表达式1＞ 名称[，＜表达式2＞ 名称]…

例如：在 Cust 中，查询男客户的姓名和年龄，且属性名显示为"姓名"和"年龄"。

SELECT CName 姓名，

      DATEPART(YEAR,GETDATE( ))-DATEPART(YEAR,Birth) 年龄

  FROM Cust

　　WHERE CSex = '男'

思考：分析如下语句的查询结果。

SELECT CName,DATEPART(YEAR,GETDATE( ))-DATEPART(YEAR,Birth)

　　FROM Cust

(4) 区间

单表区间 + 模糊

如果查询的数据在两个值(A ～ B) 之间或者之外,则可以使用 BETWEEN A AND B。即：

　　< 属性 > BETWEEN < 表达式 1 > AND < 表达式 2 >

例如：在 Book 中,查询售价大于等于 10,且小于等于 20 的书号、书名、作者和版次。

SELECT BNo,BName,Author,EditNo

　　FROM Book

　　WHERE Sprice BETWEEN 10 AND 20　　或者

SELECT BNo,BName,Author,EditNo

　　FROM Book

　　WHERE SPrice > = 10 AND SPrice < = 20

提示：BETWEEN A AND B 包括端点 A 和 B。

思考：分析如下语句是否正确?

SELECT BNo,BName,Author,EditNo

　　FROM Book

　　WHERE 10 = < Sprice < = 20

例如：在 Book 中,查询售价大于 20,或小于 10 的书号、书名、作者和版次。

SELECT BNo,BName,Author,EditNo

　　FROM Book

　　WHERE Sprice NOT BETWEEN 10 AND 20

(5) 枚举

如果查询的数据在多个值 (A,B,C,…) 之中,则可以使用 IN(A,B,C, …)。即：

　　< 属性 > IN(< 表达式 1 >,< 表达式 2 >,…,< 表达式 n >)

例如：在 Cust 中,查询户号为 C001,C002 和 C006 的户名、性别和生日。

SELECT CName,CSex,Birth

　　FROM Cust

　　WHERE CNo In (' C001 ', ' C002 ', ' C006 ')　　或者

SELECT CName,CSex,Birth

FROM Cust

WHERE CNo = ' C001 ' ORCNo = ' C002 ' OR CNo = ' C006 '

例如:在 Cust 中,查询户号不是 C001,C002 和 C006 的户名、性别和生日。

SELECT CName,CSex,Birth

FROM Cust

WHERE CNo NOT In (' C001 ', ' C002 ', ' C006 ')

(6) 模糊

如果查询的数据仅包含若干特点的模糊信息,则可以使用 LIKE 和通配符。即:

＜属性＞ LIKE ＜表达式＞

常用通配符:

%:表示任意长度(包括长度为 0) 的字符串。例如:x%y 表示以 x 开头,以 y 结尾的任意长度的字符串。

_(下划线):表示任意单个字符。例如:x_y 表示以 x 开头,以 y 结尾的长度为 3 的任意字符串。如果字符集为 ASCII,则一个汉字需要两个 _;如果字符集为 GBK,则一个汉字只需要一个 _。

ESCAPE(转义):当用户要查询的字符串本身就含有 % 或 _ 时,需要使用 ESCAPE '字符'指定转移字符进行转义。例如:LIKE ' DB_% ' ESCAPE ' \ '表示以"DB_"开头。

[字符串]/[ˆ字符串]:表示与[ ] 中的字符匹配;ˆ 表示不与[ ] 中的字符匹配。

例如:在 Cust 中,查询姓郭的户号、户名和生日。

SELECT CNo,CName,Birth

FROM Cust

WHERE CName LIKE '郭 % '

例如:在 Cust 中,查询不姓李的户号、户名和生日。

SELECT CNo,CName,Birth

FROM Cust

WHERE CName NOT LIKE '郭 % '

例如:在 Press 中,查询倒数第 2 个尾数为 1 的社号、社名和邮编。

SELECT PNo,PName,PCode

FROM Press

WHERE PNo LIKE ' %1_ '

例如:在 Book 中,先把"Access 数据库应用" 改为"Access_2010 数据库应用",再查询以"Access_" 开头的书名和售价。

```
UPDATE Book
   SET BName = ' Access_2010 数据库应用'
   WHERE BName = ' Access 数据库应用'
SELECT BName,SPrice
   FROM Book
   WHERE BName LIKE ' Access#_% ' ESCAPE ' # '
```

例如:在 Cust 中,查询户号为 C001 到 C004 的户名、性别和生日。

```
SELECT CName,CSex,Birth
   FROM Cust
   WHERE CNo LIKE ' C00[ 1 - 4] '        或者
SELECT CName,CSex,Birth
   FROM Cust
   WHERE CNo LIKE ' C00[ 1234 ] '
```

例如:在 Cust 中,查询户号不是 C001 到 C004 的户名、性别和生日。

```
SELECT CName,CSex,Birth
   FROM Cust
   WHERE CNo LIKE ' C00[^1 - 4] '        或者
SELECT CName,CSex,Birth
   FROM Cust
   WHERE CNo LIKE ' C00[^1234] '         或者
SELECT CName,CSex,Birth
   FROM Cust
   WHERE CNo NOT LIKE ' C00[ 1 - 4] '
```

思考 1:使用[126],查询户号为 C001,C002 和 C006 的户名和生日。

思考 2:使用[^126],查询户号不是 C001,C002 和 C006 的户名和生日。

思考 3:分析 LIKE ' Room[^H - X][1 - 6] '代表的含义。

(7) 统计

如果需要对查询的数据进行分类(分组) 以及计数、计算均值、求和、找出最大(小) 值等统计运算, 则可以使用 GROUP BY、HAVING 和统计(聚合) 函数(COUNT( ),SUM( ),AVG( ),MAX( ),MIN( )) 等。

单表统计

如果 SELECT 语句中使用了 GROUP BY,则统计函数对每个分组有效,即分类统计:先把满足条件的记录进行分组,然后统计每个分组的相应数据。COUNT( ) 相当于分类统计记录的个数;AVG( ) 相当于分类求平均值;SUM( ) 相当于分类求和;MAX( )相当于分类求最大值;MIN( )相当于分类求最小值。

提示:在统计时,为避免重复计数,应该在 COUNT 中使用 DISTINCT,其他函数依然。

例如:在 Buy 中,统计购书的记录总数。

SELECT COUNT(*)

  FROM Buy

例如:在 Buy 中,统计购书的客户的总数。

SELECT COUNT(DISTINCT CNo) 客户总数

  FROM Buy

思考:SELECT COUNT(CNo) FROM Buy 是否正确?

例如:在 Book 中,统计图书的最低售价、最高售价和平均售价。

SELECT MIN(SPrice) 最低售价,MAX(SPrice) 最高售价,AVG(SPrice) 平均售价

  FROM Book

例如:在 Book 中,统计购进图书的投入资金总额。

SELECT SUM(PPrice)

  FROM Book

例如:在 Book 中,统计每本书的利润。

SELECT BNo,SUM(SPrice-Pprice) 利润

  FROM Book

GROUP BY BNo

思考:SELECT BNo,SPrice-PPrice 利润 FROM Book 是否正确?

例如:在 Book 中,统计图书的利润总额。

SELECT SUM(SPrice-Pprice) 利润总额

  FROM Book

说明:利润总额仅仅是 Book 中所有书的利润总和,而不是销售利润总和!

思考:如何统计销售利润总额!

例如:在 Buy 中,统计每本书的销售数量。

SELECT BNo,COUNT(CNo)

  FROM Buy

  GROUP BY BNo   或者

SELECT BNo,COUNT(*)

  FROM Buy

  GROUP BY BNo

例如:在 Buy 中,统计每位客户购书的数量。

```
SELECT CNo,COUNT(BNo)
    FROM Buy
    GROUP BY Cno      或者
SELECT CNo,COUNT( * )
    FROM Buy
    GROUP BY CNo
```

例如:在 Buy 中,统计购书数量大于等于 5 的户号和购书数量。

```
SELECT CNo,COUNT(BNo)
    FROM Buy
    GROUP BY CNo HAVING COUNT(BNo) >= 5      或者
SELECT CNo,COUNT(BNo)
    FROM Buy
    GROUP BY CNo HAVING COUNT( * ) >= 5
```

例如: 在 Buy 中, 查询只买 "ISBN978-7-04-040664-1" 和 "ISBN978-7-302-33894-9" 两本书的户号。

```
SELECT CNo
    FROM Buy
    WHERE BNo = ' ISBN978-7-04-040664-1 '
INTERSECT
SELECT CNo
    FROM Buy
    WHERE BNo = ' ISBN978-7-302-33894-9 '
INTERSECT
SELECT CNo
    FROM Buy
    GROUP BY CNo HAVING COUNT(BNo) = 2
```

思考 1:查询购买"ISBN978-7-04-040664-1"或"ISBN978-7-302-33894-9"的户号

思考 2:查询购买"ISBN978-7-04-040664-1"和"ISBN978-7-302-33894-9"的户号

(8) 排序

如果需要对查询的数据进行排序,则可以使用 ORDER BY…、ASC(默认,升序) 和 DESC(降序)。即:

单表排序 + 空置 + 枚举

ORDER BY ＜属性＞ [ASC | DESC] [TOP ＜表达式＞ [PERCENT]]

TOP ＜表达式＞:仅显示前若干记录;PERCENT:按照百分比显示前若干记录。

例如:在 Book 中,按照定价进行降序排序。

SELECT *

　　FROM Book

　　ORDER BY Price DESC

例如:在 Book 中,先按照作者进行升序排序,再按照售价进行降序排序。

SELECT *

　　FROM Book

　　ORDER BY Author,SPrice DESC

思考 1:解释多重排序。

思考 2:实现 TOP 和 PERCENT 的用法。

(9) 空值

如果需要查询包含空值的数据,则可以使用 IS NULLIN、IS NOT NULL。

SELECT * ＜表 1＞, ＜表 2＞, …

例如:在 Buy 中,先把户号为"C006",书号为"ISBN978-7-81140-582-8" 的记录的购买日期2013-10-17 改为空值 NULL,再分别查询没有购买日期和有购买日期的记录。

UPDATE Buy

　　SET PDate = NULL

　　WHERE CNo = ' C006 ' AND BNo = ' ISBN978-7-81140-582-8 '

思考 1:如果使用 SET PDate IS NULL,正确吗?

思考 2:如果使用 WHERE PDate = ' 2013-10-17 ',是否合理?

SELECT *

　　FROM Buy

　　WHERE PDate IS NULL

SELECT *

　　FROM Buy

　　WHERE PDate IS NOT NULL

思考:可以使用"= NULL" 代替"IS NULL"吗?

提示:在升序排序时,空值最先显示。在降序排序时,空值最后显示。

4.3.3　多表查询

连接查询是数据查询的灵魂。用户可以通过连接查询,非常方便灵活的从多个表中,获取自己所需要的信息。

(1) 连接

连接包括内连接(条件连接) 和外连接(左外连接,右外连接) 等。

多表连接

① 内连接的语法:

SELECT [*]＜表达式＞[,＜表达式＞] …

FROM ＜表 1＞,＜表 2＞,…,＜表 n＞

　　WHERE ＜条件表达式＞

SELECT [*]＜表达式＞[,＜表达式＞] …

FROM ＜表 1＞[INNER] JOIN ＜表 2＞ON (＜表 1＞.A　＜表 2＞.B)

提示:＜表 1＞,＜表 2＞,…,＜表 n＞不能同名。如果一表多用,则可以使用别名,即:

SELECT *

FROM ＜表＞Tab1,＜表＞TwoTab2

　　WHERE Tab1. A　Tab2. B

例如:在 Cust 和 Buy 中,查询客户的详细购书信息。

SELECT *

　　FROM Cust,Buy

WHERE Cust. CNo = Buy. Cno　　或者

SELECT Cust. * ,Buy. *

　　FROM Cust,Buy

WHERE Cust. CNo = Buy. Cno　　　或者

SELECT Cust. CNo,CName,CSex,Birth,Phone,Marry,EMail,BNo,PDate

　　FROM Cust,Buy

WHERE Cust. CNo = Buy. CNo　　　或者

SELECT Cust. CNo,CName,CSex,Birth,Phone,Marry,EMail,BNo,PDate

　　FROM Cust JOIN Buy ON(Cust. CNo = Buy. CNo)　　　或者

SELECT Cust. CNo,CName,CSex,Birth,Phone,Marry,EMail,BNo,PDate

　　FROM Cust INNER JOIN Buy ON(Cust. CNo = Buy. CNo)

思考:分析上述写法的区别。

例如:查询购买王珊出版的图书的户名、书名、作者、社名和订购日期。

SELECT CName,BName,Author,PName,PDate

FROM Cust,Buy,Press,Book

WHERE Cust.CNo = Buy.CNo AND Book.BNo = Buy.BNo AND

Book.PNo = Press.PNo AND Author = '王珊'

例如:统计每本书的销售利润总额,显示结果为书号、书名、作者和利润。

SELECT Book.BNo 书号,BName 书名,Author 作者,SUM(Sprice-Pprice) 利润

FROM Buy,Book

WHERE Book.BNo = Buy.BNo

GROUP BY Book.BNo,BName,Author

思考:统计每本书的销售利润总额,显示结果为书号、书名、作者、社名和利润。

例如:统计销售利润总额。

SELECT SUM(Sprice-Pprice) 总利润

FROM Buy,Book

WHERE Book.BNo = Buy.BNo

提示:在实际应用中,进行连接操作时,有意义的连接操作一般是自然连接,而自然连接通常不明确的给出连接条件,这时一定要注意,不要把默认的连接条件丢掉。其中的默认连接条件就是表之间的公共属性的值相等。例如:Buy.CNo = Cust.CNo 和 Buy.BNo = Book.BNo。

② 外连接的语法:

SELECT ＜表达式＞[,＜表达式＞] …

FROM ＜表1＞ LEFT | RIGHT [OUTER] JOIN ＜表2＞ ON (＜表1＞.A ＜表2＞.B)

在通常的连接中,只有满足连接条件的记录才能作为结果输出,例如 Cust 和 Buy 的连接结果中就没有 C004 的信息,因为他们没有购买图书,在 Buy 中没有相应的记录。如果想以 Cust 为主体列出每个客户的基本情况及其购买购书情况,且没有购买图书的客户也希望输出其信息(其未知数据用空值 NULL 输出),这时就需要使用外连接(Outer Join)。

外连接分为左连接(Left Outer Join) 和右连接(Right Outer Join)。

例如:输出所有客户的购书信息,包括没有购买记录的顾客。

SELECT Cust.CNo,CName,CSex,Birth,Phone,Marry,Photo,EMail,Bno,PDate

FROM Cust LEFT OUTER JOIN Buy ON(Cust.CNo = Buy.CNo)

SELECT Cust.CNo,CName,CSex,Birth,Phone,Marry,Photo,EMail,

Bno,PDate
　　　FROM Cust LEFT JOIN Buy ON (Cust.CNo = Buy.CNo)
　　例如:在 Book 中,先添加如下记录,再输出所有图书的购书信息,包括没有购买记录的图书。
　　(ISBN978-7-5612-2485-4,数据库技术,韩培友,ISBN978-7-5612,1,36,16,20)
　　　INSERT INTO Book
　　　　VALUES('ISBN978-7-5612-2485-4','数据库技术',
　　　'韩培友','ISBN978-7-5612',1,36,16,20)
　　　SELECT Book.BNo,BName,Author,PNo,EditNo,Price,PPrice,SPrice,PDate
　　　　FROM Buy RIGHT JOIN Book ON (Book.BNo = Buy.BNo)
　　提示:在 SQL Server 中,连接、等值连接和自然连接的实现方法基本一样,只有连接条件和投影属性的差异。
　　思考:关系代数的连接运算对应于 SELECT…FROM…WHERE 的哪个短语?
　　(2) 嵌套
　　查询语句作为一个整体,可以将其嵌套在另一个查询语句的 WHERE 子句的条件中,从而构成嵌套查询。在实际应用,对于某些特殊查询,嵌套查询会带来一定的方便,但是对有一些查询则不然,因此,需要根据实际情况来选择使用嵌套。IN 之后的选择结果只有一个值时,可以使用等号"="代替。

多表嵌套 +
自身 + In

　　例如:查询郭靖购买图书的书号。
　　SELECT BNo
　　FROM Buy
　　WHERE CNo IN (
　　　SELECT CNo
　　　FROM Cust
　　　WHERE CName = '郭靖')　　　或者
　　SELECT DISTINCT BNo
　　FROM Buy,Cust
　　WHERE Buy.CNo = Cust.CNo AND CName = '郭靖'
　　思考:IN 是否可以使用"="替代?
　　例如:查询郭靖购买图书的书名。
　　SELECT BName
　　FROM Book
　　WHERE BNo IN (

```
SELECT BNo
FROM Buy
WHERE CNo IN (
    SELECT CNo
    FROM Cust
    WHERE CName = '郭靖'))        或者
SELECT DISTINCT BName
FROM Book,Buy,Cust
WHERE Book.BNo = Buy.BNo AND
    Buy.CNo = Cust.CNo AND CName = '郭靖'
```

思考:查询郭靖购买的作者是韩培友的图书的书名。

例如:查询郭靖购买图书的社名。

```
SELECT PName
FROM Press
WHERE PNo IN (
  SELECT PNo
  FROM Book
  WHERE BNo IN (
      SELECT BNo
      FROM Buy
      WHERE CNo IN (
          SELECT CNo
          FROM Cust
          WHERE CName = '郭靖')))        或者
SELECT DISTINCT PName
FROM Press,Book,Buy,Cust
WHERE Press.PNo = Book.PNo AND Book.BNo = Buy.BNo AND
    Buy.CNo = Cust.CNo AND CName = '郭靖'
```

思考:如果去掉 DISTINCT,结果如何?

例如:查询与 C006 同名的客户的户号、户名和性别(自连接)。

```
SELECT CNo,CName,CSex
FROM Cust
WHERE CName IN (
  SELECT CName
```

　　FROM Cust

　　WHERE CNo = ' C006 ')　　或者

SELECT C1. CNo,C1. CName,C1. CSex

FROM Cust C1

WHERE C1. CName IN (

　　SELECT C2. CName

　　FROM Cust C2

　　WHERE C2. CNo = ' C006 ')　　或者

SELECT C1. CNo,C1. CName,C1. CSex

FROM Cust C1,Cust C2

WHERE C1. CName = C2. CName AND C2. CNo = ' C006 '　　或者

SELECT C1. CNo,C1. CName,C1. CSex

FROM Cust C1

WHERE EXISTS(

　　SELECT ∗

　　FROM Cust C2

　　WHERE C2. CName = C1. CName AND C2. CNo = ' C006 ')

　　思考:如何去除"C006"本人(即:查询结果不含 C006 本人)?

　　提示:嵌套查询的求解过程,由里向外。即先执行子查询,后执行父查询。子查询的结果用于建立父查询的查找条件。嵌套查询可以使用多个简单查询构成复杂的查询(即:结构化查询)。

　　(3)ANY/ALL

　　ANY/ALL 通常用于与任意一个值比较,或者与所有的值比较的情况。ANY表示任意一个值;ALL 表示所有值。

　　常用格式:

　　＞ANY:大于子查询结果中的某个值。

　　＞ALL:大于子查询结果中的所有值。

　　＜ANY:小于子查询结果中的某个值。

　　＜ALL:小于子查询结果中的所有值。

　　＞= ANY:大于等于子查询结果中的某个值。

　　＞= ALL:大于等于子查询结果中的所有值。

　　＜= ANY:小于等于子查询结果中的某个值。

　　＜= ALL:小于等于子查询结果中的所有值。

　　= ANY:等于子查询结果中的某个值。

多表 ANY +
All + Exist
+ 集合

＝ALL：等于子查询结果中的所有值(通常没有实际意义)。

＜＞ANY：不等于子查询结果中的某个值。

＜＞ALL：不等于子查询结果中的任何一个值。

例如：查询大于韩培友的某一本书定价的图书的书号、作者和定价。

```
SELECT BNo,BName,Price
FROM Book
WHERE Author <> '韩培友' AND Price > ANY (
SELECT Price
   FROM Book
   WHERE Author = '韩培友')        或者
SELECT BNo,BName,Price
FROM Book
WHERE Author <> '韩培友' AND Price > (
   SELECT MIN(Price)
   FROM Book
   WHERE Author = '韩培友')
```

例如：查询大于韩培友的所有书售价的图书的书号、作者和售价。

```
SELECT BNo,BName,Price
FROM Book
WHERE Author <> '韩培友' AND Price > ALL (
   SELECT Price
   FROM Book
   WHERE Author = '韩培友')        或者
SELECT BNo,BName,Price
FROM Book
WHERE Author <> '韩培友' AND Price > (
   SELECT MAX(Price)
   FROM Book
   WHERE Author = '韩培友')
```

思考：查询小于韩培友的图书均价的图书的书号、作者和进价。

(4)EXISTS

EXISTS查询通常不返回数据，仅判断其后的子查询是否存在相应的记录。即：

[NOT] EXISTS (＜子查询＞)

提示:EXISTS 查询的求解过程:由外到里。即对外(父)查询的每一个记录,逐一验证内(子)查询。用外查询的数据验证内查询的存在性。

例如:查询没有购买图书的客户的户号、户名和姓别。

SELECT CNo,CName,CSex

FROM Cust

WHERE NOT EXISTS (

　SELECT CNo

　FROM Buy

　WHERE Cust.CNo = Buy.CNo)　　或者

SELECT CNo,CName,CSex

FROM Cust

WHERE CNo NOT IN (

　SELECT CNo

　FROM Buy)

例如:查询购买所有图书的客户的户号和户名。即:

查询没有一本书是他不买的客户的户号和户名。

SELECT CNo,CName

FROM Cust

WHERE NOT EXISTS

　(SELECT *

　FROM Book

　WHERE NOT EXISTS

　　　(SELECT *

　　　　FROM Buy

　　　　WHERE CNo = Cust.CNo AND BNo = Book.BNo))

例如:查询至少购买了户号为 C002 的客户购买的全部图书的户号、书号和订购日期。即:不存在这样的图书,户号 C002 购买了该图书,而查询的客户没买。

SELECT DISTINCT CNo,BNo,PDate

FROM Buy X

WHERE NOT EXISTS (

SELECT *

　FROM Buy Y

　WHERE Y.CNo = 'C002' AND NOT EXISTS(

SELECT *

```
        FROM Buy Z
        WHERE Z.CNo = X.CNo AND Z.BNo = Y.BNo))      或者
SELECT *
FROM Buy X
WHERE NOT EXISTS (
SELECT *
  FROM Buy Y
  WHERE Y.CNo = 'C002' AND NOT EXISTS(
SELECT *
      FROM Buy Z
      WHERE Z.CNo = X.CNo AND Z.BNo = Y.BNo))
```

思考1:查询至少购买了户号为C002的客户购买的全部图书的客户的户号。

思考2:去掉 DISTINCT 是否正确?

思考3:查询全体客户的全部购书及其图书和出版社的数据。

思考4:查询至少购买一本韩培友出版的图书的户号。

思考5:查询在 2010 年之后购买图书 ISBN978-7-302-33894-9 的客户的户号和姓名。

思考6:查询没有购买书号为 ISBN978-7-302-33894-9 的图书的客户的姓名。

4.4　小结

学习本章内容,需要重点掌握和完善数据库和表的创建及其数据查询,熟练掌握 SQL Server 表达式的书写规则和表示方法,同时熟练掌握数据查询的实现方法,理解数据查询在实际应用中的作用。

本章作为本书的重点,概述了标准 SQL 和 SQL Server 的特点,详尽地讲解了 SQL Server 使用方法。主要知识点如下:

(1)SQL Server 特点。

(2) 数据库及其表的创建方法。

(3) 数据表达式的书写规则和表示方法。

(4) 数据查询的实现方法。

总之,SQL Server 不但兼有关系代数、元组关系演算和域关系演算的综合表达能力,而且是一种具有强大功能的应用型数据库管理语言。

查询实验

通过 SQL Server 的数据定义语言、数据操作语言和数据查询语言的语法。在 SQL Server 2016 环境下,熟练掌握 CREATE DATABASE、USE、DROP DATABASE、CREATE TABLE、ALTER TABLE、DROP TABLE、INSERT、UPDATE、DELETE 和 SELECT 的使用方法。

实验 4　编辑完善表

(1) 在"实验 1"创建的 CInfo 中,编辑和完善职工 Emp、商品 Ware、商店 Shop 和销售 Sale 等表的结构。

(2) 根据 Emp、Ware、Shop 和 Sale 的结构和完整性约束,分别编辑相应的记录,具体内容自定。

实验 5　数据查询

在"实验 4"的 CInfo 及其 Emp、Ware、Shop 和 Sale 中,完成如下查询:

(1) 在销售中,查询销量大于 16 的销售信息。

(2) 在销售中,查询销量小于等于 16 的店号和品号。

(3) 在销售中,统计每类商品的品号和销量。

(4) 在销售中,统计至少销售两次商品的店号和销量。

(5) 在销售中,查询全部销售信息,并按照销量从大到小排序。

(6) 在销售中,查询售量最高的店号和品号。

(7) 在销售中,查询每类售出商品的品号以及销量的最高、最低和平均值。

(8) 在销售中,查询售出每类商品的品号和销售额。

(9) 在销售中,查询售出每类商品的品号。

(10) 在销售中,查询售出商品的类数。

(11) 在销售中,查询销售品号为 W00001 的商店的个数。

(12) 查询职工,商店,商品,销售的笛卡尔积。

(13) 查询在店号和品号后 5 位相等时的店号,店名,品号,品名(条件连接)。

(14) 查询每个商店销售商品的详细信息(等值连接)。

(15) 查询每个商店销售商品的详细信息(自然连接)。

(16) 查询李四所在的商店,显示字段为姓名、店名、店址、商店的电话。

(17) 查询王五所在商店的销量,显示字段为工号、姓名、店号、销量。

(18) 查询王五所在的商店的销量,显示字段为姓名、店名、销量。

(19) 查询华润超市文二店的销量,显示字段为店名、销量。

(20) 查询 SONY 电视机的销量,显示字段为品名、销量。

(21) 查询华润超市文一店销售 SONY 电视机的销量,显示字段为店名、品名、销量。

(22) 王五所在商店销售 SONY 电视机的销量,显示字段为姓名、店名、品名、销量。

(23) 工号为 A00001 的职工所在商店销售品号为 W00002 的商品的店名、品名和销量。

(24) 查询工号为 A00002 的职工所在商店的经理的姓名。

(25) 查询王五经理所在商店的总售量,并输出经理姓名和总销量。

(26) 查询所有职工所在的所有商店的所有销售商品的详细信息。

实验6　学籍数据库及其数据查询

在"实验 1"创建的 SInfo 中,编辑和完善学生 S、课程 C、选课 SC、专业 M、教师 T 和讲授 TC 等表的结构和完整性约束,并分别编辑相应的记录(具体内容自定)。

在 SInfo 中,完成如下查询:

(1) 查询女生的基本信息。

(2) 查询 1997 年之前(小于)或者 1999 年之后(大于)出生的学生的姓名、年龄和学院。

(3) 查询信息学院和外语学院的学生姓名。

(4) 查询课程号为 020101 的课程信息。

(5) 查询姓马的学生的姓名、学号和性别。

(6) 查询姓"刘"且第三个汉字为"鑫"的学生姓名。

(7) 查询以"Java_"开头,且倒数第 2 个字符为 y 的课程的详细情况。

(8) 查询全部选课信息,查询结果先按课程号升序排序,然后再按学号降序排序。

(9) 计算课程号为 020101 的课程的课程号、最高、最低和平均成绩。

(10) 统计各门课程及其选修人数。

(11) 查询选修 6 门以上课程的学生学号。

(12) 查询至少 6 门课程是 90 分以上的学生学号。

(13) 查询每一门课的选修课的先修课。

(14) 查询每个学生的学号、姓名、选修的课程名及成绩。

(15) 查询与李光同专业的学生的学号和姓名。

(16) 查询选修"图像分析"的学生姓名。

(17) 查询比 M0002 专业某个学生生日小的非 M0002 专业的学生姓名。

(18) 查询比 M0003 专业所有学生生日都小的非 M0003 专业的学生姓名。

(19) 查询选修全部课程的学生姓名。即没有一门课是他不选的。

(20) 查询至少选修学号为 2005010101 的学生选修的全部课程的学生学号。

习　题

(1) 简述 SQL Server 的特点。

(2) 解释 ODBC。简述 SQL 包含的子语言系统。

(3) 简述关系代数的选择、投影和连接,分别对应 SELECT…FROM…WHERE 的短语。

(4) 使用 SQL Server 创建习题 2.5 的 4 表。

(5) 在习题 4.4 的 4 表中,使用 SQL Server 完成如下操作:

① 查询所有供应商的姓名和所在城市。

② 查询所有零件的名称、颜色、重量。

③ 查询使用供应商 S1 所供应零件的名称。

④ 查询能提供 P2 零件的供应商及其数量。

⑤ 查询上海厂商供应的所有零件号码。

⑥ 查询供应 S3 供应 P3 零件的名称。

⑦ 查询没有供应天津产的零件的供应商。

⑧ 把全部红色零件的颜色改成蓝色。

⑨ 删除供应商 S4,并从供应关系中删除其相应的记录。

⑩ 请将(S6,P6,300) 插入到零件供应关系(SP) 中。

(6) 已知数据库的关系分别为职工(工号,姓名,年龄,性别)、社团(团号,团名,团长,地点)、参加(工号,团号,日期)。使用 SQL Server 完成如下操作:

① 查询参加篮球队的职工的工号和姓名。

② 查询职工号为 666 的职工参加的社团名称。

③ 查询各个社团编号及相应的参加人数。

④ 建立视图 SInfo(工号,姓名,性别,年龄,团号,团名,团长,日期)。

⑤ 查询参加歌唱队或者篮球队的职工的工号和姓名。

⑥ 查询没有参加任何社团的职工基本信息。

⑦ 查询参加全部社团的职工基本信息。

⑧ 查询参加工号为 666 的职工所参加的全部社团的职工工号。

⑨ 统计每个社团的参加人数。

⑩ 查询参加人数最多的社团的团名和参加人数。

⑪ 查询参加人数超过 99 人的社团的团名和团长。

⑫ 把对职工和社团的查询和插入权限赋给李明,并允许其继续授权。

第5章　*Chapter 5*

概念模型和逻辑模型

概念模型是利用专用描述工具,表示实际应用中属性、实体及其联系,而建立的能够真实反映实际应用、易于理解、修改和转换的独立于 DBMS 的数据模型。

逻辑模型是把概念模型转化为适用于 DBMS 表示和实现的数据模型。

为了实现"实际应用"的"逻辑表示","概念模型"起到桥梁作用。

5.1　概念模型

概念结构
表示方法

正如建造大楼需要设计工程图纸一样,设计数据库需要设计概念模型。在网上书店 Ebook 中,使用图书 Book、客户 Cust、出版社 Press 和购买 Buy4 张表的理论依据是 Ebook 的概念模型。

5.1.1　概念模型的表示方法

在概念模型的多种表示方法中,P. P. S. Chen 于 1976 年提出的实体 — 联系方法(Entity-Relationship Approach,E-R 方法) 是最常用的表示方法。

使用 E-R 方法建立的概念模型称为 E-R 模型(Entity-Relationship Model),或称为 E-R 图(Entity-Relationship Diagram)。E-R 图是目前最流行的概念模型。即:E-R 图是一种概念模型。

E-R 方法:使用实体、组成实体的属性以及实体之间的一对一、一对多和多对多联系等来表示数据库结构的方法。

E-R 图:使用 E-R 方法约定的图形符号和连接方法绘制的数据库整体结构的图形集合。

概念模型的表示方法如下:

(1) 属性:椭圆表示,椭圆中的标识是属性名,主键使用下划线标识。

(2) 实体:矩形表示,矩形中的标识是实体名。

(3) 联系:菱形表示,菱形中的标识是联系名。

(4) 连线:表示实体与属性、联系与属性的隶属关系。即:属性隶属于实体或联系。

(5) 标注 1 的连线:表示实体之间联系的一端。

(6) 标注 n 的连线:表示实体之间联系的多端。

E-R 图的基本图形符号和连接方法示意图如图 5.1 所示(本书使用的方法)。

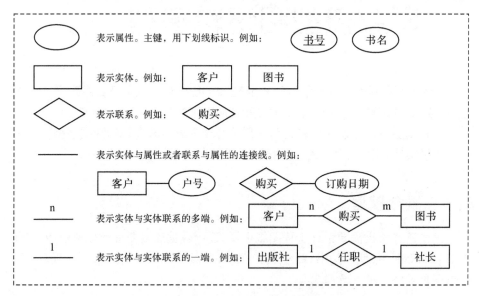

图 5.1 E-R 图表示方法示意图

不难看出,实体之间的一对一、一对多和多对多联系的表示方法如图 5.2 所示。

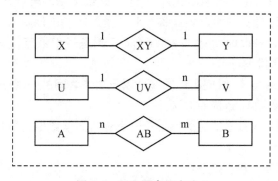

图 5.2 E-R 图表示方法 1

实体之间联系的另外一种表示方法如图 5.3 所示。即：使用连线表示实体之间联系的多端；使用单箭头表示实体之间联系的一端，箭头一端连接实体，非箭头一端连接联系。

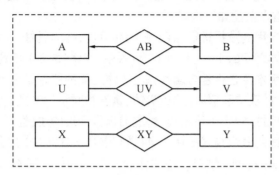

图 5.3　E-R 图表示方法 2

绘制 E-R 图，不但可以把属性、实体和联系一起绘制在一张图中；而且可以把属性、实体和联系分开绘制（即：分解 E-R 图）。即：实体和联系一起绘制，而实体和属性一起绘制、联系和属性一起绘制。前者适用于简单应用，后者适用于复杂应用。当然也可以采用混合方式绘制 E-R 图，即按照实际应用的功能模块，分块绘制 E-R 图，这时需要注意使用圆形连接点给出分块 E-R 图之间的连接标识（如图 5.4 所示）。

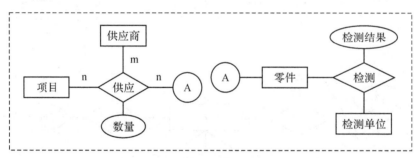

图 5.4　项目管理 E-R 图

综上所述，概念模型应该具有如下特点：

(1) 真实再现。能够真实反映实际应用。

(2) 易于理解。方便设计人员与用户的交流，促进数据库的设计。

(3) 易于更新。在实际应用发生改变时，易于修改和扩充概念模型。

(4) 易于转换。易于向关系、层次和网状等数据模型转换。

5.1.2 概念模型的实例分析

科学的建立概念模型是建立数据库的关键,会直接影响整个数据库设计的质量,所以应该重点关注如下内容:

(1) 对实际应用的数据进行综合、归纳和分类,并向属性、实体和联系抽象。

(2) 确定实体之间的 1∶1、1∶n、n∶m 联系,实体(联系)与属性的隶属关系。

(3) 确定联系本身是否包含属性。即:实体之间的联系是否产生新属性。

(4) 区分属性、实体和联系。避免实体、属性和联系的冲突。

(5) 主键合理性。确定可用候选键,进而选择合理的主键。

(6) 选择合适的概念模式描述工具(通常选用 E-R 方法)建立概念模型。

例 5.1 已知 XyInfo 数据库的实体为 X、Y、Z 和 W,其属性和主键分别为 (x1(主键),x2,x3)、(y1,y2(主键),y3)、(z1,z2,z3(主键)) 和 (w1,w2(主键),w3,w4);同时 X 与 Y 的一对多联系需要新属性时间 Time;Y 与 Z 为一对多联系;Z 与 W 的多对多联系需要新属性电话 Phone。

则 XyInfo 的 E-R 图如图 5.5 所示。

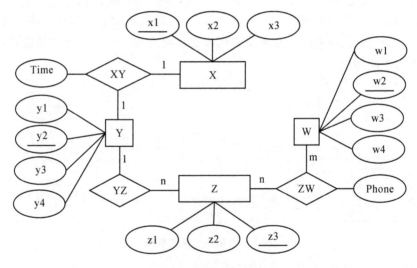

图 5.5　XyInfo 的 E-R 图

分析:XyInfo 的 4 个实体为 X、Y、Z 和 W;3 个联系 XY、YZ 和 ZW 分别为一对一、一对多和多对多;Time 为 XY 的属性,Phone 为 ZW 的属性。

例 5.2 在网上书店数据库 EBook 中,需要管理图书、客户、出版社及其职工的相关信息和应用需求如下:

(1) 图书信息包括书号,书名,作者,版次,定价,进价和售价等。

（2）客户信息包括户号,户名,性别,生日,电话,婚否,照片和邮箱等。

（3）出版社信息包括社号,社名,邮编,社址,电话,邮箱和网址等。

（4）职工信息包括工号,姓名,性别,生日,职称和 QQ 等。

（5）一个客户可以购买多本图书,一种图书可以卖给多个客户;客户购买图书需要给出购买日期。

（6）一个出版社可以出版多本图书,一本图书只能在一个出版社出版。

（7）一个出版社可以聘用多名职工,一名职工只能在一个出版社工作。

（8）职工之间存在领导与被领导的联系,同时需要给出职务补助。

则网上书店 EBook 的概念模型(E-R 图) 如图 5.6 所示。

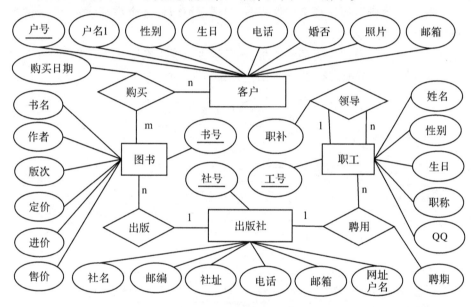

图 5.6　EBook 的 E-R 图

说明:职工与职工之间的领导与被领导的联系属于职工自身内部的联系(即:自联系),职务补助是"自联系" 的产生的新属性。

分析:EBook 的 4 个实体为图书、客户、出版社和职工,主键分别为书号、户号、社号和工号;3 个联系购买、出版和聘用分别为多对多、一对多和一对多;购买日期为购买的属性,聘期为聘用的属性。

提示:如果多个实体中有相同的属性(例如:电话和生日等),则在使用时,一般不会产生问题,因为它隶属于不同的实体(即:是没有关系的不同的属性)。当然为了避免发生错误,可以尽量使用不同的名称命名(例如:把生日分别改为:客户生日和职工生日)。

例 5.3   在学籍数据库 SInfo 中,需要管理学生、课程、专业和教师的相关信息及其应用需求如下:

(1) 学生信息包括学号,姓名,性别和生日等。

(2) 课程信息包括课程号,课程名,选修课和学分等。

(3) 专业信息包括专业号,专业名和学院等。

(4) 教师信息包括工号,姓名,工号,性别,职称和婚否等。

(5) 一个学生可以选修多门课程,一门课程可以让多个学生选修;学生选修课程需要给出成绩。

(6) 一个教师可以讲授多门课程,一门课程可以让多个教师讲授;教师讲授课程需要给出教学效果。

(7) 一个专业可以拥有多名学生,一名学生只能隶属于一个专业。

则学籍 SInfo 的概念模型(E-R 图)如图 5.7 所示。

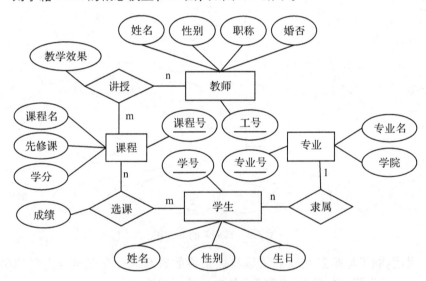

图 5.7   SInfo 的 E-R 图

分析:SInfo 的 4 个实体为教师、课程、学生和专业,主键分别为工号、课程号、学号和专业号;3 个联系讲授、选课和隶属分别为多对多、多对多和一对多;教学效果为讲授的属性,成绩为选课的属性。

例 5.4   在出版社向图书馆供应图书的数据库 Lib Sup 中,需要管理出版社、图书馆和图书的相关信息及其应用需求如下:

(1) 出版社信息包括社号、社名、地址和电话等。

概念结构实例 2

(2) 图书馆信息馆号、馆名和 Email 等。

(3) 图书信息包括书号、书名和定价等。

(4) 一个出版社可以供应多本图书给多家图书馆,一个图书馆可以接收多家出版社供应的多本图书,接收图书后,需要给出接收的数量。

则 Lib Sup 的 E-R 图如图 5.8 所示。LibSup 的分解 E-R 图如图 5.9 所示。

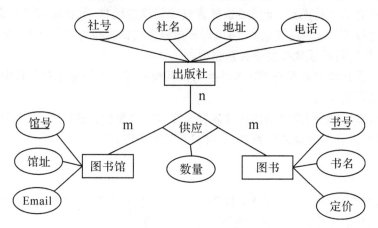

图 5.8　Lib Sup 的 E-R 图

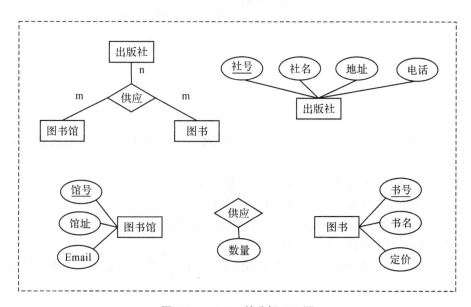

图 5.9　Lib Sup 的分解 E-R 图

分析:Lib Sup 的 3 个实体为出版社、图书馆和图书,主键分别为社号、馆号和书号;出版社向图书馆供应图书的联系"供应"为多对多,数量为供应的属性。

提示:实际应用的"E-R 图"与"分解 E-R 图"是等价的。

逻辑结构
概述

5.2 逻辑模型

大楼有了工程图纸,就需要选择建筑公司建造大楼。数据库有了概念模型,就需要选择 DBMS 创建数据库,所以需要把概念结构转换为易于 DBMS 实现的逻辑模型。最流行的逻辑模型是关系模型。

建立逻辑模型就是把 E-R 图转换为关系模型。即:逻辑模型是 E-R 图转化后的关系模型的集合。

E-R 图向关系模型转换的具体内容是实体向关系模式的转换,联系向关系模式的转换,以及关系模式的属性、主键和外键的确定。

实体转换

5.2.1 实体转换

实体转换规则:一个实体转换为一个独立的关系模式。关系模式的名称、属性和主键均直接来自于实体的名称、属性和主键。

提示:在关系模式的主键下画下划线进行标注。

例 5.5 在例 5.1 中,XyInfo 的 E-R 图如图 5.5 中的实体可以转化为如下关系模式:

$X(\underline{x_1},x_2,x_3)$

$Y(y_1,\underline{y_2},y_3)$

$Z(z_1,z_2,\underline{z_3})$

$W(w_1,\underline{w_2},w_3,w_4)$

例 5.6 在例 5.2 中,EBook 的 E-R 图如图 5.6 中的实体可以转化为如下关系模式:

图书(书号,书名,作者,版次,定价,进价,售价)

客户(户号,户名,性别,生日,电话,婚否,照片,邮箱)

出版社(社号,社名,邮编,社址,电话,邮箱,网址)

职工(工号,姓名,性别,生日,职称,QQ)

例 5.7 在例 5.3 中,SInfo 的 E-R 图如图 5.7 中的实体可以转化为如下关系模式:

学生(学号,姓名,性别,生日)

课程(课程号,课程名,选修课,学分)

专业(专业号,专业名,学院)

教师(<u>工号</u>,姓名,性别,职称,婚否)

例 5.8 在例 5.4 中,LibSup 的 E-R 图如图 5.8 中的实体可以转化为如下关系模式:

出版社(<u>社号</u>,社名,地址,电话)

图书馆(<u>馆号</u>,馆名,Email)

图书(<u>书号</u>,书名,定价)

5.2.2 联系转换

联系向关系模式的转换需要按照一对一、一对多和多对多等情况进行分别转换。

(1) 多对多联系转换

多对多联系转换规则:一个多对多联系转换为一个独立的关系模式。即:

① 关系模式的名称:来自联系的名称。

② 关系模式的属性:由与联系相关联的实体的主键以及联系本身的属性组成。

③ 关系模式的主键:由与联系相关联的实体的主键组成(一个组合主键)。

④ 关系模式的外键:产生两个外键,分别为与联系相关联的实体的主键。

提示:在关系模式的外键下画波浪线进行标注。

例 5.9 在例 5.1 中,XyInfo 的 E-R 图如图 5.5 中的多对多联系可以转化为关系模式:

ZW(<u>z_3</u>,<u>w_2</u>,Phone)

多对多
联系转换

例 5.10 在例 5.2 中,EBook 的 E-R 图(图 5.6)的多对多联系可以转化为关系模式:

购买(<u>户号</u>,<u>书号</u>,购买日期)

例 5.11 在例 5.3 中,SInfo 的 E-R 图(图 5.7)的多对多联系可以转化为关系模式:

选课(<u>学号</u>,<u>课程号</u>,成绩)

讲授(<u>工号</u>,<u>课程号</u>,教学效果)

(2) 一对多联系转换

一对多联系既可以转换为一个独立的关系模式,又可以与多端实体合并。

① 独立转换

独立转换规则:一个一对多联系转换为一个独立的关系模式。即:

关系模式的名称:来自联系的名称。

关系模式的属性:由与联系相关联的实体的主键以及联系本身的属性组成。

一对多 + 一对
一联系转换

关系模式的主键:与多端实体的主键相同。

关系模式的外键:产生一个外键,就是与联系相关联的一端实体的主键。

② 合并转换

合并转换规则:不转换为一个独立的关系模式,而是向多端实体合并。即:

把一端实体的主键以及联系的属性合并到多端,多端实体的主键保持不变,同时产生一个外键,就是与联系相关联的一端实体的主键。

例5.12 在例5.1中,XyInfo 的 E-R 图如图5.5中的一对多联系可以转化为关系模式:

(1) 独立转换

YZ($\underline{z_3}$,$\underline{y_2}$)

(2) 合并转换

Z(z_1,z_2,$\underline{z_3}$,$\underline{y_2}$)

例5.13 在例5.2中,EBook 的 E-R 图(图5.6)的一对多联系可以转化为关系模式:

(1) 独立转换

出版(书号,社号)

聘用(工号,社号,聘期)

领导(工号,社长,职补)

分析:对于领导自联系,需要把职工当作两个实体(一个一端,一个多端)使用,把一端职工的工号改名为"社长",社长的域与工号相同。

(2) 合并转换

图书(书号,社号,书名,作者,版次,定价,进价,售价)

职工(工号,社号,姓名,性别,生日,职称,QQ,社长,职补,聘期)

分析:对于出版联系,把社号合并到图书中。对于聘用联系,把社号合并到职工中,产生一个外键"社号"。对于领导自联系,需要把职工当作两个实体使用,把一个职工的工号改名为"社长"合并到另一个职工中,产生一个外键"社长",社长的域与工号相同。职工中最终产生两个外键"社号"和"社长"。

例5.14 在例5.3中,SInfo 的 E-R 图如图5.7中的一对多联系可以转化为关系模式:

(1) 独立转换

隶属(学号,专业号)

(2) 合并转换

学生(学号,姓名,性别,生日,专业号)

（3）一对一联系转换

一对一联系既可以转换为一个独立的关系模式，又可以与任意一个一端实体合并，具体规则与一对多联系雷同。

① 独立转换

独立转换规则：一个一对一联系转换为一个独立的关系模式。即：

关系模式的名称：来自联系的名称。

关系模式的属性：由与联系相关联的实体的主键以及联系本身的属性组成。

关系模式的主键：与任意一个一端实体的主键相同（可以二选一）。

关系模式的外键：产生一个外键，就是与联系相关联的另一个一端实体的主键。

② 合并转换

合并转换规则：不转换为一个独立的关系模式，而是向任意一个一端实体合并。即：

把另一个一端实体的主键以及联系的属性合并到当前一端实体，当前实体的主键保持不变，同时产生一个外键，就是与联系相关联的另一端实体的主键。

例 5.15　在网上书店中，社长任职的概念模型（即：E-R 图）如图 5.10 所示。

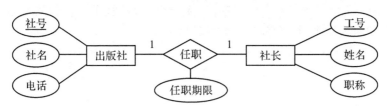

图 5.10　社长任职的 E-R 图

则任职联系的转换结果如下：

（1）独立转换

任职（社号，工号，任职期限）　　　或者

任职（社号，工号，任职期限）

（2）合并转换

出版社（社号，社名，电话，工号，任职期限）　　　或者

社长（工号，姓名，职称，社号，任职期限）

（4）自联系转换

自联系是同一实体集内的各实体之间的 1∶1、1∶n 和 n∶m 联系。

例如：图 5.6 中的领导自联系，即：职工与职工之间的领导与被领导的一对多联系。

对于自联系的转换规则,可以做如下处理:

① 把实体当作两个实体使用,从而把实体的自联系转化为实体与实体之间的联系。

② 把其中一个实体的主键进行重新命名(例如:把职工的工号改名为"社长",社长的域与工号相同)。

③ 具体转换规则完全按照 1:1、1:n 和 n:m 联系的方法进行转换。

自联系转换的示意图如图 5.11 所示。

例 5.16   在例 5.2 中,EBook 的 E-R 图如图 5.6 中的领导自联系可以转化为关系模式:

(1) 独立转换

领导(工号,社长,职补)

分析:对于领导自联系,需要把职工当作两个实体(一个一端,一个多端) 使用,把一端职工的工号改名为"社长",社长的域与工号相同。

(2) 合并转换

职工(工号,社号,姓名,性别,生日,职称,QQ,社长,职补,聘期)

分析:对于领导自联系,需要把职工当作两个实体使用,把一个职工的工号改名为"社长"合并到另一个职工中,产生一个外键"社长",社长的域与工号相同。职工中最终产生两个外键"社号" 和"社长"。

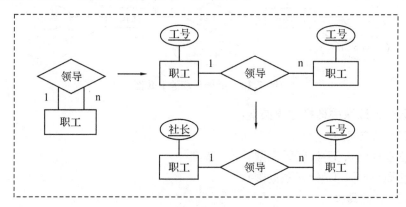

图 5.11   领导自联系转换

多实体＋归并
＋综合实例

(5) **多实体联系转换**

多个实体(N≥3) 间的联系转换为一个独立的关系模式。联系的名称转换为关系模式的名称;关系模式的属性是由与联系相关联的多个实体的主键以及联系本身的属性共同组成;关系模式的主键是与联系相关联的多个实体的主键的组合(即:一个组合主键),同时产生多个外键,就是与联系相关联的多个实体的主键。

例5.17 在例5.4中,LibSup的E-R图如图5.8中的多对多联系可以转化为关系模式:

供应(社号,馆号,书号,数量)

分析:3个实体的多对多联系,需要产生3个外键,分别为与联系相关联的实体的主键。

(6) 关系模式的归并

关系模式的归并是指对E-R图转换后的关系模式,如果两个或者多个关系模式的键相同,则把这些关系模式进行归纳,并最终归并成一个关系模式的过程。

例5.18 在超市数据库MarkInfo中,订单实体转换后的订单关系模式有如下情况:

订单(单号,单名,商品名称,单价,产地)

订单(单号,单名,商品编号,商品名称,单价,数量)

则可以归并为:

订单(单号,单名,商品编号,商品名称,产地,单价,数量)

例5.19 图书管理系统的E-R图中,借阅联系转换后的借阅关系模式有如下情况:

借阅(借书证号,书号,借书日期,定价)

借阅(借书证号,书号,书名,还书日期,出版社)

则借阅的关系模式最终可以归并为:

借阅(借书证号,书号,书名,借书日期,还书日期,出版社,定价)

例5.20 在例5.2中,EBook的E-R图如图5.6中向关系模式转换的结果如下:

(1) 独立转换

图书(书号,书名,作者,版次,定价,进价,售价)

客户(户号,户名,性别,生日,电话,婚否,照片,邮箱)

出版社(社号,社名,邮编,社址,电话,邮箱,网址)

职工(工号,姓名,性别,生日,职称,QQ)

购买(户号,书号,购买日期)

出版(书号,社号)

聘用(工号,社号,聘期)

领导(工号,社长,职补)

其中:"社长" 为职工工号的重命名,社长与工号同域。

(2) 合并转换

图书(书号,社号,书名,作者,版次,定价,进价,售价)

客户(户号,户名,性别,生日,电话,婚否,照片,邮箱)

出版社(社号,社名,邮编,社址,电话,邮箱,网址)

职工(工号,社号,姓名,性别,生日,职称,QQ,社长,职补,聘期)

购买(户号,书号,购买日期)

思考:在例 5.1、例 5.3 和例 5.4 中,分别给出 XyInfo、SInfo 和 LibSup 的逻辑模型。

综上所述:利用转换规则,可以方便的把概念模型(E-R 图) 转换为逻辑模型(关系模式的集合)。针对实际应用,可以采用合理的转换方式进行转换,以满足系统需求。

5.3　小结

学习重点是在深入理解概念模型和逻辑模型的基础上,熟练掌握建立概念模型的方法,同时熟练掌握概念模型向逻辑模型的转换方法。

本章的主要知识点如下:

(1) 概念结构的 E-R 图表示方法。

(2)E-R 图像关系模式的转换方法。

习　题

(1) 在 E-R 图中,如果有 10 个实体,9 个联系,其中 1∶1、1∶n 和 n∶m 联系均为 3 个,则把 E-R 图转换为关系模型后,关系模式的理想个数是多少个。

(2) 在蓝天物流数据库 BlueSky 中,需要管理供应商、项目、零件、仓库和职工的相关信息及其应用需求如下:

① 供应商信息包括商号、商名、城市和电话等。

② 项目信息包括项目号、项目名、单位和负责人等。

③ 仓库信息包括仓库号、面积和电话等。

④ 零件信息包括零件号、名称、规格和单价。

⑤ 职工信息包括工号、姓名、年龄和职称。

⑥ 一个供应商可以供应多个项目的多个零件,一个项目可以接收多个供应商的多个零件,接收供应的零件后,需要给出供应量。

⑦ 一个仓库可以存放多种零件,一种零件可以存放在多个仓库中,同时给出仓库存放零件的库存量。

⑧ 一个仓库聘用多个职工,一个职工只能在一个仓库工作,同时签约合同期限;职工之间具有领导与被领导关系,领导需要添加职务补助。

要求绘制 BlueSky 的 E-R 图,并转换为相应的关系模式,同时指明主键和外键。

(3) 在运输公司数据库 TranInfo 中,需要管理车队、车辆和司机的基本信息。即:

① 车队信息包括车队号、车队名和人数等。

② 车辆信息包括车号、厂家和出厂日期等

③ 司机信息包括司机号、姓名和电话等。

要求:车队与司机之间存在聘用联系,每个车队可聘用多个司机,但是每个司机只能应聘于一个车队,车队聘用司机有个聘期;车队与车辆之间存在拥有联系,每个车队拥有多辆汽车,但是每辆车只能属于一个车队;司机与车辆之间存在着驾驶联系,司机驾驶车辆有驾驶里程,每个司机可以驾驶多辆汽车,每辆汽车可以被多个司机驾驶。

完成如下任务:

① 绘制 TranInfo 的 E-R 图。

③ 把 E-R 图转换成关系模型,并标注主键和外键。

(4) 在商品销售数据库 ComInfo 中,需要管理商品、商店和职工的相关信息为品号、品名、厂商、厂址、单价、数量;店号、店名、店址、电话;工号、姓名、性别、年龄、电话等。同时要求一个商店可以销售多个商品,一个商品可以在多个商店销售,同时需要给出销量;一个职工只能在一个商店工作,一个商店可以有多个职工,同时需要给出工资和聘期。职工之间存在领导关系。设计 ComInfo 的概念模型和逻辑模型。

(5) 在图书流通数据库 CirBook 中,用于管理学生、管理员、图书和书库的流通业务,要求满足学生借阅图书、书库存放图书、管理员管理书库中的图书等。

建立 CirBook 的概念模型(E-R 图) 和逻辑模型,并标注主键和外键。

(6) 熊猫集团拥有多个连锁商场,需要构建一个数据库系统,管理如下相关业务:

① 商场需要记录的信息包括商场编号(不能重复)、商场名称、地址和联系电话。商场信息如表 5.1 所示。

表 5.1　商场信息表

商场编号	商场名称	地址	联系电话
PS2101	淮海商场	淮海中路 918 号	021-64158818
PS2902	西大街商场	西大街时代盛典大厦	029-87283220
PS2903	东大街商场	碑林区东大街 239 号	029-87450287
PS2901	长安商场	雁塔区长安中路 38 号	029-85264953

② 每个商场包含不同的部门,部门需要记录的信息包括部门编号(不同商场的部门编号不同)、部门名称、位置分布和联系电话。商场的部门信息如表 5.2 所示。

表 5.2　部门信息表

部门编号	部门名称	位置分布	联系电话
DT002	财务部	商场大楼六层	82504342
DT007	后勤部	商场地下副一层	82504347
DT021	保安部	商场地下副一层	82504358
DT005	人事部	商场大楼六层	82504446
DT001	管理部	商场大楼三层	82504668

③ 每个部门雇用了多名员工处理日常事务,每名员工只能属于一个部门。员工需要记录的信息包括员工编号、姓名、岗位、电话号码和工资。员工信息如表 5.3 所示。

表 5.3　员工信息表

员工编号	姓名	岗位	电话号码	工资
XA3310	周超	理货员	13609257638	1500.00
SH1075	刘飞	防损员	13477293487	1500.00
XA0048	江雪花	广播员	15234567893	1428.00
BJ3123	张正华	经理	13345698432	1876.00

要求完成如下任务:
① 根据需求分析阶段收集的信息,设计系统的 E-R 图。
② 把系统的 E-R 图转化为理想的关系模式,并标注主键和外键。

第6章　*Chapter 6*

关系规范化

问题 1:逻辑模型中的关系模式,是否可以使用?

问题 2:EBook 中的 Book、Cust、Press、Buy 是否可以使用如下 BInfo 替代?

BInfo(BNo,BName,Author,EditNo,Price,PPrice,SPrice,CNo,CName,CSex,Birth,Phone,Marry,Photo,Email,PNo,PName,PCode,PAddr,Email,HPage,PDate)

分析 1:购买图书的每一个客户,不但需要添加客户信息、书号和购买日期等必要的信息,而且还要重复添加图书和出版社的全部信息(数据冗余)。

分析 2:如果删除部分下架的图书信息,则会把购买这些书的客户信息和出版社信息一起删除,这是绝对不合理的(删除异常)。

不难看出,使用 Book、Cust、Press 和 Buy,明显优于使用 BInfo!

结论:逻辑模型中的关系模式,不能直接使用,需要进行规范化(本章内容),从而在一定程度上解决数据冗余、插入异常、修改异常和删除异常等方面的问题。

思考:从数据冗余、插入异常、修改异常和删除异常等方面,进一步分析单表 BInfo 的不合理性。

6.1　函数依赖

在关系模式中,属性之间通常存在着一定的关联关系,从而导致属性与属性之间的依赖和约束关系。

例如:在 BInfo 中,户名依赖于户号(即:户号确定户名);社号依赖于书号,社名依赖于社号,进而依赖于书号;购买日期依赖于(户号,书号) 等。

函数依赖

常用依赖关系:函数依赖(完全依赖,部分依赖,传递依赖)和多值依赖等。

6.1.1 函数依赖

函数依赖能够直观地体现出属性之间的依赖和约束关系。

定义6.1 设R(U)是属性集U上的关系模式,X和Y是U的子集。对于R(U)的任意关系的任意元组 t_1, t_2,如果 $t_1[Y] \neq t_2[Y]$,成立 $t_1[X] \neq t_2[X]$(即:不存在 t_1, t_2,使得 $t_1[X] = t_2[X]$,而 $t_1[Y] \neq t_2[Y]$)。

则称 X 函数确定 Y(即:X → Y) 或 Y 函数依赖于 X。

如果 X → Y,并且 Y → X,则称 X 与 Y 互相函数依赖。记为:X ⟷ Y。

如果 X 不函数确定 Y,则记为:X ⇸ Y。

提示:对于关系模式R(U),如果成立X → Y,则对R(U)的任意关系均成立X → Y。

例如,在 BInfo 中,则存在函数依赖:

BNo → BName;BNo → Author;BNo → PNo;BNo → EditNo;BNo → Price

但是:BName ⇸ Author;BName ⇸ PNo。

如果 X → Y,且 Y ⊆ X,则称 X → Y 是平凡函数依赖。即:

集合的任意子集均平凡函数依赖于自身。亦即:平凡函数依赖总是成立的。

如果 X → Y,但 Y ⊄ X,则称 X → Y 是非平凡函数依赖。

说明:若无特殊声明,则函数依赖均指非平凡函数依赖。

例如:在 BInfo 中,存在函数依赖:

非平凡函数依赖:(BNo, CNo) → PDate。

平凡函数依赖:(BNo,CNo) → (BNo,CNo);(BNo,CNo) → BNo;(BNo,CNo) → CNo。

说明:(X,Y) → Y 简记为 XY → Y;(X,Y) → (X,Y) 简记为 XY → XY。

R(U) 的所有函数依赖的集合,称为函数依赖集。记为:F = {函数依赖}。

所以 R(U) 可以进一步表示为 R(U,F)。

例 6.1 BInfo 可以表示为:

BInfo(U,F)

U = { BNo,CNo,BName,Author,EditNo,Price,PPrice,SPrice,CName,CSex, Birth,Phone,Marry,Photo,Email,PNo,PName,PCode,PAddr,Email,HPage, PDate }

F = {BNo → (BName,Author,PNo,EditNo,Price,PPrice,SPrice),

CNo → (CName,CSex,Birth,Marry,Photo,Email),

PNo → (PName,PCode,PAddr,Phone,Email,HPage,

(CNo,BNo) → PDate}

例 6.2　如果 R(A,B,C,D,E) 存在函数依赖 A → B;A → C;A → D;C → D;
BC → E。

则 R(A,B,C,D,E) 可以表示如下:

R(U,F)

U = { A, B, C, D, E }

F = { A → B,A → C,A → D,C → D,BC → E }

6.1.2　完全依赖和部分依赖

定义 6.2 在 R(U,F) 中,如果 X → Y,且对于 X 的任何一个真子集 X',都满足
X' ↛ Y(即:Y 不函数依赖于 X 的任意真子集,只依赖于 X 本身)。

完全 +
传递依赖

则称 Y 完全函数依赖于 X,记作 $X \xrightarrow{F} Y$。

定义 6.3　在 R(U,F) 中,如果 X → Y,且 Y 不完全函数依赖于 X。

则称 Y 部分函数依赖于 X,记作 $X \xrightarrow{P} Y$。

例如:在 BInfo 中,由于:BNo ↛ PDate,而且 CNo ↛ PDate。

因此:$(BNo, CNo) \xrightarrow{F} PDate$

例如:在 R(A,B,C,D,E) 中,如果 F = {A → C,AB → D,AB → E,C → E}。

则 $AB \xrightarrow{P} C;AB \xrightarrow{F} D;AB \xrightarrow{P} E$。

根据定义 6.1 和定义 6.2,则候选键可以进一步描述:

在 R(U,F) 中 X ⊆ U,如果 $X \xrightarrow{F} U$,则 X 是候选键。

例如:在例 6.1 中,(BNo, CNo) 是 BInfo 的候选键。在例 6.2 中,AB 是 R 的候
选键。

提示:利用"属性集的闭包"可以给出"候选键"更直观的解释。

6.1.3　传递依赖

定义 6.4 在 R(U,F) 中,如果 X → Y,Y → Z,并且 YX。

则称 Z 传递函数依赖于 X。记为:$X \xrightarrow{T} Z$。

说明:在定义 6.4 中,X → Y 和 Y → Z 均为非平凡依赖。如果 Y → X,则 X ⟷
Y,会导致 Z 直接依赖于 X。所以 X → Y、Y → Z 和 Y → X 会导致非本质上的传递依
赖。

例如:在 BInfo 中,成立 $BNo \xrightarrow{T} PName;BNo \xrightarrow{T} PCode$。

6.2　范式

关系模式中存在的函数依赖,会导致数据冗余,而且使得数据的插入、修改和删除出现异常,所以需要进行规范处理,从而确保数据的完整性。

规范化 + 范式
+ 1NF + 2NF

6.2.1　范式

范式是满足系统规范要求的关系模式的集合。即:规范化的关系模式的集合。

在实际应用中,逻辑模型中的关系模式一般必须达到系统的规范要求。根据不同应用需求,可以把满足不同规范要求的关系模式分为:第一范式(First Normal Form, 1NF)、第二范式(2NF)、第三范式(3NF)、BC 范式(Boyce Codd Normal Form, BCNF)、第四范式(4NF)和第五范式(5NF)。1NF、2NF 和 3NF 是关系规范化的基本要求。

如果关系模式 R 满足第 n 范式,则记为 R ∈ nNF。

范式之间的关系如下,如图 6.1 所示:

1NF ⊃ 2NF ⊃ 3NF ⊃ BCNF ⊃ 4NF ⊃ 5NF

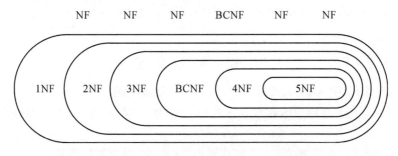

图 6.1　范式关系

6.2.2　第一范式

定义 6.5　如果 R(U, F) 的所有属性都是不可再分的最小数据项,则称 R 满足 1NF。即:R ∈ 1NF。

1NF 是关系模式必须满足的最低要求。即关系数据库系统必须满足 1NF。

通常满足 1NF 的关系模式,存在较多的冗余数据,而且存在插入异常、修改异常和删除异常等问题,从而会破坏数据完整性。

6.2.3　第二范式

定义 6.6 如果 R(U,F) ∈ 1NF,并且 R 的每一个非主属性都完全函数依赖于 R 的候选键,则 R ∈ 2NF。

2NF 的等价描述:对于 R(U,F) ∈ 1NF,如果存在非主属性部分函数依赖于 R 的候选键,则 R ∉ 2NF。

例 6.3　在例 6.1 的 BInfo 中,则:

判断 BInfo ∈ 2NF?,如果不是,则分解相应的关系模式,使之满足 2NF。

2NF 实例 1

分析:

(1) 预处理

判断 BInfo 是否存在计算型属性。如果存在,则尽量从 BInfo 中去掉该冗余属性。

例如:如果在 BInfo 中,存在利润 BProfit 属性,则利润可以由进价和售价导出。即:

BProfit = SPrice—PPrice

(2)1NF 判断

分析 BInfo 的属性可知,每个属性均为不可再分的属性,因此 BInfo ∈ 1NF。

不难看出,在 BInfo 的关系中,存在大量的冗余数据。

(3) 确定候选键

在 BInfo 中,户号确定客户的其他属性;书号确定图书的其他属性;社号确定出版社的其他属性;户号和书号确定购买日期。

BInfo 的函数依赖关系如图 6.2 所示。

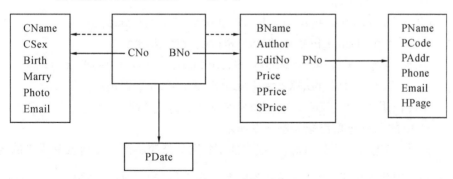

图 6.2　BInfo 的函数依赖关系

其中:实箭头(→) 表示完全函数依赖,虚箭头(--►) 表示部分函数依赖。

根据图 6.2 中的函数依赖关系可知:

BInfo的唯一候选键为(BNo,CNo);BNo和CNo为主属性;其它属性为非主属性。

(4)2NF分解

在BInfo中,由于存在函数依赖:

BNo → (BName,Author,PNo,EditNo,Price,PPrice,SPrice)

CNo → (CName,CSex,Birth,Marry,Photo,Email)

PNo → (PName,PCode,PAddr,Phone,Email,HPage)

则存在非主属性对候选建的部分函数依赖:

$$(SNo,CNo) \xrightarrow{P} (BName,Author,PNo,EditNo,Price,PPrice,SPrice)$$

$$(SNo,CNo) \xrightarrow{P} (CName,CSex,Birth,Marry,Photo,Email)$$

$$(SNo,CNo) \xrightarrow{P} (PName,PCode,PAddr,Phone,Email,HPage)$$

不难看出,BInfo中存在3组非主属性对候选键的部分依赖,因此 R $\notin$ 2NF。

因此采用投影分解法,把导致 R $\notin$ 2NF 的部分函数依赖进行如下分解:

BInfo = Cust $\cup$ PressBook $\cup$ Buy

1)Cust(U_1,F_1):

U1 = { CNo,CName,CSex,Birth,Marry,Photo,Email }

F1 = { CNo → (CName,CSex,Birth,Marry,Photo,Email)}

2)Buy(U_2,F_2):

U2 = { BNo,CNo,PDate }

F2 = { (BNo,CNo) → PDate }

3)PressBook(U_3,F_3):

U3 = { BNo,BName,Author,EditNo,Price,PPrice,SPrice,
       PNo,PName,PCode,PAddr,Phone,Email,HPage }

F3 = { BNo → (BName,Author,PNo,EditNo,Price,PPrice,SPrice),
       PNo → (PName,PCode,PAddr,Phone,Email,HPage)}

不难证明,Cust $\in$ 2NF,PressBook $\in$ 2NF,Buy $\in$ 2NF。

BInfo的2NF分解结果如图6.3所示。

提示:在进行2NF分解时,一般需要把包含候选键的属性集合及其相应的函数依赖单独分解出来,因为它是连接的基本条件(例如:$(BNo,CNo) \xrightarrow{F} PDate$,尽管它存在一定的数据冗余)。

2NF 实例2

例6.4 关系模式 R(U,F) 如下:

U = { A,B,C,D,E };F = { AD→E,A→B,B→C }。

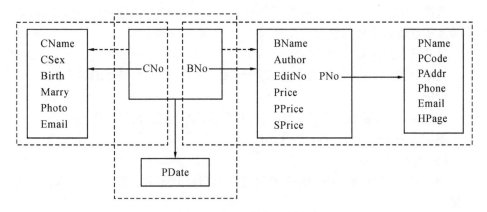

图 6.3　BInfo 的 2NF 分解

判断 R(U,F) ∈ 2NF?,如果不是,则分解 R(U,F),使之满足 2NF。

分析:

(1) 确定候选键

根据 F 不难看出,R(U,F) 的候选键为 AD。A 和 D 为主属性;B,C 和 E 为非主属性。

(2) 判断是否存在部分函数依赖

因为:A→B, B→C,所以:AD $\xrightarrow{P}$ B和 AD $\xrightarrow{P}$ C。即:B 和 C 均部分函数依赖于 AD。因此:R(U,F) ∉ 2NF。

R(U,F) 的 2NF 分解结果如下:

R1(U₁,F₁) = ({A,D,E},{AD→E})

R2(U₂,F₂) = ({A,B,C},{ A→B,B→C})

不难证明,R₁(U₁,F₁) ∈ 2NF,R₂(U₂,F₂) ∈ 2NF。

提示:2NF 虽然在一定程度上解决了插入异常、修改异常、删除异常和冗余数据等问题,但 2NF 一般也不是最理想的关系模式,仍然会破坏数据完整性。

结论:解决不满足 2NF 的方法是分解关系模式,消除所有非主属性对候选键的部分函数依赖关系。即:

对于 R ∈ 1NF,只要存在一个非主属性部分函数依赖于 R 的候选键,则 R ∉ 2NF。

6.2.4　第三范式

定义 6.7 如果 R(U,F) ∈ 2NF,且 R 的每个非主属性都不传递函数依赖于 R 的候选键,则 R ∈ 3NF。

3NF + 实例

显然,如果 R ∈ 3NF,则 R 的每个非主属性,既不部分函数依赖于候选键,也不传递函数依赖于候选键。即:如果 R ∈ 3NF,则 R ∈ 2NF。

例 6.5   在例 6.3 中,则:

判断 BInfo ∈ 3NF?,如果不是,则分解相应的关系模式,使之满足 3NF。

分析:

在例 6.3 中,显然成立:$Cust(U_1, F_1) \in 3NF$,$Buy(U_2, F_2) \in 3NF$。

那么:$PressBook(U_3, F_3) \in 3NF$?

(1) 确定候选键

根据 F3 不难看出,PressBook 的候选键为 BNo。BNo 为主属性;其他属性为非主属性。

(2) 3NF 分解

在 F3 中,因为存在如下函数依赖:

BNo → (BName, Author, PNo, EditNo, Price, PPrice, SPrice)

PNo → (PName, PCode, PAddr, Phone, Email, HPage)

所以:非主属性 PName, PCode, PAddr, Phone, Email 和 HPage 均传递依赖于候选键 BNo,即:

$$BNo \xrightarrow{\ T\ } (PName, PCode, PAddr, Phone, Email, HPage)$$

所以:$PressBook(U3, F3) \notin 3NF$。

因此:采用投影分解法,把导致 PressBook $\notin$ 3NF 的传递函数依赖进行分解。

PressBook 的 3NF 分解结果如下:

PressBook = Press ∪ Book

1) $Book(U_4, F_4)$:

U_4 = { BNo, BName, Author, PNo, EditNo, Price, PPrice, SPrice }

F_4 = { BNo → (BName, Author, PNo, EditNo, Price, PPrice, SPrice) }

2) $Press(U_5, F_5)$:

U_5 = { PNo, PName, PCode, PAddr, Phone, Email, HPage }

F_5 = { PNo → (PName, PCode, PAddr, Phone, Email, HPage) }

不难证明,$Book(U_4, F_4) \in 3NF$,$Press(U_5, F_5) \in 3NF$。

PressBook 的 3NF 分解如图 6.4 所示。

提示:在进行 3NF 分解时,一般需要把中间起传递作用的属性集合同时分配到分解前后的关系模式中。因为它是连接的基本条件,尽管它存在一定的数据冗余。

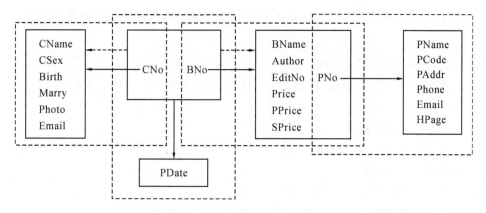

图 6.4　Press Book 的 3NF 分解

例如:BNo → PNo,PNo → (PName,PCode,PAddr,Phone,Email,HPage),所以把 PNo 同时分配到 Book 和 Press 中。

综上所述:BInfo 的最终 3NF 分解结果如下:

Cust(U_1,F_1):

U_1 = { CNo,CName,CSex,Birth,Marry,Photo,Email }

F_1 = { CNo → (CName,CSex,Birth,Marry,Photo,Email) }

Buy(U_2,F_2):

U_2 = { BNo,CNo,PDate }

F_2 = { (BNo,CNo) → PDate }

Book(U_4,F_4):

U_4 = { BNo,BName,Author,PNo,EditNo,Price,PPrice,SPrice }

F_4 = { BNo → (BName,Author,PNo,EditNo,Price,PPrice,SPrice) }

Press(U_5,F_5):

U_5 = { PNo,PName,PCode,PAddr,Phone,Email,HPage }

F_5 = { PNo → (PName,PCode,PAddr,Phone,Email,HPage) }

思考:分析 BInfo 的"分解过程"与 EBook 的"E-R 图向关系模式转换过程"的区别。

例 6.6　在例 6.4 的 R(U,F) 中,请判断 R(U,F) ∈ 3NF?如果不是,则分解相应的关系模式,使之满足 3NF。

分析:

对于 R(U,F) 的 2NF 分解结果,则显然成立 R_1(U_1,F_1) ∈ 3NF。

那么:R_2(U_2,F_2) ∈ 3NF?

由于在 F_2 中存在 : $A \to B$, $B \to C$, 所以非主属性 C 传递依赖于候选键 A, 即 :

$$A \xrightarrow{\ T\ } C_{\circ}$$

所以 : $R_2 (U_2, F_2) \notin 3NF_{\circ}$

因此采用投影分解法, 把导致 $\notin 3NF$ 的传递函数依赖进行分解如下 :

$R_2 = R_{21} \bigcup R_{22}$

1) $R_{21} (U_{21}, F_{21})$:

$U_{21} = \{A, B\}$; $F_{21} = \{A \to B\}$

2) $R_{22} (U_{22}, F_{22})$:

$U_{22} = \{B, C\}$; $F_{22} = \{B \to C\}$

不难证明 : $R_{21} (U_{21}, F_{21}) \in 3NF$, $R_{22} (U_{22}, F_{22}) \in 3NF_{\circ}$

提示 : 如果 $R(U, F) \in 1NF$, 并且 R 的每个非主属性都不传递函数依赖于 R 的候选键, 则 R 不一定满足 3NF。反例如下 :

例 6.7   关系模式 Buy Test(U,F) 如图 6.5 所示 :

U = {BNo, BName, CNo, CName, PDate}

F = {BNo $\to$ BName, CNo $\to$ CName, (BNo, CNo) $\to$ PDate}

则 : BuyTest (U, F) $\notin$ 3NF。

分析 :

⊃ 根据 BuyTest (U, F) 的 F 不难看出, (BNo, CNo) 是 BuyTest (U, F) 的唯一候选键, 而且非主属性 BName 和 CName 均部分函数依赖于候选键 (BNo, CNo), 因此 BuyTest(U, F) $\notin$ 2NF, 又因为 2NF ⊃ 3NF, 从而 BuyTest(U, F) $\notin$ 3NF。

但是 : BuyTest (U, F) $\in$ 1NF, 并且根据传递函数依赖的定义, BuyTest (U, F) 的每一个非主属性都不传递函数依赖于候选键 (BNo, CNo)。

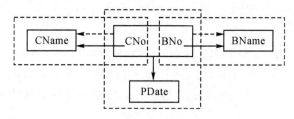

图 6.5   BInfo Test 的 2NF 分解

思考 : 如果 R(U, F) 无非主属性, 则 R $\in$ 3NF?

提示 : 3NF 虽然在一定程度上解决了插入异常、修改异常、删除异常和冗余数据等问题, 但 3NF 一般也不是最理想的关系模式, 仍然会破坏数据完整性。

结论 : 解决不满足 3NF 的方法是分解关系模式, 消除所有非主属性对候选键

的部分函数依赖关系和传递函数依赖关系。即:

对于 R ∈ 1NF,只要存在一个非主属性部分函数依赖于 R 的候选键,或者存在一个非主属性传递函数依赖于 R 的候选键,则 R ∉ 3NF。

6.2.5 BC 范式

BCNF + 实例

定义 6.8 对于 R(U,F) ∈ 1NF 的任意非平凡函数依赖 X → Y,如果 X 必含有候选键,则 R ∈ BCNF。

根据定义 6.8 不难证明:如果 R ∈ BCNF,则 R 的所有属性(主属性 + 非主属性)均完全函数依赖于 R 的候选键,且均不传递依赖于 R 的候选键。即:

BCNF 在 3NF 的基础上,进一步消除了主属性对候选键的部分函数依赖和传递函数依赖。

BCNF 的等价描述:

如果 R(U,F) ∈ 1NF,则 R 的每个属性既不部分,也不传递函数依赖于 R 的候选键。

不难证明,以下结论成立:

(1) 如果 R ∈ BCNF,则 R ∈ 3NF;如果 R ∈ 3NF,则 R 不一定满足 BCNF。

(2) 如果 R ∈ 3NF,且 R 只有一个候选键,则 R ∈ BCNF。

(3) 如果 R 的候选键为全键,则 R ∈ BCNF。

例 6.8 如果 R(A,B,C,D) ∈ 1NF 的函数依赖集为 F = {AB → D,D → C},则 R ∉ BCNF。

因为:R 的唯一候选键为 AB,对于 F 中的函数依赖 D → C,D 不包含候选键,所以 R(A,B,C,D) ∉ BCNF。

R 的 BCNF 分解结果:

R = $R_1 \cup R_2$

$R_1(U_1,F_1) = (\{A,B,D\},\{AB \to D\})$

$R_2(U_2,F_2) = (\{D,C\},\{D \to C\})$

显然:$R_1(U_1,F_1) \in BCNF,R_2(U_2,F_2) \in BCNF$。

思考:R(A,B,C,D) ∈ 3NF?说明原因。

例 6.9 如果 R(A,B,C) ∈ 1NF 的函数依赖集为 F = {AB → C,BC → A},则 R ∈ BCNF。

因为:R 的候选键为 AB 和 BC,由于 R(A,B,C) 的每个非平凡函数依赖均包含候选键,根据定义 6.8 可知,R(A,B,C) ∈ BCNF。

例 6.10 如果 R(A,B,C) ∈ 1NF 的函数依赖集为 F = {AB → C,AC → B,B → C},则 R ∉ BCNF。

因为:R 的候选键为 AB 和 AC,对于 F 中的函数依赖 B→C,B 不包含候选键,所以:R(A,B,C) ∉ BCNF。

R 的 BCNF 分解结果:

$R = R_1 \cup R_2$

$R_1(U_1,F_1) = (\{A,B\},\varnothing)$

$R_2(U_2,F_2) = (\{B,C\},\{B→C\})$

显然:$R_1(U_1,F_1) \in BCNF,R_2(U_2,F_2) \in BCNF$。

思考:R(A,B,C) 是否满足 3NF?说明原因。

例 6.11 如果 R(A,B,C) ∈ 1NF 的函数依赖集为空集(F = ∅),则 R ∈ BCNF。

因为:F = ∅,所以 A,B,C 之间不存在任何函数依赖关系。

所以:R 的候选键为 ABC(即:全键)。因此,R(A,B,C) ∈ BCNF。

结论:解决不满足 BCNF 的方法是分解关系模式,消除所有属性对候选键的部分函数依赖关系和传递函数依赖关系。即:

对于 R ∈ 1NF,只要存在一个属性部分函数依赖于 R 的候选键;或者存在一个属性传递函数依赖于 R 的候选键;或者存在一个函数依赖,其决定属性集不包含 R 的候选键,则 R ∉ BCNF。

在函数依赖的范畴内,BCNF 达到了范式规范化的最高级别,实现了函数依赖的"彻底分离",已经"基本上"解决了插入异常、修改异常和删除异常等问题。

思考:满足 BCNF 的关系模式 R 存在冗余数据吗?插入、修改和删除是否出现异常?R 是最理想的关系模式吗?R 存在多值依赖吗?

多值依赖
+ 4NF

6.2.6 第四范式

定义 6.9 对于关系模式 R(U,F),X 和 Y 是 U 的子集,且 Z = U - X - Y。如果 R 的关系中存在元组 $s_1 = (x,y_1,z_1)$ 和 $s_2 = (x,y_2,z_2)$,则 R 的关系中一定存在元组 $t_1 = (x,y_2,z_1)$ 和 $t_2 = (x,y_1,z_2)$,则称 Y 多值依赖于 X,记为 X→→Y。其中:$x,y_i,z_i(i = 1,2)$ 分别为元组在 X,Y,Z 上的分量值。

在定义 6.9 中,通过分析 s_1,s_2 与 t_1,t_2 的特征,不难发现 t_1,t_2 是交换 s_1,s_2 的 Y 分量值后所得到的两个元组,而且 s_1,s_2 与 t_1,t_2 的 X,Z 的分量值保持不变。

多值依赖的等价定义:

定义 6.10 对于关系模式 R(U,F),X 和 Y 是 U 的子集,且 Z = U - X - Y。如果 R 的关系在(X,Z)上的每个值所对应的一组 Y 值,只取决于 X 值而与 Z 值无关,则称 Y 多值依赖于 X。

对于定义 6.9 和定义 6.10 的分析:

对于定义6.9中的4个元组,假设 s_1, s_2, t_1, t_2 这4个元组组成的关系为S,则S在(X,Z)上的值x,z_1(或x,z_2)所对应的一组Y值$\{y_1, y_2\}$,只决定于X值x(即:x$\rightarrow$(y_1, y_2)),而与Z值z_1(或z_2)无关。即:

$s_1 = (x, y_1, z_1)$ 和 $t_1 = (x, y_2, z_2)$ 在(X,Z)上的值x,z_1,所对应的Y值为$\{y_1, y_2\}$,只取决于X值x,而与Z值z_1无关。亦即:

$s_2 = (x, y_2, z_2)$ 和 $t_2 = (x, y_1, z_2)$ 在(X,Z)上的值x,z_2,所对应的Y值仍然为$\{y_1, y_2\}$,只取决于X值x,而与Z值z_2无关。

约定:若 X$\longrightarrow\!\!\!\!\rightarrow$Y,而 Z = $\varnothing$,则 X$\longrightarrow\!\!\!\!\rightarrow$Y 称为平凡多值依赖;否则为非平凡多值依赖。

例6.12　对于关系模式:配送(书库,职工,图书),要求每个书库有多个职工和多种图书,同时要求每个职工管理所在书库的图书如表6.1所示。

表 6.1　配送

书　库	职　工	图　书
库 1	张磊	高等数学
库 1	张磊	图像分析
库 1	张磊	Java 语言
库 1	李丽	高等数学
库 1	李丽	图像分析
库 1	李丽	Java 语言
库 2	王娟	数据结构
库 2	王娟	软件工程
库 2	孙亮	数据结构
库 2	孙亮	软件工程

(1) 根据定义6.9判断配送的多值依赖

设 X = $\{$书库$\}$,Y = $\{$职工$\}$,Z = $\{$图书$\}$,对于配送关系中的元组:

s_1 = (库1,张磊,高等数学) 和 s_2 = (库1,李丽,图像分析),则:

t_1 = (库1,李丽,高等数学) 和 t_2 = (库1,张磊,图像分析)也在配送关系中。

因此,职工多值依赖于书库。

(2) 根据定义6.10判断配送的多值依赖

设 X = $\{$书库$\}$,Y = $\{$职工$\}$,Z = $\{$图书$\}$,则配送在(X,Z)上的值:

(库 1, 高等数学)、(库 1,图像分析)、(库 1, Java 语言) 所对应的一组 Y 值 {张磊,李丽},只取决于 X 值:库 1(即:库 1→(张磊,李丽)),而与 Z 值高等数学、图像分析、Java 语言无关。因此,职工多值依赖于书库。

思考:分析图书对书库的多值依赖关系。

因为配送中存在多值依赖,从而导致表 6.1 中存在大量的冗余数据、插入 / 修改 / 删除数据复杂等问题。

多值依赖的基本性质:

(1) 如果 $X \longrightarrow\!\!\!\!\rightarrow Y$,则 $X \longrightarrow\!\!\!\!\rightarrow Z$,其中 $Z = U - X - Y$(对称性)。

(2) 如果 $X \longrightarrow\!\!\!\!\rightarrow Y, Y \longrightarrow\!\!\!\!\rightarrow Z$,则 $X \longrightarrow\!\!\!\!\rightarrow Z - Y$(传递性)。

(3) 如果 $X \longrightarrow Y$,则 $X \longrightarrow\!\!\!\!\rightarrow Y$(函数依赖是多值依赖的特例)。

(4) 如果 $X \longrightarrow\!\!\!\!\rightarrow Y, X \longrightarrow\!\!\!\!\rightarrow Z$,则 $X \longrightarrow\!\!\!\!\rightarrow Y \cup Z$。

(5) 如果 $X \longrightarrow\!\!\!\!\rightarrow Y, X \longrightarrow\!\!\!\!\rightarrow Z$,则 $X \longrightarrow\!\!\!\!\rightarrow Y \cap Z$。

(6) 如果 $X \longrightarrow\!\!\!\!\rightarrow Y, X \longrightarrow\!\!\!\!\rightarrow Z$,则 $X \longrightarrow\!\!\!\!\rightarrow Y-Z, X \longrightarrow\!\!\!\!\rightarrow Z-Y$。

(7) 如果 $X \longrightarrow\!\!\!\!\rightarrow Y$ 在 U 上成立,则在 $W(X \cup Y Y W W U)$ 上一定成立;反之不真。

(8) 如果 $X \longrightarrow\!\!\!\!\rightarrow Y$,且 $Z Z Y$,则 $X \longrightarrow\!\!\!\!\rightarrow Z$ 不一定成立。

定义 6.11 如果 $R(U, F) \in 1NF$ 的每个非平凡多值依赖 $X \longrightarrow\!\!\!\!\rightarrow Y(Y Y X)$,X 都含有候选键,则 $R \in 4NF$。显然,如果 $R \in 4NF$,则 $R \in BCNF$。

根据定义 6.11 不难证明,4NF 不允许存在非平凡且非函数依赖的多值依赖。

例如:在例 6.12 中,配送(书库,职工,图书) 的候选键是全键,则配送 $\in$ BCNF,但是,配送不满足 4NF,因为配送存在多值依赖:书库 $\longrightarrow\!\!\!\!\rightarrow$ 管理员;书库 $\longrightarrow\!\!\!\!\rightarrow$ 图书。

采用投影分解法,配送的 4NF 分解结果:

配送 1(书库,管理员),配送 2(书库,图书)。

结论:解决不满足 4NF 的方法是分解关系模式,消除所有非平凡且非函数依赖的多值依赖。即:

对于 $R \in 1NF$,只要存在一个多值依赖 $X \longrightarrow\!\!\!\!\rightarrow Y$,但是 X 不包含 R 的候选键,则 $R \notin 4NF$。

在多值依赖的范畴内,4NF 达到了范式规范化的最高级别,并"基本上"解决了数据冗余、插入异常、修改异常和删除异常等问题。但是 4NF 仍然存在一定的问题。

因此需要使用连接依赖,使关系模式达到更高级的范式 5NF。即:

对于 $R \in 4NF$,如果消除关系模式中的连接依赖,则 $R \in 5NF$。连接依赖和 5NF 的有关内容,请参阅相关文献。

综上所述:关系模式的规范化过程如图6.6所示。

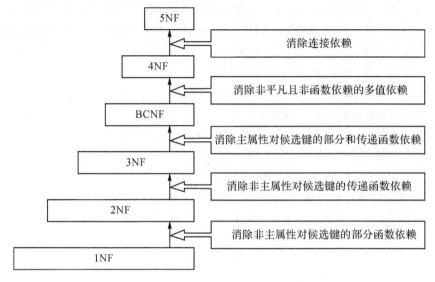

图 6.6　关系系模式的规范化过程

6.3　关系模式规范化

关系模式规范化是利用关系规范化理论,对低级的关系模式进行分解和优化,从而消除冗余的函数依赖,使其达到系统需要的更高的规范要求。即:

规范化是分解低级关系模式使其转换为高级关系模式的过程(范式分解)。

关系规范化理论是实现关系模式规范化的理论依据。

6.3.1　Armstrong 公理

Armstrong 公理作为关系模式规范化的核心,可以解决如下问题:

(1) 计算函数依赖的闭包 F^+。

(2) 确定关系模式的候选键。

(3) 计算属性集合的闭包 X_F^+。

(4) 计算最小函数依赖集 F_{min}。

Arm 公理

定义 6.12 对于关系模式 $R(U,F) \in 1NF$,如果在 $R(U,F)$ 下 $X \to Y$,则称函数依赖集 F 逻辑蕴涵 $X \to Y$(F 蕴涵 $X \to Y$)。记为:$F \mapsto X \to Y$。

提示:如果 $F \mapsto X \to Y$,则 $X \to Y$ 可能属于 F,也可能不属于 F。

例如:对于 $R(U,F)$,$U = \{A,B,C\}$,$F = \{A \to B, B \to C\}$,则 $F \mapsto A \to B, F \mapsto$

$B \rightarrow C, F \mapsto A \rightarrow C$;其中 $A \rightarrow B \in F, B \rightarrow C \in F$,但是 $A \rightarrow C \notin F$。

Armstrong 公理是由 W. W. Armstrong 于 1974 年提出的,具体内容如下:

Armstrong 公理　关系模式 $R(U,F) \in 1NF$,如果 $W,X,Y,Z \subseteq U$,则成立:

(1) 自反律:如果 $Y \subseteq X$,则 $X \rightarrow Y$。

(2) 增广律:如果 $X \rightarrow Y$,则 $XZ \rightarrow YZ$。

(3) 传递律:如果 $X \rightarrow Y, Y \rightarrow Z$,则 $X \rightarrow Z$。

Armstrong 公理的推广规则:

(1) 合并律:如果 $X \rightarrow Y, X \rightarrow Z$,则 $X \rightarrow YZ$。

(2) 分解律:如果 $X \rightarrow YZ$,则 $X \rightarrow Y, X \rightarrow Z$。

(3) 伪传递:如果 $X \rightarrow Y, YW \rightarrow Z$,则有 $XW \rightarrow Z$。

根据分解律和合并律,不难证明,推论 6.1 和推论 6.2 成立。

推论 6.1　$X \rightarrow A_1 A_2 \cdots A_k$ 当且仅当 $X \rightarrow A_i (i = 1, 2, \cdots, k)$。

推论 6.2　Armstrong 公理是封闭的。

函数依赖
集闭包 +
属性集闭包

6.3.2　函数依赖集闭包

定义 6.13 函数依赖集闭包是指在关系模式 $R(U,F)$ 中,F 所逻辑蕴含的所有函数依赖的集合。记为:F^+。

显然成立:$F^+ = \{ X \rightarrow Y \mid \forall F \mapsto X \rightarrow Y \}$。

例 6.13　对于 $R(X,Y,Z) \in 1NF$,如果 $F = \{ X \rightarrow Y, Y \rightarrow Z \}$,计算 F^+。

根据定义 6.12 和定义 6.13,则不难导出 F^+ 中的所有 43 个函数依赖。即:

$\{ X \rightarrow \varnothing, \quad X \rightarrow X, \quad X \rightarrow Y, \quad X \rightarrow Z, \quad X \rightarrow XY, \quad X \rightarrow XZ, \quad X \rightarrow YZ, \quad X \rightarrow XYZ,$

$Y \rightarrow \varnothing, \quad Y \rightarrow Y, \quad Y \rightarrow Z, \quad Y \rightarrow YZ,$

$Z \rightarrow \varnothing, \quad Z \rightarrow Z,$

$XY \rightarrow \varnothing, \quad XY \rightarrow X, \quad XY \rightarrow Y, \quad XY \rightarrow Z, \quad XY \rightarrow XY, \quad XY \rightarrow YZ, \quad XY \rightarrow XZ, \quad XY \rightarrow XYZ,$

$XZ \rightarrow \varnothing, \quad XZ \rightarrow X, \quad XZ \rightarrow Y, \quad XZ \rightarrow Z, \quad XZ \rightarrow YZ, \quad XZ \rightarrow XZ, \quad XZ \rightarrow XY, \quad XZ \rightarrow XYZ,$

$YZ \rightarrow \varnothing, \quad YZ \rightarrow Y, \quad YZ \rightarrow Z, \quad YZ \rightarrow YZ,$

$XYZ \rightarrow \varnothing, \quad XYZ \rightarrow X, \quad XYZ \rightarrow Y, \quad XYZ \rightarrow Z, \quad XYZ \rightarrow XY, \quad XYZ \rightarrow YZ, \quad XYZ \rightarrow XZ, \quad XYZ \rightarrow XYZ,$

$\varnothing \rightarrow \varnothing \}$

根据上述例题不难看出,F^+ 中包含了大量的平凡依赖;而且计算 F^+ 是一个 NP-Hard 问题(Non-Polynomial Hard Problem,非多项式时间困难问题),计算复杂度为:$O(2^n)$。

6.3.3　属性集闭包

定义 6.14　U 中属性集 X 的闭包是指在 R(U,F) 中,X 在 F 下按照 Armstrong 公理导出的所有属性的集合。记为:X_F^+。

显然成立:$X_F^+ = \{ A \mid \forall F \mapsto X \to A \}$;而且 $X \subseteq X_F^+$。

例 6.14　对于 R(X,Y,Z) ∈ 1NF,如果 F = $\{X \to Y, Y \to Z\}$,计算 X_F^+。

根据定义 6.14,由于 $X \to Y$,则 $X_F^+ = XY$;又因为 $Y \to Z$,则 $X_F^+ = XYZ$。

根据例 6.14 不难发现,利用 Armstrong 公理,计算"属性集闭包"变得比较容易。

如果把计算 F^+ 转换为计算 X_F^+,将使计算 F^+ 变得比较方便。推论 6.3 解决了该问题。

推论 6.3　$X \to Y \in F^+$ 当且仅当 $Y \subseteq X_F^+$。

根据推论 6.3,将判定:$X \to Y \in F^+$?,转化为:计算 $X_F^+ =$?和判定 $Y \subseteq X_F^+$?

定义 6.15　对于 R(U,F),如果 $X \subseteq U$,且 $X_F^+ = U$,则 X 是候选键。

根据推论 6.3 和定义 6.15 可以解决如下问题:

(1) 判断候选键

判断属性集 X 为候选键的方法:

先计算 X_F^+,再判断 $X_F^+ = U$?如果成立,则 X 是候选键,否则不是。

(2) 判断函数依赖是否成立

判断函数依赖 $X \to Y$,在 R(U,F) 下成立的方法:

先计算 X_F^+,再判断 $Y \subseteq X_F^+$,如果成立,则 $X \to Y \in F^+$,否则不成立。

(3) 计算 F^+

利用 X_F^+ 生成 F^+ 的方法:

对于每一个 $Z \subseteq U$,先计算 Z_F^+,再对 $\forall S \subseteq Z_F^+$,输出 $Z \to S$。

算法 6.1　对于 R(U,F) ∈ 1NF,如果 $X \subseteq U$,计算 X_F^+ 的步骤:

(1)i = 1,X(i) = X

(2) 计算 B = $\{W \mid F \mapsto V \to W \wedge \wedge V \subseteq X(i)\}$

(3)X(i + 1) = B ∪ X(i)

(4) 判断 X(i + 1) = X(i)?,如果相等或 X(i + 1) = U,则 $X_F^+ = X(i + 1)$,结束;否则 $i \leftarrow i + 1$,转向(2)。

计算 X_F^+ 的算法复杂度:O(|U|−|X|)。因为 1≤| X(i) |<| X(i + 1) |≤| U |。

例 6.15　对于 R(U,F) ∈ 1NF,U = {A,B,C,D,E},F = {AB → C,B → D,C

属性闭包
算法 + 应
用 + 实例

$\rightarrow E, EC \rightarrow B, AC \rightarrow B\}$。计算$(AB)_F^+ = ?$

分析：

(1) $i = 1, X(1) = AB$

(2) $\forall V \subseteq X(1)$，计算 $Y = \{W \mid F \mapsto V \rightarrow W \wedge \wedge V \subseteq X(1)\}$；即：

计算：$\{W \mid F \mapsto A \rightarrow W\} = ?, \{W \mid F \mapsto B \rightarrow W\} = ?, \{W \mid F \mapsto AB \rightarrow W\} = ?$。

方法：依次扫描 F 的函数依赖，计算 X(1) 的子集分别为 A, B, AB 的函数依赖所导出的新属性。即：$A \rightarrow \varnothing, B \rightarrow D, AB \rightarrow C$，所以，$Y = CD$。

(3) $X(2) = Y \cup X(1) = ABCD$。

(4) 判断 $X(2) = X(1)$？因为 $X(2) \neq X(1)$，且 $X(2) \neq U$，所以 $X(1) \leftarrow X(2)$，转向(2)，继续计算 X(1) = ABCD 的子集导出的新属性，即：$AB \rightarrow C, B \rightarrow D, C \rightarrow E, AC \rightarrow B$；所以，$Y = E$。

(5) $X(2) = Y \cup X(1) = E \cup X(1) = ABCDE$。

(6) 因为 $X(2) = U$，结束。

算法 6.1 可以简化如下，如图 6.7 所示：

(1) $X_F^+ = X$。

(2) 如果 $\exists Y \subseteq X_F^+$，而且 $Y \rightarrow A \in F$，则 $X_F^+ = X_F^+ \cup A$。

(3) 判断 X_F^+ 是否改变，如果不改变，则输出 X_F^+，结束；否则转向(2)。

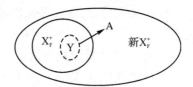

图 6.7 属性集闭包的简化算法

例 6.16 对于 $R(U, F) \in 1NF$, $U = \{A, B, C, D\}$, $F = \{A \rightarrow B, BC \rightarrow D\}$，计算 A_F^+、B_F^+、C_F^+ 和 $(AC)_F^+$。

分析：

(1) $A_F^+ = A$

$A \subseteq A_F^+, A \rightarrow B \in F, A_F^+ = A_F^+ \cup B = AB$。

(2) $B_F^+ = B$。

(3) $C_F^+ = C$。

(4) $(AC)_F^+ = AC$，如图 6.8 所示。

$A \subseteq A_F^+, A \rightarrow B \in F, (AC)_F^+ = (AC)_F^+ \cup B = ABC$；

$BC \subseteq A_F^+, BC \rightarrow D \in F, (AC)_F^+ = (AC)_F^+ \cup D = ABCD$。

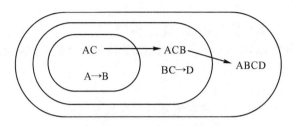

图 6.8　AC 的闭包

6.3.4　最小函数依赖集

最小函数
依赖集

对于 R(U,F),在 F 中既可能存在冗余属性,也可能存在冗余函数依赖。因此需要从 F 中消除掉这些冗余,优化关系模式,从而使 F 成为最小函数依赖集。

定义 6.16 对于函数依赖集 F 和 G,如果 $F^+ = G^+$,则称 F 和 G 互相覆盖(或者 F 和 G 等价)。记为:$F \equiv G$。

定义 6.17 函数依赖集 F 称为最小函数依赖集(记为:F_{min}),如果 F 满足:

(1) 函数依赖的右部均为单属性。

(2) 不含冗余函数依赖。即:不存在 X → A,使得 $F \equiv F - \{X \to A\}$。

(3) 函数依赖的左部均无冗余属性。即:不存在 X → A,对于 $\exists Z \subset X$,满足:
$$F \equiv (F - \{X \to A\}) \bigcup \{Z \to A\}。$$

例如:对于 R(U,F),U = {A,B,C,D},F = {A→B,A→C,B→C,C→D},则 A → C 是冗余函数依赖,所以 F_{min} = {A → B,B → C,C → D}。

再如:对于 R(U,F),U = {A,B,C,D},F = {A→B,BC→D,B→D},则 BC→D 中的属性 C 是冗余属性,所以 F_{min} = {A → B,B → D}。

如何判断 F 覆盖 G 或者 G 覆盖 F?定理 6.1 帮助解决了这个问题。

定理 6.1　对于函数依赖集 F 和 G,则:
$$F^+ = G^+ \text{ 当且仅当 } G \subseteq F^+ \wedge F \subseteq G^+$$

证明:

必要性:因为 $F^+ = G^+$,所以 $G \subseteq G^+ = F^+$,且 $F \subseteq F^+ = G^+$。

充分性:因为 $G \subseteq F^+ \wedge F \subseteq G^+$,所以 $F^+ = G^+$。

(1) 根据 $F \subseteq G^+$,证明 $F^+ \subseteq G^+$。

只需证明 $\forall X \to Y \in F^+$,则 $X \to Y \in G^+$。

因为 $F \subseteq G^+$,所以 $X_F^+ \subseteq X_{G^+}^+$。

又因为 $X \to Y \in F^+$,所以 $Y \in X_F^+ \subseteq X_{G^+}^+$。

进而 $X \to Y \in (G^+)^+ = G^+$。即:$F^+ \subseteq G^+$

(2) 根据 $G \subseteq F^+$，证明 $G^+ \subseteq F^+$。同理可证。

根据定理 6.1，如果需要判断 F 覆盖 G(即:$G \subseteq F^+$)，则只须依次判断 G 的函数依赖 $X \rightarrow Y$，是否成立 $Y \in X_F^+$?同时给出了判断两个函数依赖集等价的可行性算法。

最小函数
依赖集算
法 + 实例

算法 6.2　计算 F_{min} =?

(1) 分解 $X \rightarrow Y_1 Y_2 \cdots Y_n$ 的右侧属性为单属性。即:

对 $\forall X \rightarrow Y_1 Y_2 \cdots Y_n \in F$，则 $X \rightarrow Y_1, X \rightarrow Y_2, \cdots, X \rightarrow Y_n$。

(2) 消除冗余函数依赖 $X \rightarrow Y$。即:

如果 $Y \in X_{F-\{X \rightarrow Y\}}^+$，则消除 $X \rightarrow Y$。

(3) 消除 $X = X_1 \cdots X_i \cdots X_n \rightarrow Y$ 右侧属性的冗余属性 X_i。即:

如果 $Y \in (X - X_i)_F^+$，则消除属性 X_i。

思考:F_{min} 是否唯一?

不难看出:如果 $F \equiv G$，则可以利用 F_{min} 替代 G(或 G_{min} 替代 F)。

例 6.17　对于 R(U,F)，U = {A, B, C, D,E}，F = {A→D,E→D,D→B, BC→D,DC→A,B→AD}，计算 F_{min} =?

分析:

(1) 依次分解函数依赖的右侧属性为单属性。即:

F = {A→D,E→D,D→B,BC→D,DC→A,B→A,B→D}

(2) 依次消除冗余函数依赖。即:B→D 冗余。

因为 $D \in X_{F-\{B \rightarrow D\}}^+$，所以消除 B→D。

因此 F = {A→D,E→D,D→B,BC→D,DC→A,B→A}

(3) 依次消除函数依赖右侧属性的冗余属性。即:

1)BC→D 中 C 冗余。

因为 $D \in (BC - C)_F^+$，所以消除 C。

因此 F = {A→D,E→D,D→B,B→D,DC→A,B→A}。

根据(2) 可知，B→D 冗余，则 F = {A→D,E→D,D→B,DC→A,B→A}。

2)DC→A 中 C 冗余。

因为 $A \in (DC - C)_F^+$，所以消除 C。

因此 F = {A→D,E→D,D→B,B→D,D→A,B→A}。

根据(2) 可知，D→A 冗余，则 F = {A→D,E→D,D→B,B→A}。

所以 F_{min} = {A→D,E→D,D→B,B→A}

思考:在例 6.17 中，是否存在等价的 F_{min}。

6.3.5　关系模式分解

关系模式
等价分解

在分解关系模式时，不但要考虑分解后的关系模式是否满足规范要求，同时还要考虑分解后的关系模式与原始关系模式是否等价。即：等价分解。

等价分解：分解后的关系模式，既要保证信息不能丢失，又要保持函数依赖不能改变。

保连接分解：分解后的关系模式、通过连接所生成的新关系模式，与原始关系模式等价，这种连接称为"无损连接"。

保依赖分解：如果分解后的关系模式，其函数依赖集的闭包，与原始关系模式的闭包等价。

不难看出：保连接分解可以保持关系模式分解后不丢失数据信息；保依赖分解可以保持关系模式分解后不破坏数据完整性。即：保连接保信息；保依赖保完整。

关系模式的常用分解：

(1) 关系模式的保连接分解。

(2) 关系模式的保依赖分解。

(3) 关系模式的既保连接，又保依赖分解。关系模式的理想分解。

定义 6.18　对于 R(U,F)，V ⊆ U，则 $\{X \to Y \mid X \to Y \in F^+ \wedge XY \subseteq V\}$ 的一个覆盖 G 称为 F 在 V 上的投影。

例 6.18　对于 R(U,F)，U = {A, B, C, D}，F = {A→B, B→C, C→D}，V = {A, B, C}，则 $AB \subseteq V, A \to B \in F^+; BC \subseteq V, B \to C \in F^+$。

所以 F 在 V 上的投影：G = {A→B, B→C}。

定义 6.19　对于 R(U,F)，U = $U_1 \cup U_2 \cup \cdots \cup U_n$，且任意不同的 U_i 和 U_j 均不相互包含，则 R {$R_1(U_1,F_1), R_2(U_2,F_2), \cdots, R_n(U_n,F_n)$} 称为 R(U,F) 的一个分解。

其中：F_i 为 F 在 U_i 上的投影（i = 1,2,…,n）。

例 6.19　对于 R(U,F)，U = {A, B, C, D}，F = {A→B, B→C, C→D}，则 R{$R_1(U_1,F_1), R_2(U_2,F_2)$} 为 R(U,F) 的一个分解。其中：

U_1 = {A,B,C}，F_1 = {A→B, B→C}。

U_2 = {A,B,D}，F_2 = {A→B, B→D}。

定义 6.20 假设 R {$R_1(U_1,F_1), R_2(U_2,F_2), \cdots, R_n(U_n,F_n)$} 是 R(U,F) 的一个分解，如果 $R_1(U_1,F_1), R_2(U_2,F_2), \cdots, R_n(U_n,F_n)$ 的连接与 R(U,F) 等价，即：

$$R(U,F) = \bowtie_{i=1}^{n} R(U_i, F_i)$$

则 R 称为 R 的保连接分解。

例 6.20　对于 PBook(U,F)，U = {BNo, PNo, PBoss}，F = { BNo→PNo, PNo→PBoss }，PBook 对应的关系如表 6.2 所示，则如下分解保连接吗？

保连接

(1)$R_1 = \{B_1(\{BNo\}, \varnothing), P_1(\{PNo\}, \varnothing), S_1(PBoss, \varnothing)\}$

(2)$R_2 = \{B_2(\{BNo, PNo\}, \{BNo \rightarrow PNo\}), P_2(\{PNo, PBoss\}, \{PNo \rightarrow PBoss\})\}$

(3)$R_3 = \{B_3(\{BNo, PNo\}, \{BNo \rightarrow PNo\}), P_3(\{BNo, PBoss\}, \{BNo \rightarrow PBoss\})\}$

(4)$R_4 = \{B_4(\{BNo, PBoss\}, \{BNo \rightarrow PBoss\}), P_4(\{PNo, PBoss\}, \{PNo \rightarrow PBoss\})\}$

表 6.2　PBook

书号 BNo	社号 PNo	社长 Pboss(可以重名)
ISBN978-7-04-040664-1	ISBN978-7-04	刘军
ISBN978-7-302-33894-9	ISBN978-7-302	刘军
ISBN978-7-5612-2591-2	ISBN978-7-5612	吴广
ISBN978-7-5612-2123-1	ISBN978-7-5612	吴广
ISBN978-7-5178-0167-2	ISBN978-7-81140	白亮
ISBN978-7-81140-582-8	ISBN978-7-81140	白亮

分析：

根据 F 可知，PBook (U,F) $\in$ 2NF。

(1)$R_1 = \{B_1, P_1, S_1\}$ 不保连接。

因为：B_1, P_1, S_1 仅包含书号、社号和社长自身的基本信息，已经丢失了所有的函数依赖关系，所以 PBook 已经无法通过 B_1, P_1, S_1 的连接进行恢复。

如果使用笛卡儿积，则生成 $6 \times 4 \times 3 = 72$ 个元组的新关系，与 PBook 不符。

(2)$R_2 = \{B_2, P_2\}$ 保连接。

因为：B_2 和 P_2 对应的关系如表 6.3、6.4 所示。显然 PBook $= B_2 \bowtie P_2$。

表 6.3　B_2 或 P_2

BNo	PNo
ISBN978-7-04-040664-1	ISBN978-7-04
ISBN978-7-302-33894-9	ISBN978-7-302
ISBN978-7-5612-2591-2	ISBN978-7-5612
ISBN978-7-5612-2123-1	ISBN978-7-5612
ISBN978-7-5178-0167-2	ISBN978-7-81140

续　表

BNo	PNo
ISBN978-7-81140-582-8	ISBN978-7-81140

表 6.4　P_2 或 P_4

PNo	PBoss
ISBN978-7-04	刘军
ISBN978-7-302	刘军
ISBN978-7-5612	吴广
ISBN978-7-81140	白亮

(3)$R_3 = \{B_3, P_3\}$ 保连接。

因为：B_3 和 P_3 对应的关系如 6.3、6.5 所示。显然 PBook $= B_3 \bowtie P_3$。

表 6.5　P_3

BNo	PBoos
ISBN978-7-04-040664-1	刘军
ISBN978-7-302-33894-9	刘军
ISBN978-7-5612-2591-2	吴广
ISBN978-7-5612-2123-1	吴广
ISBN978-7-5178-0167-2	白亮
ISBN978-7-81140-582-8	白亮

(4)$R_4 = \{B_4, P_4\}$ 不保连接。

因为：$B_4, P_4,$ 对应的关系如 6.6、6.4 所示。

所以：$B_4 \bowtie P_4$ 的对应的关系如 6.7 所示。

表 6.6　B_4

BNo	PBoos
ISBN978-7-04-040664-1	刘军
ISBN978-7-302-33894-9	刘军
ISBN978-7-5612-2591-2	吴广

续　表

BNo	PBoos
ISBN978-7-5612-2123-1	吴广
ISBN978-7-5178-0167-2	白亮
ISBN978-7-81140-582-8	白亮

表 6.7　B_4 与 P_4 的自然连接

Bno	PNo	PBoss
ISBN978-7-04-040664-1	ISBN978-7-04	刘军
ISBN978-7-04-040664-1	ISBN978-7-302	刘军
ISBN978-7-302-33894-9	ISBN978-7-302	刘军
ISBN978-7-302-33894-9	ISBN978-7-04	刘军
ISBN978-7-5612-2591-2	ISBN978-7-5612	吴广
ISBN978-7-5612-2123-1	ISBN978-7-5612	吴广
ISBN978-7-5178-0167-2	ISBN978-7-81140	白亮
ISBN978-7-81140-582-8	ISBN978-7-81140	白亮

　　根据表 6.6、6.4 和表 6.7,不难看出,PBook $\neq B_4 \bowtie P_4$。

　　综上所述:在使用分解后的关系模式再现原始关系模式时,使用笛卡儿积会增加很多没有意义的元组(一般不用);使用条件连接对于特殊应用比较有效(不建议经常使用);使用自然连接是最有效的方法(建议经常使用)。

　　定义 6.21　R $\{R_1(U_1,F_1),R_2(U_2,F_2),\cdots,R_n(U_n,F_n)\}$ 是 R(U,F) 的一个分解,如果$(F_1 \bigcup F_2 \bigcup \cdots \bigcup F_n) \equiv F$,即:

$$F^+ = (\bigcup_{i=1}^{n} F_i)^+$$

则 R 称为 R 的保依赖分解。

　　例 6.21　对于例 6.20 中的分解,判断其保依赖性。

　　(1)$R_1 = \{B_1,P_1,S_1\}$ 不保连接,不保依赖。

　　因为在 $B_1(\{BNo\},\varnothing),P_1(\{PNo\},\varnothing),S_1(PBoss,\varnothing)$ 中,$F_{B1} \bigcup F_{P1} \bigcup F_{S1} = \varnothing$。

　　所以 $F^+ \neq (F_{B1} \bigcup F_{P1} \bigcup F_{S1})^+$。

　　(2)$R_2 = \{B_2,P_2\}$ 保连接,保依赖。理想的分解。

　　因 为 在 $B_2(\{BNo,PNo\}, \{BNo \rightarrow PNo\}),P_2(\{PNo,PBoss\}, \{PNo \rightarrow$

保依赖

PBoss})中,

$F_{B2} \bigcup F_{P2} = \{BNo \rightarrow PNo, PNo \rightarrow PBoss\}$。

所以 $F^+ = (F_{B2} \bigcup F_{P2})^+$。

(3)$R_3 = \{B_3, P_3\}$ 保连接,不保依赖。

因 为 在 $B_3(\{BNo, PNo\}, \{BNo \rightarrow PNo\}), P_3(\{BNo, PBoss\}, \{BNo \rightarrow$ PBoss})中,

$F_{B3} \bigcup F_{P3} = \{BNo \rightarrow PNo, BNo \rightarrow PBoss\}$。

所以 $F^+ \neq (F_{B3} \bigcup F_{P3})^+$,显然丢失 $PNo \rightarrow PBoss$。

(4)$R_4 = \{B_4, P_4\}$ 不保连接,不保依赖。

因 为 在 $B_4(\{BNo, PBoss\}, \{BNo \rightarrow PBoss\}), P_4(\{PNo, PBoss\}, \{PNo \rightarrow$ PBoss})中,

$F_{B4} \bigcup F_{P4} = \{BNo \rightarrow PBoss, PNo \rightarrow PBoss\}$。

所以 $F^+ \neq (F_{B4} \bigcup F_{P4})^+$,显然丢失 $BNo \rightarrow PNo$。

思考 1:举例说明不保连接保依赖分解。

思考 2:分析保连接和保依赖的关系。

6.3.6　关系模式的分解算法

根据关系模式分解的基本理论,常用的分解算法如下:

(1)模式分解的保连接算法。

(2)模式分解的保依赖算法。

(3)3NF 分解的保依赖算法。

(4)3NF 分解的既保连接性又保依赖算法。

(5)BCNF 分解的保连接算法。

(6)4NF 分解的保连接算法。

算法 6.3　模式分解的保连接算法。

如果 $R\{R_1(U_1, F_1), R_2(U_2, F_2), \cdots, R_n(U_n, F_n)\}$ 是 $R(U, F)$ 的一个分解,$U = \{A_1, A_2, \cdots, A_m\}, F_{min} = \{FD_1, FD_2, \cdots, FD_t\}$,则 R 的保连接分解如下:

(1)构造状态表 $T(n, m)$。建立一张 n 行 m 列的状态表 $T(n, m)$,每一行对应分解后的一个 $R_i(U_i, F_i)$,每一列对应 $R(U, F)$ 的一个属性,则 T 的第 i 行第 j 列 $T(i, j)$ 的填写方法:

如果第 i 个 $R_i(U_i, F_i)$ 的 U_i 包含 $R(U, F)$ 的第 j 个 A_j,则 $T(i, j) = a_j$;否则 $T(i, j) = b_{ij}$。

(2)利用 $R(U, F_{min})$ 的 FD_i 修正 T。依次使用 $R(U, F_{min})$ 的函数依赖 FD_i(不妨

保连接算
法 + 实例

设为:X → Y) 修正 T,如果 T 在 X 分量上的值不等,则不需要修正,转向下一个 FD_{i+1};如果 T 有多行在 X 分量上相等,而在 Y 上不等,则修改 Y(即:如果 Y 有 a_j,则均改为 a_j,否则,全改为下标 i 最小的 b_{ij});直到 T 不能再修正为止。

(3) 保连接判断。检查最终 T 中是否存在全 a 的行(即:$a_1,\cdots,a_m$),如果存在,则保连接;否则不保连接。

例 6.22 对于 R(U,F),U = {A,B,C,D,E,H},F = {ABC → D,D → E,E → H},R {R_1(A,B,C,D),R_2(D,E),R_3(E,H)} 是 R(U,F) 的一个分解,则 R 是 R(U,F) 的保连接分解。

分析:

(1) 构造状态表 T。首先计算 F_{min},然后创建 T 如表 6.8 所示。

表 6.8 状态表 T

A	B	C	D	E	H
a_1	a_2	a_3	a_4	b_{15}	b_{16}
b_{21}	b_{22}	b_{23}	a_{24}	a_5	b_{26}
b_{31}	b_{32}	b_{33}	b_{34}	a_5	a_{36}

(2) 利用 R 的 FD_i 修正 T。

1)ABC → D 修正:因为 ABC 的分量值均不等,所以免修。

2)D → E修正:因为 D 列第 1,2 行的分量值相同,所以修正 E 的分量值,由于 E 的分量值中包含 a5,所以使用 a5 修正 E 的 b15 的分量值。

3)E → H修正:因为 E 列第 1,2,3 行的分量值相同,所以修正 H 的分量值,由于 H 的分量值中包含 a6,所以使用 a6 修正 H 的 b16,b26 的分量值。

修正 T 如表 6.9 所示。

表 6.9 修正 T

A	B	C	D	E	H
a_1	a_2	a_3	a_4	a_5	a_6
b_{21}	b_{22}	b_{23}	a_{24}	a_{25}	a_{26}
b_{31}	b_{32}	b_{33}	b_{34}	a_{35}	a_{36}

(3) 保连接判断。检查最终 T 可知,第 1 行是全 a 的行(即:$a_1,\cdots,a_m$),所以保连接。

根据算法 6.3,不难证明,推论 6.4 成立。

推论 6.4 如果 R{R_1(U_1,F_1),R_2(U_2,F_2)} 是 R(U,F) 的分解,则:

R 保连接　当且仅当 $U_1 \cap U_2 \rightarrow U_1 - U_2$ 或者 $U_1 \cap U_2 \rightarrow U_2 - U_1$

其中：$U_1 \cap U_2 \rightarrow U_1 - U_2$ 的含义是 U_1 和 U_2 的公共属性能确定 U_1 和 U_2 的其他属性。

思考：判断如下分解的保连接性和保依赖性。

(1) $R(U, F), U = \{A, B, C\}, F = \{A \rightarrow B, B \rightarrow C\}, R\{R_1(A, C), R_2(B, C)\}$。

(2) $R(U, F), U = \{A, B, C\}, F = \{A \rightarrow C, B \rightarrow C\}, R\{R_1(A, B), R_2(A, C)\}$。

(3) $R(U, F), U = \{A, B, C\}, F = \{A \rightarrow B\}, R\{R_1(A, B), R_2(B, C)\}$。

(4) $R(U, F), U = \{A, B, C\}, F = \{A \rightarrow B\}, R\{R_1(A, B), R_2(A, C)\}$。

提示：不保连接不保依赖；保连接不保依赖；不保连接保依赖；保连接保依赖。

算法 6.4　模式分解的保依赖算法。

$R\{R_1(U_1, F_1), R_2(U_2, F_2), \cdots, R_n(U_n, F_n)\}$ 是 $R(U, F)$ 的分解，则 R 的保依赖分解如下：

保依赖算
法 + 实例

(1) 计算模式分解后的函数依赖集：$G = \bigcup_{i=1}^{n} F_i$。

(2) 构造模式分解前后的函数依赖的差集：$H = F - G = \{X_1 \rightarrow Y_1, \cdots, X_n \rightarrow Y_n\}$。

(3) 如果 $H = \varnothing$，则输出保依赖，结束。

(4) $i = 1$，判断 $Y_i \subseteq (X_i)_G^+$?，如果不成立，则输出不保依赖，结束。

(5) 判断 $i < n$? 如果成立，$i \leftarrow i + 1$，转向 (4)；否则输出保依赖，结束。

例 6.23　对于 $R(U, F), U = \{A, B, C, D\}, F = \{A \rightarrow B, B \rightarrow C, C \rightarrow D, D \rightarrow A\}$，则：

$R\{R_1(A, B), R_2(B, C, D)\}$ 是保依赖分解。

分析：

(1) 计算模式分解后的函数依赖集 G：

因为 $R_1(A, B)$ 的函数依赖集为：$F_1 = \{A \rightarrow B, B \rightarrow A\}$。

$R_2(B, C, D)$ 的函数依赖集为：$F_2 = \{B \rightarrow C, C \rightarrow D, B \rightarrow D, C \rightarrow B, D \rightarrow C, D \rightarrow B\}$。

所以 $G = \{A \rightarrow B, B \rightarrow A, B \rightarrow C, C \rightarrow D, B \rightarrow D, C \rightarrow B, D \rightarrow C, D \rightarrow B\}$。

(2) 计算 $H = F - G = F - (F_1 \cup F_2) = \{D \rightarrow A\}$。

(3) 因为：$i = 1$，$A \subseteq D_G^+$。所以：$i < n$ 不成立（因为 $n = 1$），输出保依赖分解，结束。

思考：在例 6.23 中，判断 $R\{R1(A, B, C), R2(C, D)\}$ 的保连接性和保依赖性。

算法6.5　3NF分解的保依赖算法。

R(U,F) 的 3NF 保依赖分解如下：

(1)R = ∅。

(2) 计算 F_{min}，F ← F_{min}。

(3) 构造无依赖关系模式。如果 ∃V⊆U,并且V在F的所有函数依赖的左部和右部均未出现,则构造 R(V,∅),且：

R = R ∪ R(V,∅),U ← U − V。

(4) 如果 X → Y ∈ F,满足 XY = U,则输出 R,结束。

(5) 如果F存在确定集为X的函数依赖集H = {X→Y_1, X→Y_2,…,X→Y_k},则构造 H 的关系模式 R(X,Y_1,Y_2,…,Y_k),且：

R = R ∪ { R(X,Y_1,Y_2,…,Y_k)},F ← F − {X(Y_1,X(Y_2,…,X(Y_k)}。

(6) 如果 F = ∅,则输出 R,结束;否则转向(5)。

定理6.2　算法6.5可以进行3NF保依赖分解。

例6.24　对于R(U,F),U = {A,B,C,D,E},F = {A→B,A→C,C→D},则 R 可以进行 3NF 保依赖分解。

分析：

(1)R = ∅。

(2) 计算 F_{min}。F 已经是最小依赖集。

(3) 因为 ∃V = E,V 在 F 的所有函数依赖的左部和右部均未出现,则构造 R(V,∅),且：

R = R ∪ {R_1({E},∅)}。

(4) 确定集为 A 的函数依赖集 H = {A→B,A→C},则构成 R_2(A,B,C),且：

R = R ∪ {R_1({E},∅)} ∪ {R_2({A,B,C},{A→B,A→C})},F←F − {A→B,A→C} = {C→D}。

(6) 因为 F ≠ ∅,同理构造:R_3(C,D),且：

R = R ∪ {R_1({E},∅)} ∪ {R_2({A,B,C},{A→B,A→C})} ∪ {R_3({C,D},{C→D})}

显然,R 是 R(U,F) 的 3NF 保依赖分解。

算法6.6　3NF分解的既保连接又保依赖算法。

R(U,F) 的 3NF 保连接保依赖分解如下：

(1) 根据算法6.5计算 R(U,F) 的 3NF 保依赖分解：

$$R\{R_1(U_1,F_1),R_2(U_2,F_2),…,R_n(U_n,F_n)\}$$

(2) 选择 R(U,F) 的候选键 X。

(3) 如果 ∃U_i,使得 X ⊆ U_i,则输出 R,结束。

(4)$R = R \cup \{R_x(X, F_x)\}$,输出 R,结束。

定理 6.3　算法 6.6 可以进行 3NF 保连接保依赖分解。

例 6.25　对于 $R(U,F)$,$U = \{A,B,C,D,E,G,H\}$,$F = \{A \rightarrow B,C \rightarrow D,G \rightarrow H\}$,则 R 可以进行 3NF 保连接保依赖分解。

分析:

(1) 根据算法 6.5,计算 $R(U,F)$ 的 3NF 保依赖分解:

$R\{R_1(\{A,B\},\{A \rightarrow B\}),R_2(\{C,D\},\{C \rightarrow D\}),R_3(\{G,H\},\{G \rightarrow H\}\}$。

(2) 选择 $R(U,F)$ 的候选键 $X = (A,C,E,G)$。

(3)$R = R \cup \{R_x(\{A,C,E,G\},\varnothing)\}$,输出 R,结束。

算法 6.7　BCNF 分解的保连接算法。

$R(U,F)$ 的 BCNF 保连接分解如下:

(1) 计算 $R(U,F)$ 的 3NF 保连接分解:

$$R\{R_1(U_1,F_1),R_2(U_2,F_2),\cdots,R_n(U_n,F_n)\}$$

(2) 依次检查 R 的 $R_i(U_i,F_i)$ 是否均属于 BCNF,如果是,则结束。

(3) $\exists R_i(U_i,F_i)$ 不属于 BCNF,则 $\exists X \rightarrow A \subseteq F_i^+ (A \overline{\in} X)$,且 X 非 R_i 的候选键,因此 $XA \subset U_i$,所以分解 R_i:$R_i = \{S_1,S_2\}$,$U_{S1} = XA$,$U_{S2} = U_i - \{A\}$。

(4)$R_i \leftarrow \{S_1,S_2\}$,转向(2)。

定理 6.4　算法 6.7 可以进行 BCNF 保连接分解。

定理 6.5　对于 $R(U,F)$,$X,Y \subseteq U$,$Z = U - X - Y$,则

$X \rightarrow\!\!\!\rightarrow Y$ 当且仅当 $R(U,F)$ 的分解 $R\{R_1(X,Y),R_2(X,Z)\}$ 保连接。

算法 6.8　模式 4NF 分解的保连接算法。

$R(U,F)$ 的 4NF 保连接分解如下:

(1) 计算 $R(U,F)$ 的 BCNF 保连接分解:

$$R\{R_1(U_1,F_1),R_2(U_2,F_2),\cdots,R_n(U_n,F_n)\}$$

(2) 依次检查 R 中的 $R_i(U_i,F_i)$ 是否均属于 4NF,如果是,则结束。

(3) $\exists R_i(U_i,F_i)$ 不属于 4NF,则根据定理 6.5 对其分解 $R_i = \{S_1,S_2\}$。

(4)$R_i \leftarrow \{S_1,S_2\}$,转向(2)。

定理 6.6　算法 6.8 可以进行 4NF 保连接分解。

BCNF 保连接
算法 + 4NF 保连
接算法 + 总结

6.4　小结

学习本章内容,需要重点掌握关系模式规范化的基本概念和基本理论。

深入理解和熟练掌握函数依赖、完全函数依赖、部分函数依赖、传递函数依赖、属性集闭包、函数依赖集闭包、范式、保依赖、保连接和关系模式分解等基本

范式分解
综合实例

概念。

深入理解和熟练掌握 1NF、2NF、3NF、BCNF、关系模式规范化;计算函数依赖集的闭包;确定关系模式的候选键;计算属性集的闭包;计算最小函数依赖集;关系模式的保连接分解、保依赖分解和既保连接又保依赖分解、关系模式分解算法等。

对于实际应用,希望逻辑模型的规范化级别尽量高,但是规范化级别越高,实现的费用也会相应提高;因此要以实际需求为准则,综合考虑系统的整体费用,设计并达到满足实际需要的范式等级,并非越高越好。

习　题

(1) 解释函数依赖、完全函数依赖、部分函数依赖和传递函数依赖。

(2) 给出候选键 3 个不同的定义。

(3) 解释范式。简述常用的范式及其之间的包含关系。

(4) 解释关系模式规范化。简述关系模式的规范化过程。

(5) 解释范式分解。简述保连接分解和保依赖分解。

(6) 证明:Armstrong 公理的推广规则:

① 合并律:如果 $X \rightarrow Y, X \rightarrow Z$,则 $X \rightarrow YZ$。

② 分解律:如果 $X \rightarrow YZ$,则 $X \rightarrow Y, X \rightarrow Z$。

③ 伪传递:如果 $X \rightarrow Y, YW \rightarrow Z$,则有 $XW \rightarrow Z$。

(7) 证明:$X \rightarrow A_1 A_2 \cdots A_k$ 当且仅当 $X \rightarrow A_i (i = 1, 2, \cdots, k)$。

(8) 对于 $R(U, F)$,$U = \{A, B, C, D\}$,$F = \{A \rightarrow B, B \rightarrow A, B \rightarrow C, A \rightarrow C, C \rightarrow A\}$,计算 Fmin。

(9) 对于 $R(U, F)$,$U = \{A, B, C, D, E\}$,$F = \{AB \rightarrow C, C \rightarrow D, D \rightarrow E\}$,如下分解是否保连接?

$$R\{R_1(A, B, C), R_2(C, D), R_3(D, E)\}。$$

(10) 对于 $R(U, F)$,$U = \{A, B, C, D, E\}$,$F = \{A \rightarrow C, B \rightarrow C, C \rightarrow D, DE \rightarrow C, CE \rightarrow A\}$,判断:

$R\{R_1(A, D), R_2(A, B), R_3(B, E), R_4(C, D, E), R_5(A, E)\}$ 是否保连接?

(11) 如果 $R\{R_1(U_1, F_1), R_2(U_2, F_2)\}$ 是 $R(U, F)$ 的分解,证明:

R 保连接　当且仅当　$U_1 \cap U_2 \rightarrow U_1 - U_2$ 或者 $U_1 \cap U_2 \rightarrow U_2 - U_1$。

(12) 对于 $R(U, F)$,$U = \{A, B, C, D, E, P\}$,$F = \{A \rightarrow B, AE \rightarrow P, CD \rightarrow A, CE \rightarrow D, BC \rightarrow D\}$,则给出 $R(U, F)$ 的一个保连接保依赖分解。

(13) 对于 $R(U, F)$,$U = \{A, B, C, D, E, G\}$,$F = \{B \rightarrow A, B \rightarrow D, C \rightarrow G, C \rightarrow$

BE,G → B,E → G}。则:

①计算 R 的所有候选键。

②计算 F_{min}。

③判断 R ∈ 3NF?,如果满足,则说明原因;否则进行 3NF 分解。

(14) 对于 R(U,F),U = {A,B,C,D,E},F = {A→D,E→D,D→B,BC→D, DC→A,B→AD}。

①计算 R 的所有候选键。计算 F_{min}。

②判断 R ∈ 3NF?,如果满足,则说明原因;否则进行 3NF 分解。

(15) 对于 R(U,F),U = {A,B,C,D,E,G},F = {A→C,C→A,B→AC,BD→ AE,D→AC,E→A}。则:

①计算 R 的所有候选键。计算 F_{min}。

②在 F 下,B→DE?

(16) 对于 R(U,F),U = {A,B,C,D,E,G},F = {AB→C,C→A,BC→D,ACD →B,D→EG,BE→C,CG→BD,CE→AG}。则:

①计算 AB 和 BD 的闭包。判断 AB 和 BD 是否为 R 的候选键?请说明原因。

②判断 R 是否满足 3NF 和 BCNF?说明原因。

(17) 对于 R(U,F),U = {A,B,C,D,E,G},F = {AB→E,CD→G,B→D,C→ A,D→B,G→AD}。则:

①计算 R 的所有候选键。计算 AB 的闭包。

②判断 R ∈ 3NF?,如果满足,则说明原因;否则进行 3NF 分解。

(18) 对于 R(U,F),U = {A,B,C},F = {A→B,B→C},判断如下 3 组分解的保连接性。

①R1{AB,AC}。

②R2{AB,BC}。

③R3{AC,BC}。

(19) 对于 W(C,P,S,G,T,R),D = {C→P,SC→G,TR→C,TP→R,TS→ R}。其中 C－课程,P－教师,S－学生,G－成绩,T－时间,R－教室。

①计算 W 的一个候选键。判断 W 满足的最高范式。

②如果 W 分解为 3 个关系模式 W_1(C,P),W_2(S,C,G),W_3(S,T,R,C),判断 W_1、W_2、W_3 满足的最高范式。

第7章　*Chapter 7*

数据安全

为了更好地实现数据共享,DBMS 必须提供完善的数据保护功能,以确保数据的安全可靠和正确有效。

DBMS 提供的数据保护功能主要包括数据安全、数据完整、数据并发和数据恢复等。在确保数据的正确性和相容性的同时,保护数据不会受到破坏和泄露,即使受到破坏,也能够实施恢复。

数据保护的安全性、完整性、并发性和恢复性等控制机制作为 DBMS 的主要子系统,已经成为衡量 DBMS 性能的重要指标。

数据安全模型

7.1　数据安全模型

随着计算机网络技术的飞速发展,数据安全已经发展成为一个主要研究领域,并且建立了相应的安全标准。

7.1.1　数据安全标准

数据安全的常用标准:《可信计算机系统评估准则》和《可信数据库解释》等。

《可信计算机系统评估准则》(Trusted Computer System Evacuation Criteria, TCSEC):美国国防部(Department of Defense,DoD)1985 年颁布。

《可信数据库解释》(Trusted Database Interpretation, TDI):美国国家计算机安全中心(National Computer Security Center,NCSC)1991 年颁布。

TDI 和 TCSEC 按照 4 组 7 个等级(D(最小保护);C_1(自主存取保护),C_2(受控存取保护);B_1(强制存取保护),B_2(结构化保护),B_3(安全域);A_1(验证设计)),

从安全策略、责任、保证和文档等,详细描述了数据安全的具体指标。其中:

C_1:初级的自主安全保护。实现用户和数据的分离以及自主存取控制(Discretionary Access Control,DAC),限制用户权限。即:DAC 使产品达到 C_1 级。

C_2:安全产品的最低要求。受控的存取保护,C_2 是 C_1 级 DAC 的细化。即:改进的 DAC 使产品达到 C_2 级。

B_1:标记安全保护。通过对数据加标记,实施主体和客体的强制存取控制(Mandatory Access Control,MAC),从而提供安全,可信的产品。即:MAC 使产品达到 B_1 级。

TCSEC 和 TDI 的详细内容,请参考相关文献。

7.1.2　数据安全模型

完全稳定的计算机系统(硬件和软件) 和网络环境是数据安全的基础。

计算机系统安全是指为了保护计算机系统的硬件、软件及其数据,避免遭到偶然或自然、无意或有意地破坏或泄露,而采取的保护措施。内容包括技术安全(核心)、管理安全和政策法律。

技术安全是指利用硬件和软件的安全技术,实现对计算机系统及其数据的保护,当系统受到攻击时仍能保证系统的正常运行,确保数据不会受破坏和泄漏。

数据安全模型如图 7.1 所示。

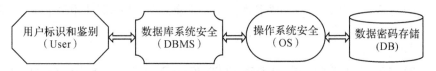

图 7.1　数据安全模型

安全模型工作原理:在访问计算机系统时,首先输入鉴别用户身份的用户名和密码,其次输入访问操作系统的账号与密码,然后再导入符合数据加密标准(Data Encryption Standard,DES) 的解密程序对加密数据进行解密,最后通过DBMS 读取访问权限,对授权的数据库进行访问。

因此,通过数据安全模型的 4 层保护,可以有效地保护数据的安全。

7.2　数据安全控制

数据(库) 安全是指保护数据库,防止非法使用造成的数据泄露、更改或破坏等。

数据安全控制

数据安全控制包括用户鉴别、数据完整性(参阅第 3 章)、数据存取控制、视图、审计和数据加密等。

7.2.1 用户鉴别

用户鉴别是标识和鉴别用户身份。通常包括用户标识(唯一非空,DBA 可见)、用户名称(可以空值,DBA 可见) 和用户密码(非空,用户可见) 等。

用户鉴别是最外层的安全保护。

在用户访问数据时,首先输入用户信息(例如:用户标识和密码),然后进行鉴别,通过后才能访问数据。

用户鉴别方法:静态鉴别和动态鉴别等。

静态鉴别是使用固定不变的用户信息进行身份鉴别。用户标识和名称以显式方式显示,密码则以隐式方式显示(例如:显示为"＊")。

例如:客户的用户标识和密码分别为:C001 和 Car123。

动态鉴别是使用动态可变的用户信息进行身份鉴别。用户标识和名称以静态显式方式显示,密码则以动态隐式方式显示。

动态信息:使用预约的函数或算法生成的动态可变的信息。即:首先提供一个随机信息,然后根据预先约定的函数或算法进行计算,最后根据运算结果进行用户身份鉴别。

例 7.1 客户的用户标识、姓名和密码分别为:C006、李丽和 Abc20617216。

分析:客户的用户标识和姓名使用静态信息。用户密码则使用动态信息,即:

(1) 提供一组随机信息 65,98 和 99,使用函数 Asc2Char( ),把随机数据转换为 ASCII 字符 Abc。

(2) 获取当前日期的年、月和日 17-02-16;获取当前时间的时和分 20 – 6。

(3) 生成动态密码:Abc20617216。

显然,用户密码每一分钟都在改变。

例 7.2 解释如图 7.2 所示的登录界面中的验证码。

分析:用户访问网络资源时所采用的登陆方式:用户账号 + 密码 + 验证码。

基本方法:验证码是把随机产生的多个数字或者字符组成的一串字符,生成一幅图像,同时在图像中加上噪声(防止 OCR 识别),用户用肉眼识别其中的验证码信息,输入登录界面,提交网站验证,验证成功后才能使用网站资源。

不难看出,验证码一般是防止"黑客"利用机器人自动批量注册,或用特定程序暴力破解方式进行不断地登录和灌水等。因为验证码是一个混合了数字或者符号的噪声图像,人眼识别都很困难,机器识别就更加困难,从而起到安全保护的作用。

图 7.2　验证码

SQL Server 2016 完全支持 DAC 和 MAC 控制,并提供了一整套完善的数据安全控制机制,即:登录服务器 → 数据库用户 → 数据库角色。

(1) 登录服务器

访问数据库,需要登录到数据库服务器。登录服务器的用户,必须是 Windows 合法用户或 SQL Server 2016 的合法用户等。即:

CREATE LOGIN ＜ 登录名 ＞ FROM WINDOWS

CREATE LOGIN ＜ 登录名 ＞ WITH PASSWORD ＝＜ 密码 ＞

DROP LOGIN ＜ 登录名 ＞

SQL Server
用户管理

例如:把计算机 Happyu-Zjsu 中,Windows 下的用户 WinTim 转换成为 SQL Server 登录。

CREATE LOGIN [Happyu-Zjsu\WinTim] FROM WINDOWS

例如:在服务器 Happyu-Zjsu 中,创建名称为 SqlTim,密码为 tim123 的 SQL Server 登录。

CREATE LOGIN [SqlTim] WITH PASSWORD ＝ ' tim123 '

例如:在服务器 Happyu-Zjsu 中,删除登录 Happyu-Zjsu\WinTim。

DROP LOGIN [Happyu-Zjsu\WinTim]

思考:举例说明 ALTER LOGIN 的用法。

(2) 数据库用户

登录服务器后,如果需要访问数据库,还必须成为该数据库用户。数据库用户可以从 Windows 用户、SQL Server 登录或角色映射过来。即:

CREATE USER ＜数据库用户＞ FOR LOGIN ＜Win 登录名＞

CREATE USER ＜数据库用户＞ FOR LOGIN ＜Sql 登录名＞

DROP USER ＜数据库用户＞

例 7.3　在服务器 Happyu-Zjsu 中,针对 EBook,为 Windows 登录 WinTim 创建名为 WinTimer 的数据库用户。同时为 SQL 登录 SqlTim 创建名为 SqlTimer 的数据库用户,然后删除数据库用户 WinTimer。

USE EBook

CREATE USER WinTimer FOR LOGIN [Happyu-Zjsu\WinTim]

CREATE USER SqlTimer FOR LOGIN SqlTim

DROP USER WinTimer

思考:举例说明 ALTER USER 的用法。

(3) 数据库角色

为了更好地管理数据库用户,可以为多个同类的数据库用户创建一个角色,这样可以通过给一个角色授权,使得多个同类的数据库用户拥有相同的权限。即:

CREATE ROLE ＜数据库角色＞

EXEC SP_ADDROLEMEMBER ＜数据库角色＞,＜数据库用户＞

EXEC SP_DROPROLEMEMBER ＜数据库角色＞,＜数据库用户＞

DROP ROLE ＜数据库角色＞

例 7.4　在服务器 Happyu-Zjsu 中,针对 EBook,创建包含的数据库用户 WinTimer 和 SqlTimer 的名为 WinSqlRole 数据库角色,然后删除数据库角色 WinSqlRole。

USE EBook

CREATE ROLE WinSqlRole

EXEC SP_ADDROLEMEMBER ' WinSqlRole ',' WinTimer '

EXEC SP_ADDROLEMEMBER ' WinSqlRole ',' SqlTimer '

EXEC SP_DROPROLEMEMBER ' WinSqlRole ',' WinTimer '

EXEC SP_DROPROLEMEMBER ' WinSqlRole ',' SqlTimer '

DROP ROLEWinSqlRole

思考:举例说明 ALTER ROLE 的用法。

7.2.2　数据存取控制

数据存取控制是指在存取数据时,需要确定用户是否拥有访问数据的权限,从而确保授权用户对数据的合法访问。主要包括定义权限和检查权限等。

定义权限：为每个授权用户，定义相应的数据访问权限，并写入数据字典。

检查权限：在用户发出存取数据请求时，DBMS 会检查其访问权限，如果合法，则接受访问；否则拒绝访问。

数据存取控制方法：自主存取控制和强制存取控制等，从而使产品达到 C2 级和 B1 级。

(1) 自主存取控制 DAC

自主存取控制是利用 DCL，给不同用户授予 / 阻止 / 收回，对数据对象的存取权限。

用户权限由数据对象和操作类型等组成。即：定义用户对数据对象的操作。

数据对象：数据库、表、属性、视图、索引以及数据字典中相关的模式对象等。

操作类型：建立、修改、插入、删除、查询和"所有权限"等。

在 DAC 中，用户授权的数据对象范围（即：授权粒度）越小，则授权子系统越灵活，但是定义权限和检查权限的开销也会增大；同理，用户授权粒度越大，则授权子系统的灵活性会降低，但是定义权限和检查权限比较简单，系统开销也较小。因此，授权粒度应根据实际应用进行合理选取。而且 DBMS 支持多粒度控制，用户权限可以使用多粒度进行控制。

提示：在 DAC 中，不同的用户对于不同的数据对象可以拥有不同的存取权限，且用户还可将其拥有的权限授权给其他用户。

(2) 强制存取控制 MAC

因为 DAC 的继续授权功能降低了安全性，所以需要在 DAC 的基础上引入许可证机制，通过验证许可证密级，强制控制用户的访问权限。

强制存储控制是指为了确保更高级别的数据安全保护，根据 TCSEC/TDI 中安全策略的要求，所采取的强制存取检查机制。

MAC 适用于数据安全要求严格，而且具有固定密级的部门。例如：军事部门、政府部门和金融部门等。

在 MAC 中，DBMS 把管理对象分为主体和客体等。

主体：系统的活动实体。包括 DBMS 的用户及其进程。DBMS 为主体的每个实例指派一个"许可证级别"。

客体：是受主体操纵的被动实体。包括文件、表、索引、视图等。DBMS 为客体的每个实例指派一个密级。

主体 / 客体的级别可以分为若干等级。例如：绝密（如：高考试卷）；机密（如：新款汽车设计图纸）；可信（如：私人信件）；公开（如：贷款利率公告）等。

MAC 通过比较主体的许可证级别和客体的密级，确定主体是否能够存取客体。

主体访问客体的基本规则:

规则 1:主体的许可证级别大于或者等于客体的密级。

规则 2:主体的许可证级别等于客体的密级。

不难看出,规则 2 的比规则 1 安全性高。

在 MAC 中,每个用户均授权一个指定级别的许可证,每个数据对象均授权一个指定的密级,对于任意一个数据对象,只有合法许可证级别的用户才可以进行存取。

MAC 是 DBMS 的内部控制引擎(非用户控制),所以 MAC 较 DAC 具有更高的安全性。

(3) 合法的非法访问控制

合法的非法访问控制是指用于控制合法用户通过合法的算法和查询,计算出未授权访问的数据,而采取的控制技术。

合法的非法访问的特点:用户操作合法,且通过合法操作,能导出不允许访问的数据。

例如:在银行查询中,如果允许查询大于等于 $N(N > 60)$ 个人的存款总额,但是不允许查询一个用户的存款余额。则用户 Jim 可以通过如下合法查询得到 Tom 的银行存款:

① 查询 Jim 和选定 $N - 1$ 个人的存款余额 S_1。

② 查询 Tom 和选定 $N - 1$ 个人的存款余额 S_2。

因为 Jim 知道自己的存款 P_1,所以很容易算出 Tom 的存款 $P_2 = S_2 - S_1 + P_1$。

合法的非法访问的控制技术:

① 使用户的查询和算法费用超过非法得到数据的价值。

② 破坏用户查询和推导未授权数据的条件。

例如:在上例中,可以规定用户的任意两次查询的相同数据不能超过 M。

不难证明:Jim 至少经过 $(N - 2)/M + 1$ 次查询,才可以知道 Tom 的存款。如果 $(N - 2)/M + 1$ 的值很大,则 Jim 的查询费用会很高(查询时间的代价)。为了提高安全性,可以进一步限制:每个用户的查询次数不能超过 $(N - 2)/M$ 次。

(4) SQL Server 的权限控制

SQL Server 2016 支持授权 GRANT、阻权 DENY 和收权 REVOKE 等权限控制。即:

GRANT < 权限 > [ON < 对象 >] TO < 用户 | 角色 | PUBLIC > [WITH GRANT OPTION]

REVOKE < 权限 > [ON < 对象 >] FROM < 用户 | 角色 | PUBLIC >

其中:

SQL Server
权限控制

GRANT:把权限授权给用户／角色。

REVOKE:收回用户／角色的权限。

权　限:SELECT、INSERT、UPDATE、DELETE、CREATE　DATABASE、CREATE　RULE、CREATE TABLE、CREATE VIEW、CREATE FUNCTION、CREATE PROCEDURE 和 ALL 等权限。

对象:数据库和表(属性)等。

WITH GRANT OPTION:可以把获得的授权继续授予其他用户。

例 7.5　完成如下授权和收权:

(1) 把 CREATE TABLE 和 CREATE PROCEDURE 授权给用户 WinTimer 和 Sql Timer。

GRANT CREATE TABLE, CREATE PROCEDURE TO Win Timer, Sql Timer

提示:含有 CREATE 权限的 GRANT 语句没有 ON 选项。

(2) 把所有权限授权给用户 Sql Timer(不推荐使用)。

GRANT ALL TO Sql Timer

(3) 把对 Book 的查询(读取) 权限授权给角色 Win Sql Role。

GRANT SELECT ON Book TO Win Sql Role

(4) 把对 Cust 的户名、性别、生日的修改权限授权给用户 Win Timer。

GRANT UPDATE ON Cust (CName, CSex, Birth) TO Win Timer

(5) 把对 Book 的查询权限授权给 Sql Timer, 然后再把该权限授权给 Win Timer。

GRANT SELECT ON Book TO SqlTimer WITH GRANT OPTION

── 用 Sql Tim 重新登录 SQL Server 2016

GRANT SELECT ON Book TO Win Timer

(6) 把对 EBook 的所有定义的权限授权给 Win Timer。

GRANT CONTROL ON DATABASE::EBook TO Win Timer

(7) 把对 Book 的查询权限授权给所有用户。

GRANT SELECT ON Book TO PUBLIC

(8) 收回 Win Timer 对 Cust 的户名、性别、生日的修改权限。

REVOKE UPDATE ON Cust (CName, CSex, Birth) FROM Win Timer

思考 1:如果收回了用户 A 对数据对象 X 的指定权限,则能够同时收回 A 授权的用户对 X 的相应指定权限吗?

思考 2:举例说明 Deny 的用法。

7.2.3　视图

针对不同用户,通常仅需要数据库整体逻辑模型的局部数据(例如:用户仅需要 EBook 中的户名、书名和购买日期)。视图是 DBMS 提供给用户,从不同角度使用数据库数据的有效手段。

视图概念 +
特点 + 联系

(1) 视图的概念

视图是利用查询语句定义的,从一个或者多个表中导出的虚表。视图对应数据库模式结构的外模式。

在视图中,只存放带查询语句的视图定义,不存放视图对应的数据;只有执行视图时,才从表中导出相应的数据,因此视图的数据仍存放在表中,且随着表的变化而变化。即:

视图是数据库整体逻辑模型的"局部数据"的"临时"体现。

不难看出,视图具有如下特点:

① 视图是虚表。视图本身仅仅是视图定义,不包含具体的数据。

② 视图数据是临时数据。视图的数据仅在执行视图时,临时从表中导出相应的数据;执行结束,将自动释放,因此不会出现数据冗余。

③ 视图数据自动更新。因为视图数据是在执行视图时,临时从表中导出的数据,所以如果表的数据发生了变化,则视图数据会随之改变。

④ 利用视图创建视图。视图既然是虚"表",因此视图一旦定义,就可以完全按照表的使用方法来使用视图。即:

视图等价定义:利用查询语句定义的,从表或视图中导出的虚表。

视图与表的区别表现在:

① 概念不同。表是使用 DDL 定义的,以独立文件的形式存储在外存上的真实数据,而视图则是利用查询语句定义的,从表或视图中导出的虚表。

② 数据有效期不同。表是拥有真实数据的实表,永远有效;而视图则是只有查询语句的没有数据的虚表,在执行视图时,才临时有效。

③ 数据存储不同。表永久存储在外存,而视图中没有数据。

④ 更新方式不同。表可以任意更新,而视图不能任意更新,而是有条件更新。

视图与表的联系表现在:

视图最终定义在表之上,视图数据来自于表;表是视图的基础,并为视图提供数据,如果表的结构发生了改变,或者删除了表,则相应的视图就会失去意义,因此需要修改或者删除相应的视图。

对于最终用户来说,视图与表等价。即:视图和表在用户看来都是"表",用户完全可以按照表的使用方法来使用视图,同时可以在视图上定义视图。

(2) 视图的操作

利用 SQL Server 2016 的视图机制,可以方便地进行视图的建立、删除、查询和更新等。

视图操作

① 建立视图

可以使用 CREATE VIEW 实现。

CREATE VIEW ＜视图名＞[(＜列名＞[,＜列名＞]…)] AS

　　SELECT 语句

　　[WITH CHECK OPTION]

视图创建

视图名:视图的名称。

列名:视图中属性列的名称。用于给查询表达式或两(多)个同名列进行命名。如果未指定＜列名＞,则视图列与 SELECT 中的属性列同名。

AS:视图要执行的操作。

SELECT 语句:多个表或视图的复杂查询。SELECT 子句不能包括:COMPUTE 或 COMPUTE BY;ORDER BY(SELECT 列中有 TOP 例外);INTO 等。

WITH CHECK OPTION:可选项。更新视图必须符合 SELECT 中的条件。如果在 SELECT 中有 TOP,则不能使用 WITH CHECK OPTION。

提示:使用 WITH CHECK OPTION 之后,如果对视图进行插入、修改或者删除时,DBMS 会自动检测视图定义中的条件,如果不满足,则拒绝执行操作,从而防止用户通过视图对数据进行更新,在一定程度上保护了数据库。

例 7.6　创建如下视图:

(1) 建立每个出版社的销售信息:PressInfo(PNo,PName,PCode,PAddr, Press. Phone,

　　Press. EMail,HPage,BNo,BName,CNo,CName,PDate)。

CREATE VIEW PressInfo AS

　　SELECT Press. PNo,PName,PCode,PAddr,Press. Phone,Press. EMail,HPage,

　　　　Book. BNo,BName,Cust. CNo,CName,PDate

　　FROM Press,Book,Cust,Buy

　　WHERE Press. PNo = Book. PNo AND Book. BNo = Buy. BNo AND

　　　　Cust. CNo = Buy. CNo

思考:创建"浙江工商大学出版社"的销售信息视图。

(2) 建立每本图书的销售信息 BookInfo(Book. BNo,BName,Author, EditNo,Price,

　　PPrice,SPrice,PNo,PName,CNo,CName,PDate)。

CREATE VIEW BookInfo AS

　　SELECT Book. BNo,BName,Author,EditNo,Price,PPrice,SPrice,

　　　　Press. PNo,PName,Cust. CNo,CName,PDate

　　FROM Press,Book,Cust,Buy

　　WHERE Press. PNo = Book. PNo AND Book. BNo = Buy. BNo AND

　　　　Cust. CNo = Buy. CNo

思考:创建图书"Access 数据库应用"的销售信息视图。

(3) 建 立 每 位 客 户 的 购 买 信 息 CustInfo(CNo,CName,CSex,Birth, Cust. Phone,

　　Marry,Photo,Cust. Email,PNo,PName,BNo,BName,PDate)。并要求在进行 修插入、修改和删除操作时,只涉及数学系的学生。

CREATE VIEW CustInfo AS

　　SELECT Cust. CNo,CName,CSex,Birth,Cust. Phone,Marry,Photo,

　　　　Cust. Email,　Press. PNo,PName,Book. BNo,BName,PDate

　　FROM Press,Book,Cust,Buy

　　WHERE Press. PNo = Book. PNo AND Book. BNo = Buy. BNo AND

　　　　Cust. CNo = Buy. CNo

　　WITH CHECK OPTION

思考:创建客户"李丽"的购买信息视图。

(4) 统计每位客户购买图书的户号、户名、本数、最低售价、最高售价、平均 售价和购书总额的视图。即:

CustStatisBuy(CNo,CName,Number,MaxPrice,MinPrice,

　　　　AvgPrice,SumPrice)

CREATE VIEW CustStatisBuy(CNo,CName,Number,MaxPrice,MinPrice,

　　　　AvgPrice,SumPrice)

AS

SELECT Cust. CNo,CName,COUNT(∗),

　　　　MAX(SPrice),MIN(SPrice),AVG(SPrice),SUM(SPrice)

　　FROM Cust,Buy,Book

　　WHERE Cust. CNo = Buy. CNo AND Book. BNo = Buy. BNo

　　GROUP BY Cust. CNo,CName

思考:举例说明 ALTER VIEW 的用法。

② 删除视图

可以使用 DROP VIEW 实现。

视图编辑 +
查询 + 实例

DROP VIEW ＜视图＞[,＜视图＞…]

例如:删除视图 BookInfo 和 CustInfo。

DROP VIEW BookInfo,CustInfo

③ 查询视图

因为视图是"虚"表,所以完全可以使用 SELECT 对视图进行任意查询。即:对视图的查询与对表的查询完全一样,且还可以对表和视图进行混合查询。

例 7.7　查询购买图书金额前 3 位的客户的姓名、性别、生日、电话和金额。

SELECT TOP 3 X.CName,CSex,Birth,Phone,SumPrice

　　FROM Cust X, CustStatisBuy Y

　　WHERE X.CNo = Y.CNo

ORDER BY SumPrice DESC

④ 更新视图

更新视图是指通过视图更新表的数据。对用户来说,相当于更新了视图(其实不然)。

根据视图与表的关系,对视图的更新,最终需要转换为对表的更新,而且这种转换有时是不可逆的,所以并非所有视图都可以更新。更新视图的条件如下:

a.修改的视图属性必须直接"引用"表的属性。不能是使用 AVG、COUNT、SUM、MIN、MAX、STDEV、UNION、EXCEPT 和 INTERSECT 等派生的表达式。

b.修改的视图属性不受 GROUP BY、HAVING、DISTINCT 的影响。

更新视图可以使用 INSERT、UPDATE 和 DELETE,按照对表的更新方法实现。

视图综合实
例 1+ 实例 2

例 7.8　利用 Cust 建立男客户的信息为户号、户名和生日的视图 CustMale,并进行如下操作:

(a) 插入客户信息:(C008,白晶,男) 和(C009,海军)。

(b) 修改户号为 C008 的户名为:白磊。

(c) 删除户号为 C009 的元组。

CREATE VIEW CustMale AS

　　SELECT CNo,CName,CSex,

　　　　DATEPART(YEAR,GETDATE())-DATEPART(YEAR,Birth) CAge

　　FROM Cust

　　WHERE CSex = '男'

INSERT INTO CustMale(CNo,CName,CSex)

　　VALUES('C008','白晶', '男')

INSERT INTO CustMale(CNo,CName)

　　VALUES('C009','海军')

```
UPDATE CustMale
   SET CName = '白磊'
   WHERE CNo = 'C008'
DELETE FROM CustMale
   WHERE SNo = 'C009'
```

思考1:如果对CustMale进行查询操作,是否可以查询到"白晶"和"海军"的记录?为什么?

思考2:对于 DELETE FROM CustMale WHERE CNo = 'C009',是否删除了户号为 C009 的客户?为什么?

思考3:对于 DELETE FROM CustMale WHERE CNo = 'C008',是否删除了户号为 C008 的客户?为什么?

(3) 视图的作用

视图作为一种实用的外模式,在实际应用中起到非常重要的作用。

① 简化用户操作

如果用户需要执行针对多个表的多个条件的复杂查询,则可以把其定义为一个视图,从而把对多表多条件的复杂查询,转化为对视图的简单查询。

例 7.9　分别使用视图和表,查询购买图书的本数在前 20% 的客户的户名和本数。

(1) 使用视图。

```
SELECT TOP 20 PERCENT CName,Number
FROM CustStatisBuy
ORDER BY Number DESC
```

(2) 使用表。

```
SELECT TOP 20 PERCENT CName,COUNT( * ) Number
   FROM Cust,Buy
   WHERE Cust. CNo = Buy. CNo
   GROUP BY Cust. CNo,CName
   ORDER BY Number DESC
```

分析:情况 2) 是一个复杂得多表统计查询;而情况 1) 通过把多表复杂查询定义成为一个视图,则把 2) 转化成为一个简单的单表(视图) 查询。

② 清晰表达查询

因为基于多条件多表的复杂查询的复杂表示方法已经被定义在视图中,所以把复杂查询的复杂表示方法,转化为对视图的简单查询,从而使用户的查询更加清晰、直观和简单。

视图作用

例 7.10　分别使用视图和表,查询购买图书的金额在前 3 名的客户的户名和金额。

(1) 使用视图。

```
SELECT TOP 3 CName,SumPrice
FROM CustStatisBuy
ORDER BY SumPrice DESC
```

(2) 使用表。

```
SELECT TOP 3 CName,SUM(SPrice) SumPrice
    FROM Cust,Buy,Book
    WHERE Cust.CNo = Buy.CNo AND Book.BNo = Buy.BNo
    GROUP BY Cust.CNo,CName
    ORDER BY SumPrice DESC
```

③ 同一数据可以以不同的形式提供给不同用户

由于视图是数据库整体数据的局部数据的体现,所以通过视图可以使不同的用户以不同的方式看待同一数据,且可以以不同的形式使用同一数据。

例 7.11　创建包含户号、户名、年龄、电话和购书本数等信息的男客户视图 MCust 和包含户号、户名、生日、婚否、电子邮箱和购书金额等信息的女客户视图 WCust。即:

(1)MCust(CNo,CName,CAge,Phone,Number)。

(2)WCust(CNo,CName,Birth,Marry,Email,SumPrice)。

```
CREATE VIEW MCust(CNo,CName,CAge,Phone,Number) AS
    SELECT Cust.CNo,Cust.CName, DATEPART(YEAR,GETDATE())-
        DATEPART(YEAR,Birth),Phone,Number
    FROM Cust,CustStatisBuy
    WHERE Cust.CNo = CustStatisBuy.CNo
CREATE VIEW WCust AS
    SELECT Cust.CNo,Cust.CName,Birth,Marry,Email,SumPrice
    FROM Cust,CustStatisBuy
    WHERE Cust.CNo = CustStatisBuy.CNo
```

④ 在一定程度上确保了数据安全

如果用户的访问权限是指定视图,则用户无权使用数据库中的其他数据,从而在一定程度上保护了数据库中数据的安全。

根据例 7.11,不难看出:

男客户经过授权,只能使用 MCust 的户号、户名、年龄、电话和购书本数,而无权使用 EBook 中的其他数据;且年龄是由生日导出的数据,购书本数是视图 CustStatisBuy 中的数据。

女客户经过授权,只能使用 WCust 的户号、户名、生日、婚否、电子邮箱和购书金额,而无权使用 EBook 中的其他数据;且购书金额是视图 CustStatisBuy 中的数据。

因此,在一定程度上确保了 EBook 的保密性和对 EBook 的保护。

⑤ 在一定程度上提供了逻辑独立性

如果数据库的逻辑模型使用了 N 个关系,在设计完成之后发现,逻辑模型达不到系统的范式要求,结果把 N 个关系分解成了 M($>$N) 个关系;这时可以利用 M 个关系,创建 N 个视图,用于代替原来的 N 个关系。

视图综合
实例 3

例 7.12　在 EBook 中,如果逻辑模型使用的单表 BInfo 如下:

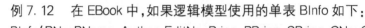

BInfo(BNo,BName,Author,EditNo,Price,PPrice,SPrice,CNo,CName,CSex,Birth,CPhone,CEmail,Marry,Photo,PNo,PName,PCode,PAddr,PPhone,PEmail,HPage,PDate)。

则为了使 BInfo 满足系统的规范要求(即 3NF),需要把 BInfo 分解为 Book、Cust、Press 和 Buy。即:

Book(BNo,BName,Author,PNo,EditNo,Price,PPrice,SPrice)

Cust(CNo,CName,CSex,Birth,Phone,Marry,Photo,Email)

Press(PNo,PName,PCode,PAddr,Phone,Email,HPage)

Buy(CNo,BNo,PDate)

如何利用 Book、Cust、Press 和 Buy 替代 BInfo?

解决方法:首先利用 Book、Cust、Press 和 Buy 创建视图 BInfo;然后利用视图 BInfo 替代"表 BInfo"。即:

```
CREATE VIEW BInfo AS
    SELECT Book.BNo,BName,Author,EditNo,Price,PPrice,SPrice,
            Cust.CNo,CName,CSex,Birth,Cust.Phone CPhone,
            Cust.Email CEmail,Marry,Photo,
            Press.PNo,PName,PCode,PAddr,Press.PhonePPhone,Press.Email
PEmail,HPage,PDate
    FROM Press,Book,Cust,Buy
    WHERE Press.PNo = Book.PNo AND Book.BNo = Buy.BNo AND
            Cust.CNo = Buy.CNo
```

提示:视图作为一种实用的外模式,在实际应用中起到非常重要的作用。

因此,在数据库的逻辑模型(模式)发生改变时,为了尽量保持数据库的外模式不受影响,可以通过定义视图(外模式与模式映像)来实现一定程度上的变换控制,从而确保应用程序不做修改或者只需做很小程度上的调整,最终在一定程度上提供了数据的逻辑独立性。

7.2.4　审计与数据加密

审计和数据加密从两个不同的角度保护了数据的安全。审计是 C_2 级以上产品必须具备的安全保护机制,侧重点是对数据访问权限的检查和监督;数据加密则是对数据的比较底层的保护,侧重点在于对存储和传输的数据本身的加密,使数据转换为不可识别的数据格式。

(1) 审计

审计(Audit)主要用来监视并记录对数据库的操作行为,实时智能地解析对数据库的各种操作,并记入审计日志,以便日后进行查询、分析和过滤,实现对用户操作的监控和审查。

审计是由 DBA、审计员或审计程序,对访问数据库的操作进行事前和事后的审查和监督的过程。

审计作为一种监督机制,是为了查明有关数据库操作的认定与所授权的访问权限之间的一致程度,找出非法存取数据的人、时间和内容,并将结果传递给有利害关系的用户。

审计在保护和评价系统的安全性方面起着十分重要的作用。

审计可以监控用户对数据库的表、视图、存储过程、函数、索引和触发器等的创建、修改和删除等,并精确分析每个操作。

审计可以根据设置的规则,智能判断违规操作数据库的行为,并对违规行为进行记录和报警,为数据库系统的安全运行提供了有力保障。

审计的主要功能包括:

① 实时监测并智能地分析和还原各种数据库操作过程。

② 根据规则设定及时阻断违规操作,保护重要的表和视图等。

③ 对数据库系统漏洞、登录账号、登录工具和数据操作过程进行跟踪,发现对数据库系统的异常使用。

④ 审计规则和审计查阅方式。可以对登录用户、表名、字段名及关键字等进行多条件组合的规则设定,形成灵活的审计策略。

⑤ 提供包括记录、报警、中断和向网管系统报警等多种响应措施。

⑥ 审计日志管理。审计信息的查询统计分析功能,生成专业化的审计报表。

提示:审计很费时间和空间,DBA 可以根据应用对安全性的要求,灵活地打开或关闭审计功能。

审计事件主要包括:服务器事件、系统权限、语句事件和模式对象事件等。SQL Server 2016 提供和支持审计控制机制。

(2) 数据加密

数据加密是防止数据在存储和传输中被破译失密的有效手段,从而提高数据的安全性和保密性。数据加密技术是一种防止信息泄露的技术。

数据加密是指根据预定的算法将原始数据(即:明文,Plain text) 变换为不可直接识别的结果数据(即:密文,Cipher text) 的过程。具体包括加密和解密。即:

加密过程:通过加密算法和加密密钥将明文转变为密文。

解密过程:通过解密算法和解密密钥将密文恢复为明文。

密钥:由数字、字母或特殊符号组成的字符串。用于控制数据加密和解密的过程。

提示:通常公开加密算法,而不公开密钥。

显然,用户获取密文后,如果不知道解密算法,则无法知道数据的具体内容。

例 7.12   如果用户得到的密文为"N(RNXX)DTZ*",请解密该密文。

分析:根据对密文的解析,不难看出,加密与解密的方法如下:

加密方法:英文字母在字母表中,循环向后移 5 位,"括号"对应"空格","星号"对应"感叹号"。

解密方法:英文字母在字母表中,循环向前移 5 位,"括号"对应"空格","星号"对应"感叹号"。

所以,解密后的明文为"I MISS YOU!"。

常用的加密方法:替换方法、置换方法和混合方法等。

(1) 替换方法:使用密钥(Encryption Key) 将明文中的每一个字符转换为密文中的对应字符。

(2) 置换方法:将明文的字符按不同的顺序重新排列。

(3) 混合方法:同时使用替换方法和置换方法,进行混合加密。混合加密在 1977 年被定为美国官方的数据加密标准(Data Encryption Standard,DES)。

DES 工作原理:把明文分割成 64 位大小的块,每个块用 64 位密钥进行加密。每块先用初始置换方法进行加密,再连续进行 16 次复杂的替换,最后再对其施用初始置换的逆。

提示:密钥由 56 位数据位和 8 位奇偶校验位组成,因此只有 56 位可能的密码。第 i 步的替换不是直接利用原始的密钥 K,而是由 K 与 i 计算出的密钥 K_i。

不难看出,数据加密系统通常是由明文、密文、算法和密钥组成。发方通过加密算法,用加密密钥将明文加密为密文后发出。收方收到密文后,通过解密算法,用解密密钥将密文解密为明文。黑客即使窃取了数据,也无法识别密文,从而保护了数据。

DES 分为私钥机制如图 7.3 所示和公钥机制如图 7.4、7.5 所示等。

图 7.3　DES 加密解密

图 7.4　RSA 私钥加密公钥解密

图 7.5　RSA 公钥加密私钥解密

私钥机制:"加密算法 + 密钥"和"解密算法 + 密钥"均保密的 DES。常用的方法是加密和解密使用相同的"加密算法 + 密钥"(即:对称加密)。

例 7.13　如果明文为"AS KINGFISHERS CATCH FIRE",加密密钥为"ELIOT",则加密算法如下:

(1) 把明文划分为多个密钥字符串长度大小的块(+ 表示空格):

AS + KI NGFIS HERS + CATCH + FIRE

(2) 用 00 - 26 范围的 27 个整数取代明文的每个字符,空格 = 00,A = 01,…,Z = 26:

0118001109 1407060919 0805181900 0301200308 0006091905

(3) 用 00 - 26 范围的整数取代密钥的每个字符:

0512091 5204

(4) 对明文的每个块,把每个字符用对应的整数编码与密钥中相应位置的字符的整数编码的和模 27 后的值(整数编码) 取代:

例如:第一个整数编码为:(01 + 05) mod 27 = 06。

(5) 把步骤 4 的结果中的整数编码,再用等价字符替换:

FDIZB SSOXL MQ + GT HMBRA ERRFY

提示:理想的加密机制是黑客解密密文的代价远超其所得利益。加密机制的最终目标是即使是密钥的发明人,也无法获取密钥,从而也无法解密密文。

公钥机制:"加密算法 + 密钥"公开,"解密算法 + 密钥"保密的 DES。因为加密和解密使用不同的密钥,所以公钥机制称为非对称加密。

公钥机制的加密思想由 Diffie 和 Hellman 提出。最著名的加密方法是 RSA(发明人 Rivest、Shamir 和 Adleman)方法。

RSA 的工作原理:

(1) 任意选取两个不同的大质数 p 和 q,计算乘积 r = p × q。

(2) 任意选取一个大整数 e,e 与 (p − 1) × (q − 1) 互质,e 用做加密密钥。

提示:e 可以选择大于 p 和 q 的质数。

(3) 确定解密密钥 d:利用如下公式,根据 e、p 和 q,计算出 d。

$$(d \times e) \bmod (p − 1) \times (q − 1) = 1$$

(4) 公开 r 和 e,不公开 d。

(5) 把明文 p (< r 的整数) 加密为密文 c:

$$c = (p^e) \bmod r$$

(6) 把密文 c 解密为明文 p:

$$p = (c^d) \bmod r$$

提示:根据 r 和 e 计算 d 几乎是不可能的。因此,任何人均可加密明文,且只有授权用户(知道 d)才可解密密文。

例 7.14 如果明文为 13,则计算密文 c,并解密秘文。

(1) 选取 p = 3, q = 5,则 r = 15。

(2) 因为 (p − 1) × (q − 1) = 8,所以选取 e = 11。

(3) 根据 (d × 11) mod 8 = 1,计算 d = 3。

(4) 加密明文 13 为密文 c:

$$c = p^e \bmod r$$
$$= 13^{11} \bmod 15$$
$$= 1,792,160,394,037 \bmod 15$$
$$= 7$$

(5) 解密密文 7 为明文 p:

$$p = c^d \bmod r$$
$$= 7^3 \bmod 15$$
$$= 343 \bmod 15$$
$$= 13$$

提示:因为 e 和 d 互逆,所以公钥机制可以对加密信息进行"数字签名"。

例 7.15 A 和 B 的加密算法分别是 ECA 和 ECB,解密算法分别是 DCA 和

DCB,ECA 和 DCA 互逆,ECB 和 DCB 互逆。B 如何确认并接收 A 发送的 P?

分析:

(1)A 加密明文 P 为密文 C:

$$C = ECB(DCA(P))$$

(2)B 解密密文 C 为明文 P:

ECA(DCB(C))

　　= ECA(DCB(ECB(DCA(P))))

　　= ECA(DCA(P))

　　= P

提示:DCB 和 ECB 互消。DCB 和 ECB 互消。B 确认 P 是 A 发送的,因为使用 DCA 加密密文,用 ECA 才能解密密文 C 得到明文 P,而只有 A 知道 DCA。

提示:数据的加密与解密比较费时,且会占用大量系统资源。

为了更好地实现数据共享,DBMS 必须提供完善的数据保护功能,以确保数据的安全可靠和正确有效。

7.3　小结

数据库必然用于共享,共享必然需要安全稳定的共享环境。因此 DBMS 必然需要提供安全保护机制。

本章在了解数据安全标准和数据安全模型的基础上,重点掌握用户鉴别、自主存取和强制存取的数据存取控制、视图、审计和数据加密等理论及其实现技术。

本章的主要知识点如下:

(1) 数据安全标准(TCSEC 和 TDI) 和计算机系统安全。

(2) 数据安全模型(数据加密 + 操作系统 + DBMS + 用户鉴别) 和数据库安全。

(3) 用户鉴别、数据存取控制、视图、审计和数据加密等数据控制机制。

(4) 数据存取控制方法(自主存取控制和强制存取控制等)。

(5)SQL Server 的安全控制(登录服务器 + 数据库用户 + 数据库角色;授权 GRANT + 阻权 DENY + 收权 REVOKE 等)。

(6) 视图的概念、特点、操作(创建 + 删除 + 更新 + 查询)、作用等。

(7) 审计与数据加密(DES 和 RSA)。

目前流行的 DBMS(例如:SQL Server 2016) 均支持数据安全、数据完整、数据并发、和数据恢复等保护控制。

安全实验

利用数据安全模,理解用户鉴别、数据存取控制、视图、审计和数据加密等数据控制机制。在 SQL Server 2016 环境下,熟练掌握用户管理(CREATE LOGIN | USER | ROLE、DROP LOGIN | USER | ROLE)、授权和收权(GRANT、REVOKE)和视图(CREATE VIEW、DROP VIEW、INSERT、UPDATE、DELETE、SELECT)的实现技术。

实验7　用户管理

针对"实验1"创建的CInfo和SInfo,在SSMS中,分别使用对象资源管理器和查询分析器,实现如下任务:

(1) 利用 Windows 7/8/10,创建 3 个 Windows 用户,用户名和密码如下:
WinTim、WinJim、WinMim;wtim123、wjim123、wmim123。

(2) 创建和删除 3 个 Windows 身份的 SQL Server 登陆。即:
WinTim、WinJim、WinMim。

(3) 创建和删除 3 个 SQL Server 身份的 SQL Server 登陆。用户名和密码如下:
SqlTim、SqlJim、SqlMim;stim123、sjim123、smim123。

(4) 创建和删除访问 CInfo 的数据库用户 UWinTim、UWinJim、UWinMim,身份验证分别来自登陆 WinTim、WinJim、WinMim。

(5) 创建和删除访问 SInfo 的数据库用户 USqlTim、USqlJim、USqlMim,身份验证分别来自登陆 SqlTim、SqlJim、SqlMim。

(6) 创建和删除访问 CInfo 的数据库角色 WinRole,角色的成员分别为数据库用户 UWinTim、UWinJim、UWinMim。

(7) 创建和删除访问 SInfo 的数据库角色 SqlRole,角色的成员分别为数据库用户 USqlTom、USqlJim、USqlMim。

提示:删除数据库角色时,需要先使用 EXEC SP_DROPROLEMEMBER 删除其成员。

实验8　授权与收权

针对"实验1"创建的CInfo和SInfo,在SSMS中,分别使用对象资源管理器和查询分析器,实现如下任务:

(1) 把查询商品的权限授给用户 UWin Tim。

(2) 把对商品,商店的全部权限授予用户 UWin Jim 和 UWin Mim。

(3) 把对商品的查询权限授予所有用户。

(4) 把查询商品和修改品号的权限授给用户 Win Role。

(5) 把对商店的 INSERT 权限授予 UWin Mim,并允许他再授予 UWin Jim。

(6)DBA 把在数据库 CInfo 中建立表的权限授予用户 UWin Jim。

(7) 阻止 UWin Tim 和 UWin Mim 的 CREATE TABLE 和 CREATE PROCEDURE 权限。

(8) 阻止用户 UWin Tim 和 UWin Mim 对商品的读取权限。

(9) 收回 WinRole 修改品号的权限。

(10) 针对 SInfo,设计一套数据库用户(USql Tim、USql Jim、USql Mim) 和数据库角色 Win Role 的授权方案。

实验9　视图

针对"实验 1"创建的 CInfo 和 SInfo,在 SSMS 中,分别使用对象资源管理器和查询分析器,实现如下任务:

(1) 利用 SInfo,建立信息学院学生的详细信息的"信息学院" 视图。

(2) 利用 SInfo,建立包含姓名、性别、课程名和成绩等信息的"成绩信息" 视图。

(3) 利用 SInfo,建立选修"图像分析" 的学生的学号、姓名、课程名和成绩的视图"图像分析成绩"。

(4) 利用 SInfo,修改"信息学院" 视图,把学生性别限制为男生。

(5) 利用"信息学院" 视图,查询信息学院的男生信息。

(6) 利用"信息学院" 视图,建立信息学院男生的学号、姓名和生日信息的"信息学院男生" 视图。

(7) 向"信息学院男生" 视图中,添加如下记录:

('2005090109 ','海洋',' 1999-09-09 ')

(8) 在"信息学院男生" 视图中,把刘金改为刘鑫。

(9) 在"信息学院男生" 视图中,把海洋的记录删除。分析不能删除的原因!

(10) 利用"成绩信息" 视图,查询小于等于 95 分的学生的姓名、课程名和成绩。

(11) 利用"图像分析成绩" 视图,查询图像分析课程的最高分、最低分和平均分。

(12) 删除"图像分析成绩" 视图。

(13) 针对 CInfo,设计若干视图,并对视图进行相应的插入、修改、查询和删除等操作。

习　题

(1) 解释数据安全标准和数据安全模型。简述 TDI 和 TCSEC 按照哪几个等级和哪几个方面,详细描述了计算机系统安全的具体指标。

(2) 解释计算机系统安全。简述计算机系统安全的具体内容。

(3) 解释数据安全。

(4) 解释数据存取控制。简述常用的数据存取控制方法。

(5) 简述 SQL Server 2016 提供的权限控制语句。

(6) 简述 SQL Server 2016 提供的两种身份验证方式。

(7) 简述 SQL Server 2016 提供的两个安全子系统。

(8) 简述 SQL Server 2016 提供的两种身份验证模式。

(9) 简述 SQL Server 2016 的登录用户,数据库用户和数据库角色。

(10) 解释视图和表。简述视图与表的关系。简述视图的作用。

(11) 解释审计和数据加密。

第8章　*Chapter 8*

并发控制

　　数据必然用于共享,共享必然导致并发,并发必然导致数据不一致,进而破坏数据完整性,因此必须进行并发控制。并发控制已经成为衡量 DBMS 的重要指标之一。

8.1　事务管理

事务管理

　　事务管理是并发控制和数据恢复的主要理论依据。事务是并发控制和数据恢复的主要研究和控制对象。

8.1.1　事务的概念

　　事务是用户定义的一个数据库操作序列。事务作为一个不可拆分的工作单位,要么全做,要么不做。

　　不难看出,事务由一个或多个数据库操作语句组成。数据库操作是指数据更新语句(INSERT、UPDATE 和 DELETE 等)。事务是一个不可拆分的整体。事务中的语句不能只做一部分。事务可以是一个程序,而一个程序可以划分为多个事务。

　　思考:事务和程序的区别和联系。

　　事务管理可以使用"用户显示控制" 和 "系统隐式控制(默认)" 等。

　　用户显示控制是用户自行定义事务的方式。即:

BEGIN TRAN[SACTION][< 事务名 >]　　BEGIN TRAN[SACTION] [< 事务名 >]

　　语句 1　　　　　　　　　　　　　语句 1

　　……　　　　　　　　　　　　　　……

语句 n　　　　　语句 n
COMMIT [TRANSACTION <事务名>]　　　ROLLBACK [TRANSACTION <事务名>]

说明:事务必须以 BEGIN TRANSACTION 开头,以 COMMIT 或 ROLLBACK 结束。COMMIT 表示事务正常结束,提交事务的所有操作,并永久生效;ROLLBACK 表示终止事务(事务运行发生故障,不能继续执行),并撤销已做的所有更新操作,使事务回滚到开始状态。

系统隐式控制是由 DBMS 按照默认规则自动划分事务的方式。如果用户没有显式定义事务,则 DBMS 使用默认的系统隐式控制。

例 8.1　在 EBook 中,定义一个事务,把图书的售价降低 10%。

USE EBook
BEGIN TRANSACTION
　UPDATE Book SET SPrice = SPrice * 0.9
COMMIT

例 8.2　在 EBook 中,定义事务 T_1 和 T_2,完成修改王珊和雍俊海的图书的售价分别为 22 和 32。如果售价大于 30,则回滚,否则提交。

USE EBook
DECLARE @TmPrice INT
BEGIN TRANSACTION T1
　UPDATE Book SET SPrice = 22 WHERE Author = '王珊'
　SELECT @TmPrice = SPrice FROM Book WHERE Author = '王珊'
　IF @TmPrice > 30
　　ROLLBACK TRANSACTION T1
　ELSE
　　COMMIT TRANSACTION T1
BEGIN TRANSACTION T2
　UPDATE Book SET SPrice = 32 WHERE Author = '雍俊海'
　SELECT @TmPrice = SPrice FROM Book WHERE Author = '雍俊海'
　IF @TmPrice > 30
　　ROLLBACK TRANSACTION T2
　ELSE
　　COMMIT TRANSACTION T2

思考:定义事务 TranAb,实现从账户 A 转账金额 6 000 元给账户 B。
提示:

```
BEGIN TRANS TranAb
    —— 读账户 A 的余额 Balan1
Balan1 = Balan1 − 6000
IF (Balan1 < 0)
    BEGIN
        PRINT '金额不足,不能转账!'
ROLLBACK TranAb
    END
ELSE
    BEGIN
        —— 读账户 B 的余额 Balan2
Balan2 = Balan2 + 6000
COMMIT TranAb
    END
```

8.1.2 事务的特性

事务具有原子性、一致性、隔离性和持续(永久)性等特性。即:事务的 ACID 特性。

(1) 原子性(Atomicity)

事务作为一个整体,要么做完,要么不做。

(2) 一致性(Consistency)

事务的执行结果使数据始终保持一致。即:事务的正常提交使数据从一个一致状态转变为另一个一致状态。

如果事务正常提交,则数据处于一致状态;如果事务中断执行,且部分更新已经写入数据库,则数据处于不一致状态。

例 8.3 在 EBook 中,定义一个事务 T1,实现户号为 C001 和 C002 的两个客户生日的互换,如果互换成功,则提交;否则回滚到原始状态。

```
DECLARE      @FBirth1      DATE,      @FBirth2DATE,      @BBirth1
DATE, @BBirth2DATE
    —— 把户号为 C001 的客户的生日赋值给 @FBirth1
SELECT @FBirth1 = Birth FROM Cust WHERE CNo = 'C001'
    —— 把户号为 C002 的客户的生日赋值给 @FBirth2
SELECT @FBirth2 = Birth FROM Cust WHERE CNo = 'C002'
BEGIN TRANSACTION T1
```

　　　—— 使用 @FBirth2 修改户号为 C001 的客户的生日
　　UPDATE Cust SET Birth = @FBirth2 WHERE CNo = ' C001 '
　　　—— 使用 @FBirth1 修改户号为 C002 的客户的生日
　　UPDATE Cust SET Birth = @FBirth1 WHERE CNo = ' C002 '
　　　—— 把户号为 C001 的客户的生日赋值给 @BBirth1
　　SELECT @BBirth1 = Birth FROM Cust WHERE CNo = ' C001 '
　　　—— 把户号为 C002 的客户的生日赋值给 @BBirth2
　　SELECT @BBirth2 = Birth FROM Cust WHERE CNo = ' C002 '
　　IF @FBirth1 = @BBirth2 AND @FBirth2 = @BBirth1
　　　　COMMIT TRANSACTION T1
　　ELSE
　　　　ROLLBACK TRANSACTION T1

(3) 隔离性(Isolation)

在事务执行期间,并发事务之间互不影响。即:并发事务是隔离的。

(4) 持续性(Durability)

事务一旦成功提交,则事务对数据库的更新永久生效。

事务管理的主要任务是确保事务的 ACID 特性。ACID 特性是并发控制和数据恢复的理论保证。

并发控制 +
丢失修改

8.2　并发控制

　　并发控制是指为了确保 ACID 特性,而对并发事务采取的封锁和调度等控制技术。

　　对于数据共享导致的并发事务,如果不采取有效的并发控制机制,则会导致丢失修改、读脏数据和不可重读等数据不一致。

　　例 8.4　丢失修改。如果新华书店中图书《图像技术》的库存量为 9 本,而在连锁书店的并发销售事务 T_1 和 T_2 的操作序列如表 8.1 所示。即:

　　(1) 书店 1(事务 T_1) 读出《图像技术》的库存量 A = 9。

　　(2) 书店 2(事务 T_2) 读出《图像技术》的库存量 A = 9。

　　(3) 书店 1 售出 1 本,并修改库存量 A = 8。

　　(4) 书店 2 售出 2 本,并修改库存量 A = 7。

　　则《图像技术》的最终库存量为 7 本。

表 8.1 丢失修改

T_1	T_2
R(A):9	
	R(A):9
A ← A − 1	
W(A):8	
	A ← A − 2
	W(A):7

注:R(A) 表示读取 A,W(A) 表示写入 A。

分析:T_1 和 T_2 的并发过程为:T_1 读取库存 A = 9 → T_2 读取库存 A = 9 → T_1 修改 A = A − 1 → T_1 写入库存 A = 8 → T_2 修改 A = A − 2 → T_2 写入库存 A = 7。

不难看出,T_2 的写入操作覆盖了 T1 的写入操作。实际售书 3 本,但是实际只写入了 2 本。因此本例的并发操作,由于丢失了一个修改,导致数据不一致。即:丢失修改。

思考:使用 SQL Server 2016 实现例 8.4(数据库自行建立)。

例 8.5 读脏数据。如果新华书店中图书《图像技术》的库存量为 9 本,而在连锁书店的并发销售事务 T_1 和 T_2 的操作序列如表 8.2 所示。即:

(1) 书店 1(事务 T_1) 售出 2 本,读取库存 B = 9,计算库存,并写入库存。

(2) 书店 2(事务 T_2),查询库存,读取库存 B = 7。

(3) 书店 1 服务器故障,导致售书失败,修复服务器并重启系统,同时回滚恢复原始库 9 本。

则《图像技术》的最终库存量为 9 本。

读脏数据 + 不可重读

表 8.2 读脏数据

T_1	T_2
R(B):9	
B ← B − 2	
W(B):7	
	R(B):7
ROLLBACK	
恢复 B:9	

注:R(B) 表示读取 B,W(B) 表示写入 B。

分析:T_1 和 T_2 的并发过程为:T_1 读取库存 B = 9 → T_1 修改 B = B − 2 → T_1 写入库存 B = 7 → T_2 读取库存 B = 7 → T_1 回滚 → T_1 恢复库存 B = 9。

不难看出,T_2 读取的库存量是 T_1 的中间结果。实际库存量为 9 本。因此,本例的并发操作,由于读取了不存在的数据,导致数据不一致。即:读脏数据。

思考:使用 SQL Server 2016 实现例 8.5(数据库自行建立)。

例 8.6　不可重读。如果新华书店中图书《图像技术》的库存量为 2 本,《数据结构》的库存量为 6 本,而在连锁书店中统计和销售的并发事务 T_1 和 T_2 的操作序列如表 8.3 所示。即:

表 8.3　不可重读

T_1	T_2
R(C):2	
R(D):6	
Sum ← C + D	
	R(D):6
	D ← D - 1
	W(D):5
R(C):2	
R(D):5	
TmSum ← C + D	
验证 Sum ≠ TmSum	

注:R(D) 表示读取 D,W(D) 表示写入 D。

(1) 书店 1(事务 T_1) 统计两本书的库存量。读取两本书的库存量(C = 2,D = 6),并计算其和值 Sum = 8。

(2) 书店 2(事务 T_2) 售出《数据结构》1 本,读取《数据结构》的库存(D = 6),计算新库存 D - 1,写入《数据结构》的库存量 5 本。

(3) 书店 1 再次统计两本书的库存量。读取两本书的库存量(C = 2,D = 5),并计算其和值 TmSum = 7,然后验证 Sum = Tm Sum?

则验证结果出错。

分析:T_1 和 T_2 的并发过程为:T_1 读取书 1 库存 C = 2,D = 6 → T_1 读取书 2 库存 D = 6 → T_2 计算两书库存和 Sum = C + D = 8 → T_2 读取书 2 库存 D = 6 → T_2 计算书 2 新库存 D = D - 1 → T_2 写入书 2 新库存 D = 5 → T_1 再次读取书 1 库存 C = 2 → T_1 再次读取书 2 库存 D = 5 → T_1 再次计算两书库存和 Tm Sum = C + D = 7 → T_1 验证 Tm Sum = Sum?

不难看出,T_1 第 2 次读取书 2 库存 D = 5,是 T_2 写入的书 2 的新库存 D = 5,导致 T_1 两次读取的库存不一致。因此,本例的并发操作,使得事务两次读取的数据不一致,导致数据不一致。即:不可重读。

思考:使用 SQL Server 2016 实现例 8.6(数据库自行建立)。

8.3　封锁

封锁 + 类型

为了解决并发事务导致的数据不一致,需要引入封锁机制,封锁技术是实现并发控制的重要技术。

8.3.1　封锁

封锁是指事务 T 在对数据对象 D 操作之前,先对 D 加锁 L,并获得对 D 的控制权限,在 T 释放 L 之前,其他事务不能更新 D。

封锁类型:排它锁、共享锁和意向锁等。排它锁和共享锁是基本封锁。

(1) 排他锁(eXclusive lock,X 锁)

排它锁(写锁) 是指如果事务 T 对数据对象 D 加了 X 锁,则 T 拥有 D 的读写权限。即:在 T 释放 X 锁之前,只允许 T 读写 D,其他任何事务均不能再对 D 加任何类型的锁。

例如:SELECT * FROM Cust WITH (TABLOCKX) WHERE CSex = '女'

(2) 共享锁(Share lock,S 锁)

共享锁(读锁) 是指如果事务 T 对数据对象 D 加了 S 锁,则 T 拥有 D 的只读权限。即:在 T 释放 S 锁之前,T 只能读 D(但不能写 D);其他事务只能再对 D 加 S 锁,而不能再加 X 锁。

例如:SELECT * FROM Cust WITH (HOLDLOCK) WHERE CSex = '女'

显然:S 锁和 S 锁相容,X 锁和 S 锁不相容,X 锁和 X 锁不相容。

(3) 意向锁(Intention lock,I 锁)

意向锁是指在数据对象组成的粒度树中,事务 T 在对任意数据对象 C 加基本锁 L 之前,必须先对 C 的上层数据对象 F 加意向锁 IL。即:

如果 T 对 F 加了 IL,则说明 T 正在对其下层 C 加锁。

T 对数据对象 F 加 IL 的目的是提高对其下层数据对象 C 加锁时系统的检查效率。

意向锁类型:意向共享锁(Intent Share lock,IS 锁)、意向排它锁(Intent eXclusive lock,IX 锁) 和共享意向排它锁(Share Intent eXclusive lock,SIX 锁) 等。

IS 锁:若对数据对象加了 IS 锁,则其下层结点意向加 S 锁。

IX 锁:若对数据对象加了 IX 锁,则其下层结点意向加 X 锁。

SIX 锁:若对数据对象 D 加了 SIX 锁,则说明对 D 加 S 锁,再加 IX 锁。即:SIX = S + IX。

I 锁提高了系统的并发度,减少了系统加锁和解锁的开销。I 锁已经广泛应用于流行的 DBMS 产品中。

封锁的相容性如图 8.1 所示。

T_2 \\ T_1	S	X	IS	IX	SIX
S	Y	N	Y	N	N
X	N	N	N	N	N
IS	Y	N	Y	Y	Y
IX	N	N	Y	Y	N
SIX	N	N	Y	N	N

图 8.1　封锁相容性

8.3.2　封锁粒度

封锁粒度(Granularity):封锁数据对象的大小。封锁的数据对象包括:元组、关系和数据库等。

封锁粒度直接影响系统的开销和并发度。封锁粒度越大,则封锁的对象越少,并发度越低,系统开销越小;反之,封锁粒度越小,则封锁的对象越多,并发度较高,系统开销越大。

因此选择封锁粒度,需要根据实际应用,综合考虑系统的封锁开销和并发度。

例如:如果需要处理多个关系的用户事务,则封锁粒度选择数据库;如果需要处理大量元组的用户事务,则封锁粒度选择关系。

多粒度封锁(Multiple Granularity Locking,MGL):在一个系统中同时支持多种封锁粒度的封锁机制。MGL 是比较理想的封锁机制。多粒度树是 MGL 的主要控制对象。

多粒度树:以数据库为根节点,以表和元组等数据对象为中间节点或叶节点,所组成的树型结构。

例如:由数据库、表和元组组成的三级粒度树如图 8.2 所示。

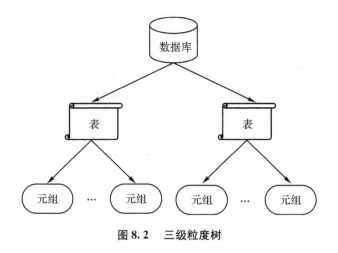

图 8.2　三级粒度树

8.4　封锁协议

封锁协议(Locking Protocol)：为了解决并发事务所导致的数据不一致,利用 X 锁、S 锁和 I 锁等对数据对象加锁时,所规定的封锁规则。

常用封锁协议：一级封锁协议、二级封锁协议、三级封锁协议和两段锁协议等。

一级封锁协议解决了丢失修改,二级封锁协议解决了读脏数据,三级封锁协议解决了不可重读,两段锁协议解决了并发事务的可串行化。

封锁协议 +
一级封锁

8.4.1　一级封锁协议

一级封锁协议：事务 T 在修改数据对象 D 时,必须先对 D 加 X 锁,直到事务结束释放 X 锁。一级封锁协议可以解决丢失修改,但不能解决读脏数据和不可重读。

例 8.7　利用一级封锁协议,给出解决例 8.4 中丢失修改的并发控制方法。

分析：利用一级封锁协议,T_1 在修改库存 A 时,需要先对 A 加 X 锁,并持锁到 T_1 结束释放。在此期间 T_2 在修改 A 时,同样也需要先对 A 加 X 锁,由于这时 A 已经被 T_1 加了 X 锁,根据封锁的相容性,则需要等待,直到 T_1 释放 X 锁。具体并发控制方法如表 8.4 所示。

表 8.4　丢失修改并发控制方法

T₁	T₂
Xlock A	Xlock A
R(A):9	等待
	等待
A ← A - 1	等待
W(A):8	等待
Commit A	获得 Xlock A
Unlock A	R(A):8
	A ← A - 2
	W(A):6
	Commit A
	Unlock A

注:R(A)表示读取 A,W(A)表示写入 A。

二级封锁 +
三级封锁

8.4.2　二级封锁协议

二级封锁协议:在一级封锁协议的基础上,事务 T 在读取数据对象 D 时,必须先对 D 加 S 锁,读取结束立即释放 S 锁。

二级封锁协议可以解决丢失修改和读脏数据,但不能解决不可重读。

例 8.8　利用二级封锁协议,给出解决例 8.5 中读脏数据的并发控制方法。

分析:利用一级封锁协议,T₁ 在修改库存 B 时,需要先对 B 加 X 锁,并持锁到 T₁ 结束释放。在此期间 T₂ 在读取 B 时,根据二级封锁协议,需要先对 D 加 S 锁,由于这时 B 已经被 T₁ 加了 X 锁,根据封锁的相容性,则需要等待,直到 T₁ 释放 X 锁。具体并发控制方法如表 8.5 所示。

表 8.5　读脏数据并发控制方法

T₁	T₂
Xlock B	
R(B):9	
B ← B - 2	
W(B):7	Slock B
	等待
ROLLBACK	等待
恢复 B:9	等待
Unlock B	获得 Slock B
	R(B):9
	Unlock B

注:R(B)表示读取 B,W(B)表示写入 B。

8.4.3　三级封锁协议

三级封锁协议:在一级封锁协议的基础上,事务 T 在读取数据对象 D 时,必须先对 D 加 S 锁,直到事务结束释放 S 锁。

三级封锁协议可以解决丢失修改、读脏数据和不可重读。

例 8.9　利用三级封锁协议,给出解决例 8.6 中不可重读的并发控制方法。

分析:利用三级封锁协议,T₁ 在读取 C 时,需要先对 C 加 S 锁,并持锁到 T₁ 结束释放;T₁ 在读取 D 时,需要先对 D 加 S 锁,并持锁到 T₁ 结束释放。在此期间 T₂ 在修改 D 时,需要先对 D 加 X 锁,由于这时 D 已经被 T₁ 加了 S 锁,根据封锁的相容性,则需要等待,直到 T₁ 释放 D 的 S 锁。具体并发控制方法如表 8.6 所示。

表 8.6　不可重读并发控制方法

T_1	T_2
Slock C	
R(C):2	
Slock D	
R(D):6	
Sum ← C + D	
	Xlock D
R(C):2	等待
R(D):6	等待
TmSum ← C + D	等待
验证 Sum = TmSum!	等待
Commit	等待
Unlock C	等待
Unlock D	等待
	获得 Xlock D
	R(D):6
	D ← D − 1
	W(D):5
	Commit D
	Unlock D

注:R(D) 表示读取 D,W(D) 表示写入 D。

8.4.4　两段锁协议

两段锁协议(Two Phase Locking,2PL):所有事务按照"加锁阶段"和"解锁阶段"两个阶段,对数据对象进行加锁和解锁。即:

在加锁阶段,所有事务只能加锁,不能解锁;而在解锁阶段,则所有事务只能解锁,不能加锁。

显然,事务T在读写数据对象D时,T首先需要获得对D的封锁;且在释放一个封锁之后,T不再获得任何其他封锁。

例如:如果事务 T_1 对数据对象 A,B,C,D 的封锁过程如下:

Xlock A $\rightarrow \cdots \rightarrow$ Slock B $\rightarrow \cdots \rightarrow$ Slock C $\rightarrow \cdots \rightarrow$ Xlock D $\rightarrow \cdots \rightarrow$ Unlock C $\rightarrow \cdots \rightarrow$ Unlock B $\rightarrow \cdots \rightarrow$ Unlock D $\rightarrow \cdots \rightarrow$ Unlock A。

则 T_1 满足 2PL。

再如:如果事务 T_2 对数据对象 A,B,C,D 的封锁过程如下:

Xlock A $\rightarrow \cdots \rightarrow$ Slock B $\rightarrow \cdots \rightarrow$ Unlock B $\rightarrow \cdots \rightarrow$ Xlock D $\rightarrow \cdots \rightarrow$ Slock C $\rightarrow \cdots \rightarrow$ Unlock C $\rightarrow \cdots \rightarrow$ Unlock D $\rightarrow \cdots \rightarrow$ Unlock A。

则 T_2 不满足 2PL。

2PL 为并发事务的可串行化,提供了理论保证。

不难看出,若遵守三级封锁协议,则一定遵守两段锁协议。

8.5 并发事务的可串行化

对并发事务的不同调度,可能产生不同的执行结果。因此需要对并发事务进行合理的调度,以确保数据的一致性。

8.5.1 并发事务调度

并发事务的调度方式,不但可以使用串行策略,而且可以使用并行策略,当然也可以使用串并混合策略。

(1) 并发事务的串行调度

并发事务的串行调度:针对并发事务,按照一定的顺序依次执行每一个事务。

并发事务在串行执行过程中,事务之间不会产生相互影响,尽管并发事务不同的串行调度的执行结果可能不同,但不会导致数据不一致。因此并发事务的串行调度是正确调度。

(2) 并发事务的并行调度

并发事务的并行调度:针对并发事务,同时执行若干个事务。

并发事务在并行执行过程中,事务之间可能发生相互影响,因此并发事务的并行调度可能是错误调度。

因为并发事务的串行调度总是正确的,所以可以使用并发事务的串行调度来验证并发事务的并行调度的正确性。

因此,把使用并发事务的串行调度来验证并发事务的并行调度的过程,称为并发事务的串行化。

8.5.2　并发事务的可串行化

并发事务的并行调度是正确的,当且仅当其执行结果与并发事务的某个串行调度的执行结果相同。即:并发事务的可串行化(Serializable)。

不难看出,并发事务的可串行化调度一定是正确的。

例 8.10　如果数据对象 A = 30,B = 30,事务 T_1 和 T_2 对 A,B 的操作如下:

T_1:R(A) → B = A + 20 → W(B)。

T_2:R(B) → A = B + 20 → W(A)。

对 T_1 和 T_2 的 4 种不同调度策略 a,b,c,d 如表 8.7 所示,则:

(1) 哪些调度是串行调度,哪些是并行调度?

(2) 对于并行调度,哪些可串行化,哪些非串行化?

表 8.7　并发事务的调度策略

策略 a		策略 b		策略 c		策略 d	
T_1	T_2	T_1	T_2	T_1	T_2	T_1	T_2
Slock A X = R(A) = 30 Unlock A Xlock B B = X + 20 = 50 W(B) = 50 Unlock B			Slock B Y = R(B) = 30 Unlock B Xlock A A = Y + 20 = 50 W(A) = 50 Unlock A	Slock A X = R(A) = 30		Slock A X = R(A) = 30 Unlock A Xlock B	
					Slock B Y = R(B) = 30	B = X + 20 = 50 W(B) = 50 Unlock B	Slock B 等待 等待 等待
	Slock B Y = R(B) = 50 Unlock B Xlock A A = Y + 20 = 70 W(A) = 70 Unlock A	Slock A X = R(A) = 50 Unlock A Xlock B B = X + 20 = 70 W(B) = 70 Unlock B		Unlock A Xlock A B = X + 20 = 50 W(B) = 50 Unlock B	Unlock B Xlock A A = Y + 20 = 50 W(A) = 50 Unlock A		获得 Slock B Y = R(B) = 50 Unlock B Xlock A A = Y + 20 = 70 W(A) = 70 Unlock A

注:R(A) 表示读取 A,W(A) 表示写入 A。

分析:

(1) 根据表 8.7 可知:策略 a、b 是串行调度,策略 c、d 是并行调度。并且策略 a 的串行结果是 A = 70,B = 50;策略 b 的串行结果是 A = 50,B = 70。

(2) 对于策略 c,由于其执行结果是 A = 50,B = 50,与策略 a、b 的执行结果均不相同,所以策略 c 非可串行化调度。

对于策略 d,由于其执行结果是 A = 70,B = 50,与策略 a 的执行结果相同,所以策略 d 是可串行化调度。

为了确保并发事务并行调度的正确性,DBMS 必须提供并发调度策略来保证并发调度的可串行化。

不难证明,如果并发事务的并行调度遵守两段锁协议,则并发调度可串行化。

显然,两段锁协议是并发事务可串行化的充分条件,而非必要条件。即:满足两段锁协议一定可串行化,不满足两段锁协议也可能可串行化。

例 8.11　如果数据对象 A = 50,B = 50,事务 T_1 和 T_2 对 A,B 的操作如下:

T_1 : R(B) → A = B + 10 → W(A)。

T_2 : R(A) → B = A + 10 → W(B)。

对 T_1 和 T_2 的 3 种不同调度策略 a,b,c 如表 8.8 所示,则:

(1) 满足两段锁协议的调度有哪些?

(2) 对于不满足两段锁协议的调度,可串行化调度和非串行化调度有哪些?。

表 8.8　并发事务的调度策略

策略 a		策略 b		策略 c	
T_1	T_2	T_1	T_2	T_1	T_2
Slock B Y = R(B) = 50 Xlock A		Slock B Y = R(B) = 50 Unlock B Xlock A			Slock A X = R(A) = 50 Unlock A
	Slock A 等待 等待 等待 等待 等待		Slock A 等待 等待 等待 等待 等待	Slock B Y = R(B) = 50 Unlock B	Xlock B 等待 获得 Xlock B B = X + 10 = 60 W(B) = 60 Unlock B
A = Y + 10 = 60 W(A) = 60 Unlock B Unlock A		A = Y + 10 = 60 W(A) = 60 Unlock A			
	获得 Slock A X = R(A) = 60 Xlock B B = X + 10 = 70 W(B) = 70 Unlock B Unlock A		获得 Slock A X = R(A) = 60 Unlock A Xlock B B = X + 10 = 70 W(B) = 70 Unlock B	Xlock A A = Y + 10 W(A) = 60 Unlock A	

注:R(A) 表示读取 A,W(A) 表示写入 A。

分析:

(1) 根据表8.8不难看出,策略a遵守两段锁协议,且其并行执行结果是 A = 60,B = 70。

(2) 对于违背两段锁协议的策略b,c,由于策略 b 的并行执行结果是 A = 60,B = 70,与策略 a 的执行结果相同,所以策略 b 可串行化;由于策略 c 的并行执行结果是 A = 60,B = 60,与策略 a 的执行结果不相同,而且与 T_1 和 T_2 的两种串行执行的结果也均不相同,所以策略 c 不可串行化。

思考:在例 8.11 中,给出 T_1 和 T_2 的两种串行执行的结果。

8.6　活锁和死锁

封锁机制虽然可以确保数据的一致性,且有效地解决并发事务的可串行化,但也可能导致活锁和死锁。

活锁死锁
+ 预防

8.6.1　活锁

活锁:由于授权封锁的随机性,导致事务 T 的封锁请求一直处于等待状态的封锁。即:T 封锁一个数据对象时,T 始终处于等待状态。

解决方法:采用先来先服务的授权策略。即:并发事务请求封锁数据对象时,按照请求封锁的先后次序依次进行授权。

8.6.2　死锁

死锁:在并发事务的多个事务进行封锁请求时,分别需要为对方加锁,而对方又不允许加锁,从而造成多方处于一直等待状态。即:

在并发事务中,事务 T_1 封锁了数据对象 A,事务 T_2 封锁了数据对象 B;然后 T_1 请求封锁 B,T_2 请求封锁 A,从而导致 T_1 和 T_2 均处于等待状态,从而形成死锁如表 8.9 所示。

表 8.9　死锁

T_1	T_2
Slock A	
…	
…	Slock B
Xlock B	…
等待	…
等待	Xlock A
等待	等待
	等待

思考:遵守两段锁协议的并发事务是否发生死锁?

解决死锁的方法:

① 预防死锁。采取合理的封锁策略预防死锁的发生。

② 诊断与解除。对于发生死锁的并发事务,采用一定的措施诊断死锁,并利用有效地策略解除死锁。

(1) 死锁的预防

预防死锁的关键:分析产生死锁的原因,找出形成死锁的条件,从而破坏相应的条件,避免死锁形成。

产生死锁的原因:并发事务在封锁了指定数据对象后,又请求对已经被其他事务封锁的数据对象加锁,从而形成永久等待。

产生死锁的条件:并发事务对已经加锁的数据对象再次申请加锁。

预防死锁的方法:一次封锁法和顺序封锁法等。

① 一次封锁法

一次封锁法:并发事务把所有需要访问的数据对象一次性全部加锁。

一次封锁法虽然有效地预防了死锁,但由于封锁了很多数据对象,从而影响其他事务的访问,降低了并发度;而且对于复杂的并发事务,很难确定每个事务封锁的数据对象。

② 顺序封锁法

顺序封锁法:预先对数据对象规定一个封锁顺序,所有事务均按约定的顺序进行封锁。

顺序封锁法虽然有效地预防了死锁,但维护费用较高,且难于实现。原因是并发事务很多,其封锁的数据对象更多;况且并发事务的封锁请求在多数情况下是动态的,很难确定每一个事务的封锁对象,从而导致很难按规定的顺序封锁。

针对存在的问题,诊断死锁并解除死锁则是更有效的方法。

(2) 死锁的诊断

死锁的诊断方法:超时法和等待图法等。

① 超时法

死锁诊断
+ 解除

超时法:如果并发事务中事务 T 的等待时间超过了设定时限,则认为 T 形成了死锁。

优点:实现简单。

缺点:时限设置过短,则可能误判;时限设置过长,则不能进行及时检测。

② 等待图法

等待图法:根据等待图提供的并发事务的动态等待信息,来进行死锁检测的方法。

等待图是以事务为顶点,以事务之间的等待状态为边的有向图 $G = (T,E)$ 如图 8.3 所示。其中:T 为顶点集合,每个顶点表示正在运行的事务;E 为边集合,每条边表示事务之间的等待状态,即:如果 T_1 等待 T_2,则 T_1、T_2 之间存在由 T_1 指向 T_2 的有向边。

等待图法的诊断机制:并发机制周期性地检测等待图,如果发现图中存在有向回路,则表示形成了死锁。

例如:在图 8.3 中,$T_1 \rightarrow T_4 \rightarrow T_5 \rightarrow T_3 \rightarrow T_1$ 存在有向回路,即:形成了死锁。

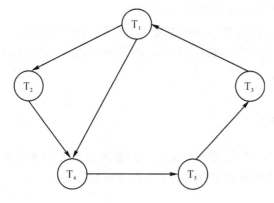

图 8.3　等待图 G

(3) 死锁的解除

对于检测到的死锁,则需要采取有效的措施解除死锁。

死锁的解除方法：

① 超时法死锁：强行终止死锁事务 T,释放 T 持有的锁,同时对 T 执行回滚操作。

② 等待图法死锁：在等待图的有向回路中,选择一个处理费用最少的事务 T,然后强行终止 T,释放 T 持有的锁,同时对 T 执行回滚操作。

处理费用可以使用经典的 Dijkstra 最短路径算法实现。

总之,一次封锁法和顺序封锁法可以预防活锁和死锁;超时法和等待图法则可以有效的诊断和解除死锁。

8.7　小结

建立数据库是为多个用户提供数据共享;数据共享必然导致事务并发;事务并发导致数据不一致;因此必须提供并发机制。

事务管理是并发机制的理论依据。事务的 ACID 特性是事务管理的核心。

并发机制以事务为单位,以封锁为核心。使用三级封锁协议解决并发事务导致的丢失修改、读脏数据和不可重读问题;使用两段锁协议解决并发事务的可串行化。

主要知识点：

(1) 事务管理(事务的概念、事务的 ACID 特性)。

(2) 并发机制和数据不一致(丢失修改、读脏数据和不可重读)。

(3) 封锁和封锁协议。

(4) 两段锁协议和并发事务的可串行化。

(5) 活锁和死锁(活锁和死锁的概念、预防、检测和解除)。

目前流行的 DBMS(例如：SQL Server 2016) 均支持并发控制,并提供了完善的并发控制机制。

并发控制实验

通过理解事务、并发控制及其封锁的基本概念和基本理论,在 SQL Server 2016 环境下,熟练掌握并发机制的设计及其实现方法。

实验 10   并发控制

在"实验 1"创建的 CInfo 和 SInfo 中,事务回滚和提交的实现;并发事务的丢失修改、读脏数据和不可重读问题的测试和解决方法。

(1) 分析并写出如下语句的含义和执行结果。

```
USE Master
CREATE TABLE TestTable (Attr CHAR(6))
GO
DECLARE @TranName1 VARCHAR(10) = 'TranRoback'
DECLARE @TranName2 VARCHAR(10) = 'TranCommit'
BEGIN TRAN @TranName1
   INSERT INTO TestTable VALUES('Hello')
   INSERT INTO TestTable VALUES('World!')
ROLLBACK TRAN @TranName1
BEGIN TRAN @TranName2
   INSERT INTO TestTable VALUES('Happy')
   INSERT INTO TestTable VALUES('You!')
COMMIT TRAN @TranName2
SELECT * FROM TestTable
DROP TABLE TestTable
```

(2)SQL Server 2016 的自动封锁测试。

在 CInfo 中,使用 SQL 语句实现如下功能,然后写出执行结果。同时分析对修改操作(UPDATE),DBMS 会自动在何种粒度的数据对象上添加何种类型的封锁?

—— 打开数据库 CInfo

　—— 定义一个事务 EditName

　—— 把厂商"Sony 公司"的名称改为"Sony 有限公司"

　—— 查看数据库的 CInfo 封锁信息(提示:SP_LOCK)

　—— 回滚事务 EditName

　—— 查看数据库的 CInfo 封锁信息

(3) 丢失修改的用户封锁测试和解决方法。

在 CInfo 中,使用 SQL 语句实现如表 8.10 所示的并发事务 T₁ 和 T₂ 的功能,然后写出执行结果。同时分析丢失修改的原因,最后给出解决问题的方法。

表 8.10　丢失修改的实现

T_1	T_2
—— 打开数据库 CInfo —— 定义一个事务 T_1 —— 声明整型变量 @Var —— 读取张三的工资到 @Var —— 等待 10 秒 —— 用 @Var + 600 更新张三的工资 提交事务 T_1	—— 打开数据库 CInfo —— 定义一个事务 T_2 —— 声明整型变量 @Var —— 读取张三的工资到 @Var —— 等待 10 秒 —— 用 @Var − 500 更新张三的工资 提交事务 T_2

提示 1:利用两个查询分析窗口,模拟两个连接到 SQL Server 服务器的客户端,首先在窗口 1 中运行事务 T₁,然后立即在窗口 2 中运行事务 T₂。

提示 2:修改 T₁ 如下:

```
SELECT @Var = Salary
FROM EmpWITH ( TABLOCKX)
WHERE EName = '张三'
```

(4) 读脏数据的用户封锁测试和解决方法。

在 CInfo 中,使用 SQL 语句实现如表 8.11 所示的并发事务 T1 和 T2 的功能,然后写出执行结果。同时分析读脏数据的原因,最后给出解决问题的方法。

表 8.11　读脏数据的实现

T₁	T₂
—— 打开数据库 CInfo —— 定义一个事务 T₁ —— 声明整型变量 @Var —— 读取张三的工资到 @Var —— 用 @Var + 600 更新张三的工资 —— 等待 10 秒 回滚事务 T₁	—— 打开数据库 CInfo —— 定义一个事务 T₂ —— 声明整型变量 @Var —— 读取张三的工资到 @Var —— 如果 @Var 不等于 5000,提示"读脏数据" 提交事务 T₂

提示 1:如果事务当前的隔离级别是默认的 READ COMMITTED,则不会出现"读脏数据"的问题。

提示 2:修改 T₂ 如下:

SELECT @Var = Salary

FROM EmpWITH (HOLDLOCK)

WHERE EName = '张三'

提示 3:如果采用事务隔离级别控制,需在 T₁ 开始之前设置:

SET TRANSACTION ISOLATION LEVEL READ COMMITTED

(5) 不可重读的用户封锁测试和解决方法。

在 CInfo 中,使用 SQL 语句实现如表 8.12 所示的并发事务 T₁ 和 T₂ 的功能,然后写出执行结果。同时分析读脏数据的原因,最后给出解决问题的方法。

表 8.12　不可重读的实现

T₁	T₂
—— 打开数据库 CInfo —— 定义一个事务 T₁ —— 声明整型变量 @Var1,@Var2 —— 读取张三的工资到 @Var1 —— 等待 10 秒 —— 读取张三的工资到 @Var2 —— 如果 @Var1 不等于 @Var2,提示"不可重读!" 提交事务 T₁	—— 打开数据库 CInfo —— 定义一个事务 T₂ —— 声明整型变量 @Var —— 读取张三的工资到 @Var —— 用 @Var + 600 更新张三的工资 提交事务 T₂

提示 1:修改 T₁ 如下:

SELECT @Var = Salary

FROM EmpWITH (HOLDLOCK)

WHERE EName = '张三'

提示 2:如果采用事务隔离级别控制,需在 T1 开始之前设置:

SET TRANSACTION ISOLATION LEVEL REPEATABLE READ

(6) 在 SInfo 中, 自行设计并实现事务的回滚和提交, 并发事务的丢失修改、读脏数据和不可重读问题的验证和解决方案。

提示: HOLDLOCK(共享锁), NOLOCK(不加锁), ROWLOCK(行级锁), TABLOCK(表级共享锁锁), TABLOCKX(表级排它锁), READ[UN]COMMITTED(隔离级别), REPEATABLE READ(隔离级别), SERIALIZABLE(隔离级别), @@LOCK_TIMEOUT (锁超时设置), WAITFOR DELAY(时间延迟), SP_LOCK(看锁信息), UPDLOCK(更新锁) 等。

习　题

(1) 解释事务。简述事务的 4 个特性。

(2) 解释并发控制。简述并发控制与数据共享的关系。

(3) 简述并发事务导致的数据不一致。如何解决这一问题?

(4) 解释封锁。简述常用的封锁。

(5) 解释封锁协议。简述常用的封锁协议。

(6) 解释并发事务的串行调度和并行调度。简述两者的关系。

(7) 解释并发事务的可串行化。简述两段锁协议与并发事务可串行化的关系。

(8) 如果 $A = 6, B = 6$, 并发事务 T_1, T_2, T_3 如下:

$T_1 : A \leftarrow A + B; T_2 : B \leftarrow A - B; T_3 : A \leftarrow A \times B$。

完成如下操作:

① 给出 T_1, T_2, T_3 的所有串行调度及其执行结果。

② 给出 T_1, T_2, T_3 满足两段锁协议的可串行化并行调度及其执行结果。

③ T_1, T_2, T_3 是否存在不满足两段锁协议的可串行化并行调度?如果存在,给出相应的可串行化并行调度及其执行结果。

④ 如果 T_1, T_2, T_3 满足两段锁协议,是否存在形成死锁的可能?如果存在,给出相应的调度。

(9) 解释活锁和死锁。简述活锁和死锁的解除方法。

第9章　　*Chapter 9*

数据恢复

通过 DAC 和 MAC 可以保护数据安全;利用实体完整性、参照完整性和用户定义完整性可以确保数据完整;采用事务和封锁技术可以进行并发控制。

系统难免出现故障,从而破坏数据库,因此 DBMS 必须提供完善的数据恢复机制,恢复被破坏的数据,使数据从不一致的错误状态恢复到一致的正确状态,让损失降到最低。

数据恢复是衡量系统性能的重要指标。恢复子系统则是 DBMS 的重要组成部分。

故障管理

9.1　故障管理

在系统运行过程中,可能出现的故障主要包括事务故障、系统故障、介质故障和病毒故障等。

(1) 事务故障

事务故障:运行的事务 T 遭到强行终止,使 T 非正常结束。

不难看出,事务故障破坏了事务的原子性,从而导致数据不一致。

事务运行的如下情况属于正常结束,否则属于非正常结束(即:事务故障):

① 从 BEGIN TRAN T 开始,直到 COMMIT TRAN T 结束。

② 从 BEGIN TRAN T 开始,直到 ROLLBACK TRAN T 结束。即:

执行 COMMIT TRAN T 之后,T 的运行结果永远生效。即:"保"持久性。

执行 ROLLBACK TRAN T 之后,则回滚 T。即:"保"原子性。

事务故障难于预料,原因主要包括应用程序出错、运算溢出、破坏了数据完整性约束和并发事务死锁等。

对于事务故障,DBMS 的恢复子系统会自动强行撤销事务(UNDO),并对其执行回滚(ROLLBACK) 操作。

(2) 系统故障

系统故障(软故障):导致系统停止运转的任何事件。系统故障需要重新启动系统。

系统故障的原因主要包括计算机硬件故障(CPU、内存或电源等)、操作系统故障、DBMS 故障和停电等。

显然,系统故障会强行终止所有正在运行的事务,从而破坏数据库。

对于系统故障,DBMS 的恢复子系统在系统重新启动时,强行撤销(UNDO)所有未完成事务,回滚(ROLLBACK) 所有终止的事务;重做(REDO) 所有已提交的事务。

(3) 介质故障

介质故障(硬故障):导致外存储设备故障的任何事件。

介质故障的原因主要包括磁盘故障、磁带故障和光盘故障等。

介质故障会破坏数据库,并影响正在存取数据库的所有事务。介质故障较少发生,但是一旦发生破坏性很大。

(4) 病毒故障

计算机病毒(Computer Virus) 是指编制者在计算机程序中插入的破坏计算机功能或者数据的代码,能影响计算机使用,能自我复制的一组计算机指令或者程序代码。

计算机病毒具有传播性、隐蔽性、感染性、潜伏性、可激发性、表现性或破坏性。

感染计算机病毒后,轻则影响运行速度,使机器不能正常运行;重则瘫痪机器,破坏硬件、软件和数据,带来不可估量的损失。

病毒故障:计算机病毒导致的故障。计算机病毒已经成为计算机系统和数据库系统的主要威胁,并且会破坏数据库。

9.2　建立冗余数据

数据恢复的核心技术是建立冗余数据和利用冗余数据实施数据库恢复。建立冗余数据的技术是数据转储和登记日志文件等。

建立冗余 +
数据转储

9.2.1　数据转储

数据转储:DBA 定期地把整个数据库复制到磁盘、磁带或光盘等外存。目的是建立后备副本(冗余数据),以备数据恢复时使用。

数据转储设备:磁盘阵列、磁带库和光盘塔等。

数据转储分类:静态海量转储、静态增量转储、动态海量转储和动态增量转储如表9.1所示等。

表 9.1 数据转储分类

方式 状态	海量转储	增量转储
静态转储	静态海量转储	静态增量转储
动态转储	动态海量转储	动态增量转储

(1) **静态转储**

静态转储:在无事务运行时,进行数据转储。即:数据转储期间不能访问数据库。数据转储与事务不能同时执行。

优点:方法简单,后备副本与数据库完全一致。

缺点:转储必须在所有事务运行结束之后才能进行,从而降低并发度。

(2) **动态转储**

动态转储:在有事务运行时,进行数据转储。即:数据转储期间允许更新数据库。数据转储与事务可以同时执行。

优点:数据转储期间允许访问数据库,数据转储与并发事务共存,从而提高并发度。

缺点:后备副本与数据库可能不一致,可能部分破坏数据一致性。

(3) **海量转储**

海量转储:转储数据库的全部数据。

优点:备份简单,恢复方便。

缺点:转储时间较长,需要较多的转储空间。

(4) **增量转储**

增量转储:只转储上一次转储后更新的数据。

优点:节省转储时间和转储空间,实用有效。

缺点:备份和恢复较为复杂。

对于中小型数据库使用海量转储比较方便;对于大型数据库使用增量转储会更实用有效。

数据转储比较耗费时间和资源,不建议频繁使用,DBA应该根据实际需要合理地选择数据的转储周期和转储方法。

　　例如:对蓝天证券的交易数据库进行数据转储的策略:每天下午 6 点进行动态增量转储,每周进行一次动态海量转储,每月进行一次静态海量转储。

　　在系统运行过程中,一旦数据库遭到破坏,则需要装入后备副本,把数据库恢复到一致状态,实现数据库的恢复,从而把损失降到最低。

9.2.2　日志文件

日志文件

　　不难看出,静态转储只能保证后备副本与转储时间点之前的数据库保持一致,而转储时间点之后的数据库更新将会丢失。而动态转储的后备副本与数据库本身可能会不一致,所以直接重装也会出现数据的不一致。

　　所以,仅仅使用数据转储,通常无法确保数据库的全部恢复。

　　因此,在动态转储期间,需要把事务对数据库的更新操作进行登记,建立日志文件(即:登记日志文件)。

　　在实施数据恢复时,则可以通过装入后备副本,同时利用日志文件把数据库恢复到一致的正确状态。即:后备副本 + 日志文件。

　　日志文件:记录事务对数据库的更新操作的文件。

　　日志文件分类:记录日志文件和数据块日志文件等。

　　(1) 记录日志文件

　　记录日志文件:以记录为单位的日志文件。主要内容包括:

　　① 事务标记(事务开始标记,事务结束标记,事务名称等)。

　　事务标记:并发事务的开始标记(BEGIN TRAN T)和结束标记(COMMIT TRAN T 或者 ROLLBACK TRAN T),用于标识并发事务的开始与结束。

　　例如:如果部分并发事务序列依次为:

　　$\cdots\cdots \rightarrow T_1$ 开始 $\rightarrow T_3$ 回滚 $\rightarrow T_2$ 提交 $\rightarrow T_4$ 开始 $\rightarrow \cdots\cdots$

　　则事务标记可以记录如下(SQL Server 2016 格式):

　　……

BEGIN TRAN T_1

ROLLBACK TRAN T_3

COMMIT TRAN T_2

BEGIN TRAN T_4

　　……

　　② 事务操作类型(插入,修改,删除)。

　　③ 事务操作对象。

　　④ 更新前数据旧值。

　　⑤ 更新后数据新值。

(2) 数据块日志文件

数据块日志文件:以数据块为单位的日志文件。主要内容包括:

① 事务标记(事务开始标记,事务结束标记,事务名称)。

② 更新前数据块旧值。

③ 更新后数据块新值。

(3) 日志文件登记规则

登记日志文件,必须遵守如下规则:

① 严格按照并发事务执行的时间次序依次登记。

② 先登记日志文件,后更新数据库。

对于规则2:如果先更新数据库,后登记日志文件,且故障发生在更新数据库之后,登记日志文件之前,则会导致数据库被更新了,而日志文件却没有登记该更新操作,因此在恢复数据库时,将无法从日志文件中得到该更新操作的记录,从而无法恢复该更新操作。

如果先登记日志文件,后更新数据库,且故障发生在登记日志文件之后,更新数据库之前,则日志文件记录了事务对数据库的更新操作,却没有真正更新数据库,因此在恢复数据库时,由于从日志文件中得到了更新数据库操作的记录,经过验证发现,并没有真正更新数据库,所以只需要撤销(UNDO)更新操作,且不会影响数据一致性。

(4) 日志文件的作用

利用日志文件可以实现事务故障恢复、系统故障恢复和介质故障恢复。因此日志文件对于数据恢复,起着非常重要的作用。即:

① 事务故障恢复必须使用日志文件。

② 系统故障恢复必须使用日志文件。

③ 对于静态转储的故障恢复,也需要使用日志文件。具体恢复过程是:首先重装后援副本,然后利用日志文件,重做(REDO)已完成的事务,) 未完成的事务。

④ 对于动态转储的故障恢复,必须使用日志文件。即:综合利用后备副本和日志文件实现数据库恢复。

恢复技术

9.3　恢复技术

系统运行,故障在所难免,因此需要利用后备副本和日志文件,对故障数据库实施有效的数据恢复。

(1) 事务故障恢复

事务故障恢复方法：利用日志文件撤销事务对数据库的更新操作。即：

① 反向扫描文件日志（即：从尾向前扫描），查找事务的更新（INSERT、UPDATE 和 DELETE）操作。

② 对事务的更新操作执行逆操作。把日志记录中更新前的值写入数据库。

③ 重复 ① 和 ②，直到读取事务的开始标记。

事务故障恢复通常由 DBMS 的恢复子系统自动完成。

(2) 系统故障恢复

因为导致系统故障的原因是未完成事务对数据库的更新可能已经写入数据库，或者已提交事务对数据库的更新可能没有写入数据库。

所以恢复系统故障需要撤销未完成事务（UNDO）和重做已完成事务（REDO）。即：

① 正向扫描日志文件（即：从头向后扫描），建立 REDO 队列和 UNDO 队列。

逐一找出已提交事务 S，并把 S 登记到 REDO 队列。即：日志记录中，既有"BEGIN TRAN S"，也有"COMMIT TRAN S 或 ROLLBACK TRAN S"。

逐一找出未提交事务 T，并把 T 登记到 UNDO 队列。即：日志记录中，只有"BEGIN TRAN　T"，而没有"COMMIT TRAN T 或 ROLLBACK TRAN T"。

例如：在系统故障时，利用日志文件建立的事务队列如下：

REDO 队列：T_1，T_5，T_6。

UNDO 队列：T_2，T_3，T_4，T_7，T_8，T_9。

② 对 REDO 队列的事务执行重做操作。即：

正向扫描日志文件，对 REDO 队列的事务重新执行日志文件登记的更新操作。即：把日志记录中更新后的值写入数据库。

例如：对 REDO 队列的 T_1，T_5，T_6 重新执行日志文件的登记操作。

③ 对 UNDO 队列的事务执行撤销操作。即：

反向扫描日志文件，对 UNDO 队列的事务的更新操作执行逆操作。即：把日志记录中更新前的值写入数据库。

例如：对 UNDO 队列的 T_2，T_3，T_4，T_7，T_8，T_9 的更新操作执行逆操作。

系统故障恢复通常由 DBMS 的恢复子系统自动完成。

(3) 介质故障的恢复

介质故障恢复方法：重装数据库，重做已完成事务。即：

① 重装数据库。装入距离故障时间最近的最新后备副本，使数据库恢复到最近一次转储时的一致性状态。

对于静态转储，直接装入后备副本。

对于动态转储,首先装入后备副本,然后装入转储开始时刻的日志文件副本,最后利用系统故障恢复的方法,实施数据库恢复。

② 重做已完成事务。装入转储结束时刻的日志文件副本,重做已完成的事务。

首先正向扫描日志文件,找出已提交事务,并登记到 REDO 队列,然后重做事务。

恢复介质故障需要 DBA 装入后备副本和日志文件,并由 DBMS 的恢复子系统自动完成。

(4) 数据镜像

为了避免介质故障造成数据的严重损失,DBMS 提供了数据镜像技术,实现质故障的恢复。

镜像

数据(库)镜像:DBMS 把数据库(或其关键数据) 复制到备份介质上形成镜像数据,并自动保持镜像数据与主数据的一致。

在介质发生故障时,DBMS 自动利用镜像数据实施数据恢复。

优点:

① 无需重启(或关闭) 系统。

② 无需重装后备副本或日志文件。

③ 无介质故障时,用于并发操作,提高并发度。即:在事务 T 对主数据加 X 锁时,其他事务可以并发读取镜像数据。

缺点:频繁复制数据,会降低系统的运行效率。

不难看出,为了提高系统的运行效率,通常仅镜像数据库的关键数据和日志文件。

9.4　检查点机制

并发事务会导致日志文件很大,进而需要耗费大量的时间扫描日志文件和重做已提交事务,而检查点恢复技术可以有效地解决这一问题。

通过建立检测点文件以及在日志文件中增加检查点记录,对日志文件进行动态维护,从而实现日志文件的快速扫描。

(1) 检查点记录与重新开始文件

检查点记录:用于记录在检查时间点正在执行的事务清单的日志记录。检查点记录需要登记到日志文件。

显然,检查点记录是一个日志记录,在日志文件中增加的一种新的记录类型。目的是动态维护日志文件。

检查点记录的主要内容：

① 在检查时间点所有正在执行的事务清单。

② 事务清单中，最近一个日志记录的地址。

重新开始文件：记录检查点记录在日志文件中地址的文件。

不难看出，重新开始文件的内容是重新开始记录。即：检查点记录的地址。

例 9.1　在如图 9.1 所示的检查点机制中，重新开始文件中有两条记录 A_i 和 A_j，分别为检查点 C_i 和 C_j，检查点记录 R_i 和 R_j 在日志文件中的地址。即：

(1) 在检查点记录 R_i 的检查时刻 C_i，正在运行的事务有两个 T_n，T_m；其中 T_n 的最近一个日志记录的地址为 D_n，T_m 的最近一个日志记录的地址为 D_m；所以检查点记录 R_i 的内容为：$\{T_n, D_n; T_m, D_m\}$。

(2) 在检测点记录 R_j 的检查时刻 C_j，正在运行的事务有一个 T_k，T_k 的最近一个日志记录的地址为 D_k，所以检查点记录 C_j 的内容为：$\{T_k, D_k\}$。

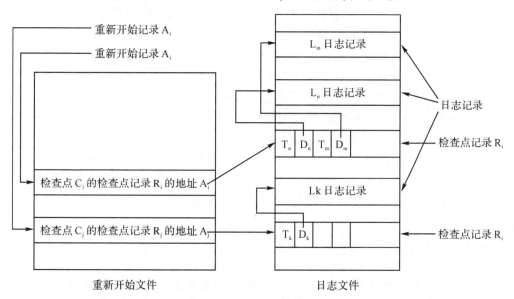

图 9.1　检查点机制

(2) 日志文件动态维护

利用重新开始文件和日志文件的检查点记录，动态维护日志文件。即：

① 把当前日志缓冲区中的所有日志记录写入日志文件。

② 在日志文件中写入一个检查点记录。

③ 把当前数据缓冲区的所有数据记录写入数据库。

④ 把检查点记录在日志文件中的地址写入重新开始文件。

⑤ 按照设定周期,重复上述操作。

建立检查点的规则:

① 定期。按照事先约定的时间间隔。

② 预约规则。按照事先约定的规则。

因此,DBMS 的恢复子系统可以定期(或按照预约规则)建立检查点记录,保存并发事务的状态。

(3) 检查点恢复策略

利用检查点机制进行数据恢复的策略:

① 在重新开始文件中,找到最后一个检查点记录在日志文件中的地址,由该地址在日志文件中找到最后一个检查点记录。

② 由该检查点记录得到检查点建立时刻,所有正在执行的事务清单 ActiveL。

③ 利用 ActiveL 建立重做队列 RedoL 和撤销队列 UndoL 如下:

RedoL ← $\varnothing$,即 RedoL 置空。

UndoL ← ActiveL,即:把 ActiveL 放入 UndoL。

④ 从检查点开始正向扫描日志文件,直到日志文件结束。如果有新开始的事务 T_i,则把 T_i 放入 UndoL;如果有提交的事务 T_j,则把 T_j 从 UndoL 移到 RedoL。

⑤ 对 RedoL 的事务执行 REDO 操作。

⑥ 对 UndoL 的事务执行 UNDO 操作。

总之,DBMS 的恢复子系统必须支持数据转储、日志文件、检查点和数据库镜像等管理机制,并利用后备副本、日志文件、检查点和数据库镜像对事务故障、系统故障和介质故障进行恢复,重建数据库,从而确保数据的一致性。

实例备份 +
恢复 + 分离
+ 附加

9.5　小　结

在共享数据的过程中,难免出现故障,故障必然破坏数据库。本章主要介绍了常用故障及其恢复机制,数据转储,日志文件管理,数据库镜像,检查点机制等恢复技术。

主要知识点:

(1) 故障管理(事务故障、系统故障、介质故障、病毒故障及其恢复机制)。

(2) 数据转储(静态转储、动态转储、海量转储、增量转储)。

(3) 日志文件及其登记规则。

(4) 数据库镜像。

(5) 检测点机制(检测点记录、重新开始文件、检测点恢复策略)。

目前流行的 DBMS(例如:SQL Server 2016)提供并支持完善的数据恢复技术。

数据恢复实验

通过理解数据转储和日志文件等数据恢复技术,在 SQL Server 2016 环境下,熟练掌握数据库的备份与还原、分离和附加、导入与导出的实现方法。

实验 11　数据恢复

在"实验 1"创建的 CInfo 和 SInfo 中,分别使用对象资源管理器和查询编辑器,实现数据库的备份与还原、分离和附加、导入与导出等。

(1)备份与还原。把 CInfo 按照完整、差异、事务日志和镜像等备份到指定目录;然后,再把备份文件中的数据,还原到当前数据库中。

提示 1:BACKUP DATABASE CInfo TO DISK = 'D:\Data\CInfo.bak'

提示 2:RESTORE DATABASE CInfo FROM DISK = 'D:\Data\CInfo.bak'
WITH REPLACE

(2)SQL Server 与 Access 的导入与导出。把 CInfo 的职工表,导出到指定的 Access 数据库中,表名不变。同时,把 Access 数据库中职工表导入到 SInfo 中,表名不变。

(3)SQL Server 与 Excel 的导入与导出。把 CInfo 的商品表,导出到指定的 Excel 文件中,表名不变。同时,把 Excel 文件中的商品表导入到 SInfo 中,表名不变。

(4)SQL Server 与文本文件的导入与导出。把 CInfo 的商店表,导出到商店.txt 中。同时,把商店.txt 导入到 SInfo 中,表名不变。

(5)分离与附加。把 CInfo 从当前服务器中分离出来,然后对分离后的数据库及其日志文件进行备份,最后再把分离的数据库文件,附加到当前服务器中。

提示 1:SP_DETACH_DB CInfo

提示 2:EXEC SP_ATTACH_DB @DBNAME = 'CInfo',

@FILENAME1 = 'CInfo.mdf',

@FILENAME2 = 'CInfo.ldf'

习　题

(1)简述数据库系统的故障种类。

(2) 简述恢复机制的核心技术以及建立冗余数据的常用技术。

(3) 解释数据转储。简述数据转储的常用方法。举例说明数据转储的可行策略。

(4) 解释日志文件。简述常用的日志文件及其内容。

(5) 简述日志文件的登记规则。并解释原因。

(6) 简述事务故障、系统故障和介质故障的恢复策略。

(7) 解释数据库镜像。

(8) 解释检查点记录和重新开始文件。

(9) 简述检查点机制的恢复策略。

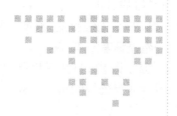

第10章　*Chapter 10*

数据库设计

　　针对具体应用,通常需要进行大量的数据处理与分析。因此必须科学地设计与实现满足实际要求的数据库及其应用系统。

　　数据库(系统)设计:针对实际应用,设计规范优化的逻辑模型和物理结构,进而建立相应的数据库及其应用系统,从而科学有效地管理数据,满足用户的应用需求。

　　数据库设计需要考虑的主要问题:

　　(1)数据库包含几个表。

　　(2)每一个表包含几个属性。

　　(4)每一个属性的类型、宽度和约束条件等。

　　(5)属性之间的依赖关系。

　　(6)数据的添加、修改、删除、查询、计算、统计和报表等功能。

　　不难看出:数据库设计是一个循序渐进、循环往复、精益求精的复杂过程。即:没有最好,只有更好。

10.1　数据库设计的方法与步骤

　　在数据库的设计过程中,不但需要进行结构(数据)设计,而且需要融合行为(处理)设计,并把两者有效地结合起来,进行综合设计。

10.1.1　数据库设计方法

　　数据处理的复杂性导致了数据库设计的复杂性。只有使用科学的设计理论,正确的设计方法,合理的设计步骤,才能确保数据库及其应用系统的设计质量,减少系统的运行和维护费用。

数据库设计方法:手工经验法、新奥尔良法、E-R 图法、3NF 法和面向对象的 DB 设计法和统一建模语言 UML 等。

(1) 手工经验法。设计人员凭借自己的设计经验,直接进行设计的方法。显然,设计质量与设计人员的经验水平有直接关系,不过,对中小型应用,或许是不错的有效方法。

(2) 新奥尔良(New Orleans)法。一种早期的数据库设计方法。把数据库设计分为规范的 4 个阶段,从而保证了设计质量。

(3)E-R 图法。用 E-R 方法设计概念模型的方法。使用规范的图形符号和连接方法,对实体、组成实体的属性以及实体之间联系,进行图形表示。常用方法之一。

(4)3NF 法。使用关系数据理论设计逻辑模型的方法。使用 1NF、2NF、3NF 和 BCNF 及其范式分解理论,对关系模式进行规范化。常用方法之一。

(5) 面向对象数据库设计方法。把面向对象编程 (Object Oriented Programming, OOP) 技术引入到数据库设计,而形成的新设计方法。常用方法之一。

尽管数据库设计通常采用规范的设计方法,但是复杂设计的具体实施,还需要人工设计。因此,比较理想的方法是把人工设计和规范设计结合起来进行数据库设计。

数据库计算机辅助设计(Computer Aided Design, CAD):可以减轻数据库设计的工作强度,加快设计速度,提高设计质量。尽管目前辅助设计较少,且功能不够完善。

数据库计算机辅助设计工具:ORACLE公司推出的 Designer 2000 和 SYBASE 公司推出的 Power Designer 等。

不难看出,参与数据库设计的人员应该尽量具有计算机理论、软件工程、程序设计、数据库设计和应用领域等知识技术。

10.1.2 数据库设计步骤

针对具体应用,设计合理的概念结构、规范的逻辑模式和优化的物理结构,实现具有完整性、并发性和恢复性等控制机制的、运行安全稳定的应用系统,进而有效地管理数据,满足用户的应用需求。

数据库设计步骤:需求分析、概念结构设计、逻辑结构设计、物理结构设计、系统实施和运行与维护等如图 10.1 所示。

(1) 需求分析。分析和确定用户的应用需求。需求分析是基础。设计的主要

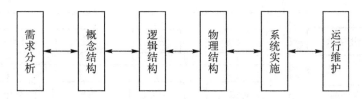

图 10.1　数据库设计步骤

结果是数据字典。

(2) 概念结构设计。数据库设计的关键。根据需求分析的结果,对用户需求进行综合、归纳和抽象,并设计概念模型的过程。概念结构是桥梁。设计结果是 E-R 图。

(3) 逻辑结构设计。把概念结构转换为 DBMS 支持的逻辑模型,并对其进行优化。逻辑结构设计是核心。设计结构是规范化的关系模式的集合。

(4) 物理结构设计。为逻辑模型设计合理的物理应用环境。设计内容是存储结构和存取方法。设计结果是存储结构。

(5) 系统实施。利用 DBMS 和主语言等,根据逻辑结构和物理结构,建立数据库,设计应用程序。设计结果是数据库和应用系统。

(6) 运行和维护。数据库及其应用系统投入运行,并对其进行评价和维护。

思考 1:蓝天大学图书馆的主体工程已经完工,工程师发现主承重墙体的钢筋型号"螺纹钢 ∅36"错用为"圆钢 ∅16",如何解决?如果问题在施工之前发现呢?

思考 2:白云大学学籍管理系统的数据库及其主要功能模块已经设计调试完工,工程师发现系统的规范要求需要达到 3NF,而非 1NF,如何解决?如果问题在系统实施之前发现呢?

数据库设计的模式结构如图 10.2 所示。外模式对应于视图,模式对应于表,内模式对应于存储文件。

综上所述:必须以严谨的科学态度,使用数据库设计理论、方法和技术,严格按照设计步骤,认真对待数据库设计。

尽管如此,如果熟练掌握了数据库技术,那么设计出满足用户需求的高性能的数据库系统,会是一件轻松愉快的事情。

10. 2　需求分析

需求分析是分析用户对系统的具体要求。通过详细调查系统的数据对象,充

需求分析

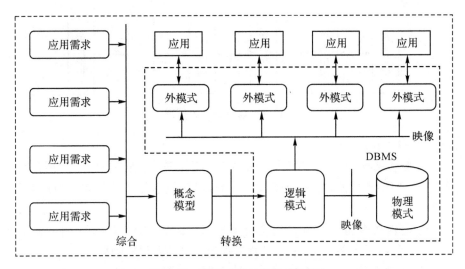

图 10.2　数据库设计的模式结构

分了解系统的运行状况,明确用户的各种需求,确定系统的详细功能和性能指标及其扩展功能,准确表达用户的实际要求,并得到用户的最终认可。分析结果直接影响后续设计和系统质量。

10.2.1　需求分析任务

需求分析任务:认真调查分析用户的信息要求、处理要求和保护要求。

信息要求:用户需要给系统提供的原始数据,以及用户需要从系统中获取的信息,如数据的详细描述和存储要求等。

处理要求:系统对数据的处理时间、处理过程以及处理方式的具体要求。

保护要求:系统的安全性、完整性、并发性和恢复性等相关要求。

需求分析不但费时,而且困难,主要原因如下:

(1) 用户缺少计算机、数据库技术和软件工程等相关知识,不能准确地表达出自己的具体需求。

(2) 设计人员缺少用户所属领域的相关专业知识,不能真正理解用户的真实需求,甚至误解用户的需求。

因此,设计人员与用户必须进行充分交流,认真调查和分析研究用户的真实需求,对用户各方面的需求信息,进行归纳和抽象,剔除非本质数据,从而确定出用户的真正需求,写入数据字典,撰写需求分析文档。

10.2.2　需求分析的方法和步骤

针对不同的实际应用,为了准确表达用户的应用要求,确保需求分析质量,需要选用正确的方法,按照合理的步骤进行需求分析。

需求分析的方法如下:

(1) 跟班。跟随用户,短期地直接参与业务工作,亲身了解业务活动的实际情况。优点是能够比较准确地理解和表达用户的需求,缺点是比较费时。

(2) 座谈。通过与用户座谈来了解业务活动情况及用户需求。通过参与者之间的相互沟通,更好地确定用户的真正需求。

(3) 专人介绍。用户中的主要工作人员介绍具体需求。

(4) 询问。对于系统的问题,邀请相关用户人员进行询问。

(5) 调查表。事先设计调查表,邀请用户填写。用户容易接受的有效方法。

(6) 工作日志。查阅与系统有关的工作日志记录。

在需求分析过程中,可以使用一种或者多种方法,通过用户的积极与参,进行深入分析和表达用户的需求。

结构化分析(Structured Analysis, SA) 作为一种简单实用的需求分析手段,从系统组织机构入手,采用自顶向下、逐层分解的方式分析系统。即:

先把系统分解为若干主功能,再把主功能分解为若干个子功能,依次类推,直到把系统工作过程表示清楚,最后把用户需求写入数据字典。

需求分析的步骤如下:

(1) 调查组织机构。调查组织机构的部门组成和职责,研究业务内容和工作流程等。

(2) 调查部门业务活动。了解部门数据的来源、输入,处理、输出和去向等。

(3) 明确用户和系统的要求。信息要求、处理要求和保护要求等。

(4) 分析表达用户需求,确定系统边界。对调查结果进行分析和归纳,明确系统需要实现的功能和达到的性能等。

(5) 建立数据字典,撰写需求分析文档。根据对用户需求的准确描述,在得到用户的认可后,写入数据字典,并撰写需求分析文档。

10.2.3　数据字典

数据字典:数据库中数据的详细描述。内容包括数据项、数据结构、数据流、数据存储和处理过程等。数据项是数据的最小单位,多个数据项组成数据结构。

数据字典需要在整个数据库设计过程中,不断地进行修改和完善。

(1) 数据项

数据项:不可再分的最小数据单位。数据库的最低规范要求(满足 INF)。即:

数据项 = {名称;说明;别名;类型;长度;取值范围;取值含义;完整性约束等}。

例如:在 EBook 中,户号和性别定义如下:

户号 = {户号;客户的编号;CNo;字符型;长度为 4 个字符;C001-C999;C 开头后接 3 个数字;户号为 Cust 的候选键(即:户号不能重复且不能为空),户号为 Buy 的外键(即:Buy 的户号必须在 Cust 中存在)}。

性别 = {性别;客户的性别;CSex;字符型;1 个字符;{1,0}(或{男,女},或{T,F});性别只能是 1 或 0(或性别只能是男或女,或性别只能是 T 或 F)}

不难看出:"户号不能重复且不能为空"定义了数据的实体完整性;"Buy 的户号必须在 Cust 中存在"定义了参照完整性;客户性别的男(1) 和女(0) 定义了用户定义完整性。因此,取值范围和数据完整性等是逻辑结构及其优化的依据。

(2) 数据结构

数据结构:数据之间的组合关系。数据结构由数据项(或数据结构) 组成。即:

数据结构 = {名称;说明;组成(数据项或数据结构) 等}。

例如:在 EBook 中,客户和图书的数据结构定义如下:

客户 = {客户;客户注册信息;(户号,户名,性别,生日,电话,婚否,照片,邮箱)}。

图书 = {图书;图书出版信息;(书号,书名,作者,版次,定价,进价,售价)}。

(3) 数据流

数据流:数据结构在系统内部传输的路径。即:

数据流 = {名称;说明;来源;去向;数据结构;平均流量,最小流量,最大流量}。

例如:图书信息查询的数据流定义如下:

图书信息查询 = {图书信息查询;客户通过图书表和出版社表进行图书出版信息查询;图书表,出版社表;图书信息查询视图;(书号,书名,作者,版次,售价,社名,电话,网址);5000,300,20000}。

(4) 数据存储

数据存储:数据结构的永久(或构临) 保存。数据流的来源或去处。即:

数据存储 = {名称;说明;编号;输入的数据流;输出的数据流;数据结构;数据量;存取频度;存取方式}。

例如:购买信息的数据存储定义如下:

购买 ＝{购书信息;登记客户的购书信息;S020206;(客户表,图书表,购买表);购买表;(户号,户名,订购日期);60000;2000 记录／月;随机存取}。

(5) 处理过程

处理过程:给定应用的具体处理方法。处理策略是使用判定表或者判定树。即:

处理过程 ＝{名称;说明;输入数据流;输出数据流;处理}。

"处理"主要说明处理过程的功能、要求、输入、输出及其性能评价标准。

例如:"图书销售利润"的处理过程定义如下:

图书销售利润 ＝{图书销售利润;计算每一本图书的销售利润;(图书表,购买表);学图书销售利润视图;根据图书表和购买表,统计每本图书的销售利润}。

10.3　概念结构设计

概念结构
设计内容

概念结构设计是设计概念模型的过程。根据需求分析确定的用户需求,利用数据字典,对用户需求进行综合、归纳和抽象,使用概念结构设计工具,设计概念模型(E-R 图)。

设计概念结构设计,需要关注如下内容:

(1) 对描述用户需求的数据字典进行综合、归纳和抽象。

(2) 确定数据库的实体、组成实体的属性以及实体之间的联系。

(3) 选择概念模型描述工具。例如:实体 — 联系方法(E-R 方法)。

(4) 描述概念模型,形成概念结构。例如:实体 — 联系模型(E-R 图)。

10.3.1　概念结构设计方法

概念结构
设计方法

在设计概念结构时,正确的选择设计方法,对提高概念结构的质量和设计效率起着重要的作用。常用方法:自顶向下、自底向上、逐步扩张和混合策略等。

(1) 自顶向下

根据应用的整体需求,首先按照主要功能对应的局部需求设计、局部概念结构,进而组成全局概念结构的整体框架,然后对局部概念结构进行逐级细分,直到容易实现的局部概念结构。如图 10.3 所示。

(2) 自底向上

首先设计易于实现的底层局部需求对应的局部概念结构,然后依次对局部概念结构进行逐个逐层综合集成和优化,最终得到应用的全局概念结构。如图 10.4 所示。

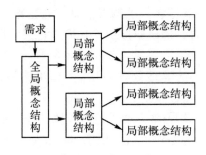

图 10.3　自顶向下

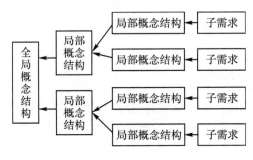

图 10.4　自底向上

(3) 逐步扩张

首先根据应用内部的核心需求,设计核心概念结构,然后按照功能模块的重要性依次设计相应的局部概念结构,并与核心概念结构进行综合集成,最终逐步扩充到全局概念结构。如图 10.5 所示。

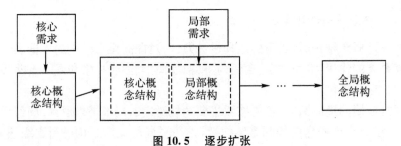

图 10.5　逐步扩张

(4) 混合策略

混合策略:混合使用自顶向下、自底向上和逐步扩张等进行融合设计概念结构。

在数据库设计的需求分析和概念结构设计两个阶段中,常用的设计策略:在需求分析阶段采用自顶向下,而在概念结构设计阶段采用自底向上如图 10.6

所示。

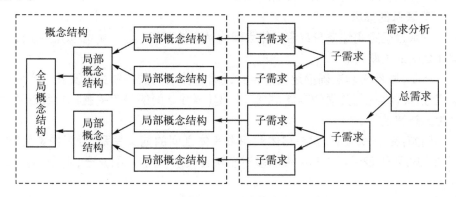

图 10.6　混合策略

10.3.2　概念结构设计步骤

设计概念结构,不但要选择正确的方法,而且要使用合理的步骤。即:概念模型的抽象、局部 E-R 图设计、全局 E-R 图设计和概念结构的优化等。

(1) 概念模型的抽象

概念模型的抽象:"数据字典"向"属性、实体和联系"的抽象。根据用户需求,对数据字典进行抽象,提取与应用相关的数据对象,忽略无关的非本质数据,最终把应用对象的特征信息准确地抽象为实体、属性和联系等。

概念结构设计
步骤 — 抽象

① 属性的抽象

属性是不可再分的最小单位(原子性),从而使应用系统达到 1NF。

因此,属性必须准确描述应用对象的共同特征。具体包括:数据类型、取值范围、宽度、约束条件、命名和隶属的实体等。

例如:客户姓名的特征信息:数据类型为字符型;取值范围为汉字;数据宽度为 4 个汉字;属性名为户名,户名隶属于客户实体等。

提示:尽管户名由姓和名两部分组成,但必须作为一个整体进行存取,不能拆分。

② 实体的抽象

实体是拥有一组确定属性的应用对象。用于描述应用对象的组成结构。

因此,实体必须准确描述应用对象的组成成分。具体包括:所含属性、主键、属性之间的依赖关系和命名等。

例如:在 EBook 中,客户实体的抽象结果如下:

客户:户号(主键),户名,性别,生日,电话,婚否,照片和邮箱等,且户号 →

(户名,性别,生日,电话,婚否,照片,邮箱)。

③ 联系的抽象

联系是确定实体自身或者实体之间的关联关系(1∶1,1∶n,m∶n)。用于描述实体之间的关联信息。

因此,联系必须准确描述实体自身或者实体之间的关联关系及其所产生的新属性。具体包括:关联的实体、主键、外键(属性之间的参照关系)、命名以及后产生的新属性等。

例如:在 EBook 中,客户实体和图书实体之间的购买关系,可以抽象为"购买"联系,用于表示客户和图书的多对多购买关系。即:购买(户号,书号,购买日期)。

分析:购买联系包含户号、书号和购买日期;主键是(学号,书号);购买日期依赖于户号和书号;户号和书号分别为购买的两个外键。

提示:宁"属性"不"实体"。数据对象在不同环境下,抽象结果既可以是属性,又可以是实体时,应按照属性使用,而不按照实体使用。

例如:在 EBook 中,出版社在图书实体中需要按照属性使用,而在需要出版社的详细信息时,则必须按照实体使用。即:

图书(书号,书名,作者,出版社,版次,定价,进价,售价)。

出版社(社号,社名,邮编,社址,电话,邮箱,网址)。

总之,概念结构的抽象是对需求分析的数据字典进行综合、分类和抽象,从而严格确定和精确描述实体、实体所含属性以及实体之间的关联关系。

(2) 局部 E-R 图设计

局部 E-R 图设计:针对整体应用分解成的若干局部应用,利用概念结构抽象的结果,设计局部应用所对应的局部概念模型(局部 E-R 图)。

局部 E-R 图设计的内容:确定局部应用的范围和设计局部 E-R 图。合理选择局部应用是局部 E-R 图设计的重点和难点。

① 确定局部应用的范围

在实际应用中,根据功能需要,把应用分成若干功能模块,因此需要根据功能模块的层次结构,参考图 10.6 中,选择合适层次的局部应用,作为局部概念结构的范围。

例如:第5章的例5.2和例5.4,可以分别看作是面向个人客户和企业客户的两个局部应用。

注意:局部应用的选取,在很大程度上取决于设计人员的经验。如果层次选择过高,则会增加局部 E-R 图的设计难度,如果层次选择过低,则局部应用的数目较多,会增加全局 E-R 图的集成负担。因此合理选择局部应用,会提高概念模

概念结构
设计步骤—
局部 E-R 图

型的设计效率和质量。

② 设计局部 E-R 图

对于选定的局部应用范围,利用数据字典,根据概念结构抽象的结果,按照 E-R 方法,设计并绘制局部应用对应的局部 E-R 图。

例如:第 5 章的例 5.2 和例 5.4 的设计结果。

思考:在学生信息管理系统中,分别设计学生住宿的后勤局部应用和学生选课的教务局部应用的局部 E-R 图。

(3) 全局 E-R 图设计

全部 E-R 图设计:选择合理的集成方法,通过消除冲突,把局部 E-R 图集成为全局 E-R 图。

常用的集成方法:整体集成法和逐步集成法等。

① 整体集成法。对所有局部 E-R 图,进行统一的组织,并一次性集成为全局 E-R 图。针对局部 E-R 图比较简单且数量较少的中小型应用,选择整体集成法比较有效。

概念结构设计步骤—全局 E-R 图

② 逐步集成法。先集成核心局部 E-R 图,再逐个集成剩余的局部 E-R 图,最终形成全局 E-R 图。对于复杂的大型应用,则逐步集成法是不错的选择。

集成过程存在的冲突:属性冲突、命名冲突和结构冲突等。

① 属性冲突。属性的域、类型、单位等冲突。

例如:在不同的局部 E-R 图中,客户性别的域分别为:{男,女} 和{T,F}。

② 命名冲突。同名异义和异名同义等。

③ 结构冲突。同一个实体所包含的属性不同。

例如:在不同局部 E-R 图中,客户实体的结构如图 10.7 所示。

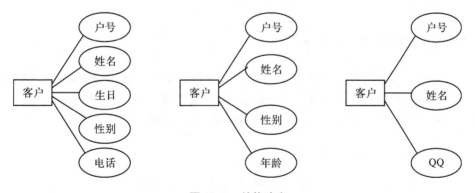

图 10.7　结构冲突

冲突的解决方法:通过协商达成一致。

思考:给出客户的结构。

(4) 概念结构的优化

概念结构设计
步骤 — 优化

概念结构优化:消除不必要的冗余,并对全局 E-R 图进行统一组织和重构等。根据应用需求及其数据字典,分析全局 E-R 图的冗余数据,并在消除不必要冗余的基础上,统一重组重构全局 E-R 图。

消除冗余数据的方法:分析方法和最小覆盖法等。

分析方法:根据数据字典,分析属性与实体以及实体之间逻辑关系中存在的冗余数据。

最小覆盖法:基于规范化理论的最小覆盖法。

优化目标:在实现用户需求的基础上,使实体及其属性、实体之间的联系尽量少。

概念结构设计
步骤 — 实例

例 10.1　针对例5.2和例5.4中的局部 E-R 图,集成之后的 E-R 图如图 10.8 所示。

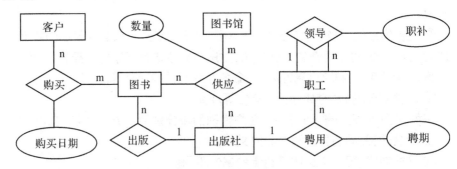

图 10.8　集成 E-R 图

逻辑结构设计

10.4　逻辑结构设计

逻辑结构设计是设计逻辑模型的过程。把概念模型(E-R 图) 转换成为 DBMS 支持的数据模型,并对其进行规范优化,从而生成数据库的整体逻辑结构(模式),进而设计出面向局部应用的局部逻辑结构(外模式)。

10.4.1　逻辑结构设计的内容

逻辑结构是规范的关系模式的集合。主要设计内容如下:

(1) 概念模型向逻辑模型的转换。E-R 图向关系模式的转换(参阅5.2小节)。

(2) 逻辑模型完整性设计。关系模式的完整性设计(参阅第 5 章)。

(3) 逻辑模型规范化。关系模式的规范化和优化(参阅第 6 章)。

(4) 外模式设计。面向用户的子模式设计及其视图实现(参阅 7.2.3 小节)。

不难看出,逻辑结构设计的目的是把概念结构设计的 E-R 图转换为 RDBMS 支持的规范的关系模式和用户视图,从而在一定程度上解决数据冗余、插入异常、修改异常和删除异常等问题,实现数据的高效管理。

10.4.2　外模式设计

外模式设计

外模式:局部逻辑结构的集合。面向用户的局部逻辑结构。针对具体应用,尽管逻辑结构只有一个,但是对于不同用户群体的局部应用,需要提供不同的外模式。

因此,外模式设计直接影响系统的实用性、可用性和安全性等。

外模式设计:设计局部逻辑结构。在逻辑结构的基础上,根据不同用户的局部应用,利用外模式 / 模式映像把整体逻辑结构映像成不同的局部逻辑结构。

外模式实现:视图机制。常用 DBMS 均提供了功能完善的视图机制(参阅 7.2.3 小节),从而为外模式的设计提供了方便。

例 10.2　在 EBook 中,针对需要查询户号、户名、书名、社名和购买日期的局部应用,则需要设计视图 CBInfo(户号,户名,书名,社名,购买日期)。即:

```
CREATE VIEW CBInfo(户号,户名,书名,社名,购买日期) AS
SELECT Cust. CNo,CName,BName,PName,PDate
FROM Cust,Book,Buy,Press
WHERE Cust. CNo = Buy. CNo AND
Book. BNo = Buy. Bno AND
Book. PNo = Press. PNo
```

不难看出,模式设计主要考虑系统的完整性、时间效率、存储效率、访问效率和易维护性等,而外模式设计则面向用户,侧重系统的实用性、可用性、易用性和安全性等。尽管外模式与模式相对独立,但是可以使用外模式 / 模式映像使二者相互关联,实现在模式的基础上,外模式的抽象、提取和转换。

因此,外模式设计需要关注的内容:

(1) 局部逻辑结构设计

外模式设计内容

局部逻辑结构设计:不同局部应用的局部逻辑结构的设计过程。外模式设计的核心。即局部应用所涉及的数据库及其相关表,以及对数据的处理方法等。

显然,不同用户群尽量使用不同的外模式,既方便管理,又确保安全。

例如:银行客户外模式只允许客户查询自己的账户信息。行长可以查询全部账户信息。

(2) 用户习惯的名称和格式

把存储的数据转换成为用户习惯的格式和名称。设计结果与用户习惯保持一致。

例如：如果把客户的性别设计为 TINYINT 类型(即：1 代表男，0 代表女)进行存储，且属性名为 SSex。而用户希望看到的属性名为"性别"，属性值为"男"或者"女"，则外模式需要把"1"或"0"转换为"男"或"女"，把 SSex 显示为性别。

(3) 简化用户使用

把需要复杂处理的局部应用，定义为外模式，从而把用户的"复杂应用"转换为对外模式的简单使用，进而简化用户操作。

物理结构
设计 + 内容

10.5　物理结构设计

高效的数据共享，需要给逻辑结构提供一个合理的物理环境。即选择存储介质，使用正确的存取方法和存储结构，把数据存放到存储介质的合理位置，

物理结构(内模式)：数据库在存储介质上的存储结构和存放位置。设计物理结构的过程称为物理结构设计。

10.5.1　物理结构设计的内容

因为不同的 DBMS 所提供的存取方法和存储结构及其所支持的物理环境存在一定的差异，所以针对具体应用，需要从数据访问速度、空间利用效率、文件合理存储、存储介质费用等方面考虑，并结合 DBMS 自身的性能优势进行综合设计。

物理结构设计的内容：存取方法、存储结构、存放位置和存储介质等。主要因素为访问类型(读 / 写)、存取速度和空间开销等。存取方法和存储结构是主要内容。

(1) 存取方法：用户存取数据的方法和技术。决定数据的存取速度和吞吐量。

(2) 存储结构：关系(表) 在存储介质上的具体存储结构。即：属性的类型、长度及其组成的关系模型等。决定存储介质的利用率。

(3) 存放位置：数据文件和日志文件等在存储介质上的具体存储位置。即：文件的存储路径及其目录结构等。方便文件管理。

例如：数据文件和日志文件等分别存储在不同介质的不同目录中进行管理。

(4) 存储介质：存储数据的物理存储设备。即：磁盘、磁带和光盘及其组成的磁盘阵列(RedundantArrayofIndependentDisk，RAID)、磁带库和光盘塔等。主要因

素为容量大小、存取速度和维护费用等。

　　物理结构设计的方法:选择存取方法、设计存储结构、确定存放位置、选取存储介质和评价物理结构。

　　总之,通过存取方法、存储结构、存放位置和存储介质的合理设计,为逻辑模式提供满足应用需求的最佳物理结构。

10.5.2　存取方法

物理结构设计
— 存取方法

　　快速高效的数据共享,需要合理的存取方法,实现快速访问的有效方法是索引机制。

　　索引机制:按照查询数据所对应的属性,为关系建立相应的索引;在执行查询时,首先在索引中找到数据在关系中的位置(记录号),然后根据位置,再去关系中直接取出数据。

　　索引:属性值与记录号的对照表。排序(升序 / 降序)后的属性值与它对应的元组在关系中的位置所组成的对照表。索引需要配合关系一起使用。

　　例如:字典由索引和正文组成。索引和正文配合使用,实现字的快速查找。

　　常用存取方法:B + 树、聚簇和 Hash 索引。B + 树索引最为普遍。

　　思考:在操作系统中(例如:Windows 10),文件的存取方法如何?

　　(1)B + 树索引

　　B 树是多路平衡查找树。B + 树是 B 树的变体,即给 B 树的叶结点增加链表指针,所有关键字都在叶结点中出现,非叶结点作为叶结点的索引。详细内容参阅相关资料。

　　具有快速检索优势的 B + 树索引,已经广泛应用于 DBMS。

　　(2) 聚簇索引

　　聚簇:用于存放具有相同索引值的元组的连续存储空间。

　　聚簇索引:在按照关键属性建立索引时,需要按照索引顺序对相应元组的物理存储位置进行重新组织,使得索引顺序与相应元组的物理顺序始终保持一致。

　　显然,通过聚簇索引,可以直接找到数据的物理存储位置,实现快速检索。

　　聚簇索引与非聚簇索引的主要区别:

　　① 前者的顺序与数据的物理存储顺序一致;后者的顺序与数据物理顺序无关。

　　② 前者 B + 树的叶节点就是数据节点;后者 B + 树的叶节点是索引节点,其指针指向对应的元组(数据块)。

　　③ 一个关系只能有一个聚簇索引;非聚簇索引则可以有多个。

　　④ 维护后者的开销较小,而维护前者的开销则较大。

⑤ 前者适合于更新较少的应用,而后者则适合于更新较多的应用。

⑥ 前者灵活性较差,后者则相对比较灵活。

使用聚簇索引的注意事项:

① 经常进行连接操作的关系,建议使用聚簇索引。

② 对于利用率比较高的关系,建议使用聚簇索引。

③ 经常进行 Insert、Delete 或 Update 操作的关系,不建议使用聚簇索引。

提示:聚簇索引虽然可以提高特殊应用的检索性能,却会改变数据的物理存储位置,可能导致关系的原有索引无效(需要重建),维护费用较大,需要谨用使用。

物理结构设计
— 实现索引

(3) 实现索引

在 SQL Server 2016 下,可以使用 CREATE INDEX、ALTER INDEX 和 DROP INDEX,建立索引、修改索引和删除索引等。

① 建立索引

CREATE [UNIQUE] [CLUSTERED] INDEX <索引> ON <关系> (<属性> [<次序>][,…])

其中:<次序>- 升序(ASC,默认),降序(DESC)。UNIQUE - 唯一索引。CLUSTERED - 聚簇索引。维护和引用索引由 DBMS 自动完成。

例 10.3   在 EBook 中,建立如下索引:

(1) 对 Cust,按户号升序建立普通索引 ICNo。

CREATE INDEX ICNo ON Cust(CNo)

(2) 对 Book,按书号降序建立唯一索引 IBNo。

CREATE UNIQUE INDEX IBNo ON Book(BNo)

(3) 对 Buy,按户号升序和书号降序建立唯一索引 ICNoBNo。

CREATE UNIQUE INDEX ICNoBNo ON Buy(CNo ASC, BNo DESC)

(4) 首先建立职工表 Emp(工号 ENoCHAR(6),姓名 EName CHAR(8)),并添加元组若干;然后按姓名建立聚簇索引 IEName。

CREATE TABLE Emp(ENo CHAR(6), EName CHAR(8))

CREATE CLUSTERED INDEX IEName ON Emp(EName)

思考:在 Emp 中,建立聚簇索引前后,元组的存放顺序如何?

② 修改索引

ALTER INDEX {<索引> | ALL}ON <关系> {REBUILD | DISABLE}

其中:ALL - 表(视图)的所有索引。REBUILD - 重新生成索引(可以启用禁用的索引)。DISABLE - 禁用索引。

思考:举例 ALTER INDEX 的用法。

③ 删除索引

DROP INDEX ＜关系＞.＜索引＞

例 10.4　在 EBook 中,删除聚簇索引 IEName。

DROP INDEX Emp. IEName

思考:对于例 10.3,使用 DROP INDEX IEName 是否正确?

10.5.3　存储结构

存储结构的设计主要包括数据的具体存储结构及其系统环境配置。

物理结构设计
——存储结构

(1) 数据的存储结构

存储的关系模式;关系模式的属性;属性的类型,属性的域,是否主键,是否外键,是否索引;数据完整性等。

例如:在 EBook 中,存储的关系模式为 Cust、Book、Press 和 Buy 等;Cust 的属性为户号 CNo,户名 CName,性别 CSex,生日 Birth,电话 Phone,婚否 Marry,照片 Photo 和邮箱 Email 等;户号 CNo 的域为 C 开头,后接 3 位数字,主键,Buy 的外键等。

(2) 配置系统环境

对于数据库、关系、索引、日志和备份等文件的存储,通常使用 DBMS 提供的默认环境及其参数配置。但是默认环境不一定是最佳状态,因此需要设计人员和 DBA 根据应用需求重新配置系统环境参数,使应用环境运行在最佳状态。

例 10.5　在 SQL Server 2016 中,创建数据库 EBook 时,可以设置如下:

(1) 存储目录为 D:\My Data。

(2)EBook 的逻辑名称为 EBook,初始大小为 10MB,增量为 10MB,不限制增长,物理文件名称为 EBook. mdf。

(3)EBook 的日志的逻辑名称为 EBookLog,初始大小为 5MB,增量为 5%,增长的最大值限制为 1000MB,物理文件名称为 EBookLog. ldf。

```
CREATE DATABASE EBook
    ON (NAME = 'EBook',FILENAME = 'D:\MyData\EBook.mdf',
        SIZE = 10MB,FILEGROWTH = 10MB,MAXSIZE = UNLIMITED)
LOG ON (NAME = 'EBookLog',FILENAME = 'D:\MyData\EBookLog.ldf',
        SIZE = 5MB,FILEGROWTH = 5%,MAXSIZE = 1000MB)
```

提示:系统物理环境配置,在系统实施和运行阶段,需要根据实际运行情况进行调整,以便改进和提高系统性能。

物理结构设计
— 存放位置
+ 存储介质
+ 评价

10.5.4 评价物理结构

在物理结构设计的最后环节,需要对设计出的多种物理结构方案进行综合分析和评价,从而选择满足应用的物理结构。

评价内容:存取方法选取的正确性、存储结构设计的合理性、文件存放位置的规范性、存储介质选取的标准性等。

评价指标:存储空间的利用效率、数据的存取速度和维护费用等。

评价方法:根据物理结构的评价内容,统计存储空间的利用率、数据的存取速度和维护费用等指标,通过对比各项指标,选择适合于应用的合理的最佳物理结构。

10.6 数据库实施

数据库实施需要利用 DBMS 和主语言,组织数据入库,编写和调试应用程序,并进行测试和试运行,从而为用户提供功能完善、数据完整、容错力强、具有数据恢复能力和并发控制能力、运行安全稳定的应用数据库系统。即:

建立数据库(载入数据)、配置数据源、创建存储过程和函数、设置游标、设计应用程序(主要任务)、系统测试和试运行等。

主语言:Python、Java、Visual C++、Delphi、PowerBuilder、Visual Basic、IDL 等。

DBMS:SQL Server、Oracle、DB2、Access、MySQL 等。

数据库设计 –
数据源配置 +
数据库连接

10.6.1 数据库引擎和数据源配置

数据库引擎可以在操作系统下实现主语言和数据库的连接,从而实现主语言对数据库的读写访问。

(1) 数据库引擎

ODBC、JDBC、OLEDB 和 ADO 作为常用的数据库引擎标准,提供了主语言与数据库的应用程序接口 API(Application Programming Interface)。

ODBC(Open Database Connectivity,开放数据库互连)是底层的数据库访问技术,是由微软倡导的数据库接口标准,可以使应用程序从底层设置和控制数据库,完成一些高级数据库技术无法完成的功能;ODBC 的不足之处是只能访问关系型数据库。

JDBC(Java DataBase Connectivity,Java 数据库连接):Java 应用程序连接数据库的标准接口和方法。

OLEDB(Object Linking and Embedding DataBase,对象链接和嵌入数据库)

是连接嵌入式数据库访问技术,依赖于 OLE DB 的提供商。

ADO(ActiveX Data Objects,ActiveX 数据对象) 是微软提出的 API,用以访问关系(或非关系) 数据库的数据。使用 ADO 访问数据库的速度非常快。

目前,主流的主语言和 DBMS 基本上均支持 ODBC、ADO 和 JDBC 标准。主语言与 DBMS 的连接模型如图 10.9 所示。

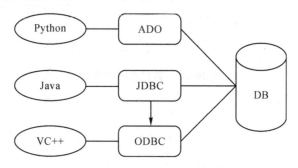

图 10.9　ODBC/JDBC 与 DB 连接

(2) 数据源配置

对选定的数据库引擎,需要进一步配置数据源,以实现主语言与 DBMS 的数据库连接。不同操作系统的配置方法不尽相同。

Windows 7/10 中配置 SQL Server2016 的 ODBC 数据源的方法:

① 控制面板 → 管理工具 → 数据源(ODBC)。

② 在 ODBC 数据源管理器中,单击"系统 DSN" 标签;单击"添加(D)" 按钮,并在"列表框" 中选择"SQL Server",然后单击"完成"。如果已经存在现有的数据源,则选择指定的数据源后,单击"配置",转向对该数据源进行重新配置。

③ 在 DSN 配置的"名称(M):" 右侧输入:HSql;"描述(D):" 右侧输入:Happy SQL Server 2016;"服务器(S):" 右侧输入:指定服务器的位置和名称(通常使用默认服务器,输入一个英文字符半角圆点.) → 单击"完成"。

④ 在 ODBC Microsoft SQL Server 安装中,单击"测试数据源(T)…" → 单击"确定"。数据源配置结果如图 10.10 所示。

Python 在 Windows 7/10 中配置 SQL Server2016 的 ADO 数据源的方法:

① 下载并安装 Python 的 Windows 组件 pywin32 - 221. win32 - py3. 6. exe。下载地址:

https://sourceforge.net/projects/pywin32/files/pywin32/

② 运行 makepy. py(默认路径:X:\Python36\Lib\site-packages\win32com\client),生成 ADO 的 Python 支持文件。选项设置界面如图 10.11 所示。

图 10.10   数据源配置结果

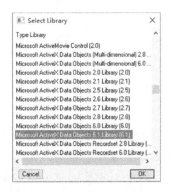

图 10.11   Select Library 选择

③ 建立文件名为 DbAdoCn. udl(注意:扩展名) 的文本格式空白文件。

④ 设置数据连接属性。双击 DbAdoCn. udl 后,打开的界面如图 10. 12 所示。

图 10.12   提供程序选项

⑤ 选择"Microsoft OLE DB Provider for SQL Server",单击"下一步"如图

10. 13 所示。

图 10. 13　连接选项

⑥ 生成 Python 连接 SQL Server 的字符串。选择服务器、登录信息和默认数据库,测试连接,单击"确定"如图 10. 14(Windows 登录)、10. 15(SQL 登录)所示。

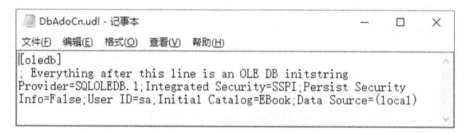

图 10. 14　Windows 登录连接字符串

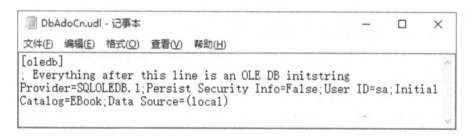

图 10. 15　SQL 登录连接字符串

(3) 主语言与数据库的连接

利用配置好的数据源,可以很方便地实现主语言(例如:Python、Java 或 Visual C++ 等)与 DBMS(例如:SQL Server 2016)数据库的连接与读写访问。

10.6.2 SQL Server 程序设计

SQL Server 作为高级语言,完全支持顺序结构、选择结构和循环结构的程序设计技术和方法。

(1) 顺序结构

顺序结构是程序执行的基本结构。所有程序均按照语句的先后顺序依次自动执行,直到程序结束。

例 10.6 已知二次方程的系数 a、b 和 c 分别为 2,7 和 5,计算并输出方程的根。

```
DECLARE @a INT,@b INT,@c INT,@r1 FLOAT,@r2 FLOAT
SET @a = 2
SELECT @b = 7,@c = 5
SET @r1 = (-@b + SQRT(POWER(@b,2) - 4 * @a * @c))/(2 * @a)
SET @r2 = (-@b - SQRT(POWER(@b,2) - 4 * @a * @c))/(2 * @a)
SELECT @r1
PRINT @r2
```

提示:变量必须先声明,后使用;局部变量的名称均以 @ 开头;全局变量的名称均以 @@ 开头。

思考 1:分析 DECLARE、SET、PRINT 和 SELECT 的用法。

思考 2:输出 SQL Server 的版本号(提示:@@VERSION)。

(2) 选择结构

实现选择控制,可以使用 IF…ELSE IF…ELSE… 和 CASE WHEN…THEN…ELSE…END 等选择结构。

例 10.7 计算并输出二次方程的根。

```
DECLARE @a INT,@b INT,@c INT,@r1 FLOAT,@r2 FLOAT
SET @a = 1
SELECT @b = 2,@c = 1
IF POWER(@b,2) - 4 * @a * @c < 0
    PRINT '无根'
ELSE IF POWER(@b,2) - 4 * @a * @c = 0
    SELECT 'r1 = r2 = ', -@b/(2 * @a)
```

```
    ELSE
      BEGIN
        SELECT ' r1 = ', ( - @b + SQRT(POWER(@b,2)
- 4 * @a * @c))/(2 * @a)
        SELECT ' r2 = ', ( - @b - SQRT(POWER(@b,2)
- 4 * @a * @c))/(2 * @a)
      END
```

思考 1:分别使用 1,1,1;1,2,1;1,9,1 分析验证程序。

思考 2:分析 BEGIN…END 的用法。

思考 3:使用 IF…ELSE… 的嵌套如何实现?

例 10.8　判断并输出中文星期。

```
DECLARE @n INT,@Week VARCHAR(6)
SET @n = 6
SET @Week =
CASE @n
    WHEN 1 THEN '星期日'
    WHEN 2 THEN '星期一'
    WHEN 3 THEN '星期二'
    WHEN 4 THEN '星期三'
    WHEN 5 THEN '星期四'
    WHEN 6 THEN '星期五'
    WHEN 7 THEN '星期六'
    ELSE '数据非法'
END
PRINT @Week
```

例 10.9　判断并输出成绩等级。

```
DECLARE @x FLOAT,@Grade VARCHAR(4)
SET @x = 96
SET @Grade =
CASE
    WHEN @x >= 90 AND @x <= 100 THEN '优秀'
    WHEN @x >= 80 AND @x < 90 THEN '良好'
    WHEN @x >= 70 AND @x < 80 THEN '中等'
    WHEN @x >= 60 AND @x < 70 THEN '及格'
```

```
            WHEN @x >= 0 AND @x < 60 THEN '不及格'
            ELSE '数据非法'
        END
    PRINT @Grade
```

思考:能否简化 WHEN 之后的表达式?

(3) 循环结构

实现循环控制,可以使用 WHILE BEGIN…END 和 FOR… 等循环结构。

例 10.10   判断并输出 2000 到 2010 的闰年。

```
    DECLARE @n INT
    SET @n = 2000
    WHILE @n <= 2010
        BEGIN
            IF @n%4 = 0 OR (@n%100! = 0 AND @n%4 = 0)
                SELECT @n,'是闰年'
            SET @n = @n + 1
        END
```

提示:能被 4 整除且不能被 100 整除;或者能被 400 整除(闰年)。

思考:是否可以使用 BETWEEN…AND… 修改 WHILE 之后的表达式?

例 10.11   计算并输出 200 之内的自然数中,能够被 3 或 7 整除的数的和值及个数。

```
    DECLARE @i INT,@n INT,@Sum INT
    SELECT @i = 0,@n = 0,@Sum = 0
    WHILE @i <= 200
        BEGIN
            IF @i%3 = 0 OR @i%7 = 0
                BEGIN
                    SET @n = @n + 1
                    SET @sum = @Sum + @i
                END
            SET @i = @i + 1
        END
    SELECT @n,@Sum
```

思考:如果条件改为既能被 3 又能被 7 整除,如何实现?

10.6.3　游标

关系数据库管理系统是面向记录集的,主语言和存储过程是面向单记录的;游标则可以把面向"集合"的数据库管理系统和面向"行"的程序设计联系起来,从而实现两种数据处理方式的数据交换。

游标(CURSOR):指向数据缓冲区 SQLCA(SQL Communication Area,SQL 通信区) 的指针。SQLCA 用于临时存放 SQL 语句的执行结果。

游标的使用方法:声明游标、打开游标、获取数据、关闭游标和释放游标等。即:

(1) 声明游标

DECLARE ＜ 游标名 ＞ [SCROLL]CURSOR

FOR SELECT 语句

(2) 打开游标

OPEN ＜ 游标名 ＞

(3) 获取数据

FETCH [NEXT I PRIOR I FIRST I LAST I ABSOLUTEn I RELATIVE n]

FROM ＜ 游标名 ＞ [INTO 变量]

提示:NEXT － 下一行;PRIOR － 上一行;FIRST － 第一行;LAST － 最末行;ABSOLUTE n － 第 n 行;RELATIVE n － 当前位置开始的第 n 行;INTO 变量 － 把当前行字段值赋值给变量。

(4) 关闭游标

CLOSE ＜ 游标名 ＞

(5) 释放游标

DEALLOCATE ＜ 游标名 ＞

(6) 游标状态

@@FETCH_STATUS:游标状态系统变量(0 － 成功; － 1 － 失败)。

例 10. 12　建立 SCROLL 游标,利用 LAST、PRIOR、RELATIVE 和 ABSOLUTE,查询并输出客户的户号、户名、性别和电话。

―― 声明变量

DECLARE @CNo CHAR(4),@CName CHAR(8),@CSex CHAR(2),@Phone NVARCHAR(11)

―― 声明游标

DECLARE CManCursor SCROLL CURSOR FOR

　　SELECT CNo,CName,CSex,Phone

```
      FROM Cust
—— 打开游标
OPEN CManCursor
—— 游标指向最后一行,获取数据到变量
FETCH LAST FROM CManCursor INTO @CNo,@CName,@CSex,@Phone
PRINT @CNo + '    ' + @CName + '    ' + @CSex + '    ' + @Phone
—— 游标指向前一行,获取数据到变量
FETCH PRIOR FROM CManCursor INTO @CNo,@CName,@CSex,@Phone
PRINT @CNo + '    ' + @CName + '    ' + @CSex + '    ' + @Phone
—— 游标指向第二行,获取数据到变量
FETCH  ABSOLUTE  2  FROM  CManCursor  INTO  @CNo,@CName,
@CSex,@Phone
PRINT @CNo + '    ' + @CName + '    ' + @CSex + '    ' + @Phone
—— 游标从当前行下移二行,获取数据到变量
FETCH  RELATIVE  2  FROM  CManCursor  INTO  @CNo,@CName,
@CSex,@Phone
PRINT @CNo + '    ' + @CName + '    ' + @CSex + '    ' + @Phone
—— 游标从当前行上移二行,获取数据到变量
FETCH  RELATIVE  - 2  FROM  CManCursor  INTO  @CNo,@CName,
@CSex,@Phone
PRINT @CNo + '    ' + @CName + '    ' + @CSex + '    ' + @Phone
—— 关闭游标
CLOSE CManCursor
—— 释放游标
DEALLOCATE CManCursor
```

例 10.13 利用游标,查询并输出书名中含有"数据库"的书号、书名和作者。

```
DECLARE @BNo CHAR(22),@BName CHAR(22),@Author CHAR(8)
DECLARE BDbCur CURSOR FOR
  SELECT BNo,BName,Author
  FROM Book
  WHERE BName LIKE ' % 数据库 % '
OPEN BDbCur
FETCH NEXT FROM BDbCur INTO @BNo,@BName,@Author
```

```
WHILE @@FETCH_STATUS = 0
    BEGIN
        PRINT '书号：' + @BNo + '书名：' + @BName + '作者：'
+ @Author
        FETCH NEXT FROM BDbCur INTO @BNo,@BName,@Author
    END
CLOSE BDbCur
DEALLOCATE BDbCur
```

10.6.4 存储过程和函数

在使用 SQL Server 2016 创建应用程序时，SQL Server 编程语言是应用程序和 SQL Server 数据库之间的编程接口。利用存储过程和函数可以灵活方便地实现设定的数据处理任务。

使用存储过程和函数，可以提高程序执行速度、使程序模块化、减少网络通信量和保证系统的安全性。在 SQL Server 2016 的数据库引擎中，已经嵌入并支持存储过程和函数机制。

(1) 设计存储过程

存储过程创建

存储过程(Stored Procedure)：能够接收和返回用户参数，并能够完成预定任务的 SQL Server 语句集合。即：存储过程就是程序。用户通过调用存储过程，执行相应的 SQL 语句。

① 使用 CREATE PROCEDURE 语句，创建存储过程：

```
CREATE PROCEDURE ＜过程名＞
    @InVar1,…,@InVarN,
    @OutVar1 OUTPUT,…,@OutVarM OUTPUT
AS
BEGIN
        SQL 语句序列
    END
```

说明：@InVar1 ～ @InVarN：接收用户参数；@OutVar1 ～ @OutVarM OUTPUT：输出存储过程的运行结果；CREATE PROCEDURE 和 OUTPUT 可以缩写为 CREATE PROC 和 OUT。

② 使用 EXECUTE 语句，执行存储过程：

存储过程
执行 + 删除

```
EXECUTE ＜过程名＞
    @InVar1,…,@InVarN,
```

```
                    @OutVar1 OUTPUT,…,@OutVarM OUT
```
③ 使用 DROP PROCEDURE 语句,删除存储过程:

DROP PROCEDURE ＜过程名＞

例 10.14　利用存储过程,实现计算并输出一元二次方程的根。

```
CREATE PROC P1
    @aINT,
    @bINT,
    @cINT,
    @r1 FLOAT OUTPUT,
    @r2 FLOAT OUT
AS
  BEGIN
      IF POWER(@b,2) － 4 * @a * @c ＜ 0
          BEGIN
          SET @r1 = NULL
          SET @r2 = NULL
          END
      ELSE IF POWER(@b,2) － 4 * @a * @c = 0
          BEGIN
          SET @r1 = － @b/(2 * @a)
          SET @r2 = － @b/(2 * @a)
          END
      ELSE
          BEGIN
              SET @r1 = (－ @b + SQRT(POWER(@b,2)
                       － 4 * @a * @c))/(2 * @a)
              SET @r2 = (－ @b － SQRT(POWER(@b,2)
                       － 4 * @a * @c))/(2 * @a)
          END
      END
  END
GO
DECLARE @a INT,@b INT,@c INT,@r1 FLOAT,@r2 FLOAT
SELECT @a = 1,@b = 3,@c = 1
EXEC P1
```

```
@a, @b, @c,
@r1 OUT,@r2 OUT
SELECT @r1,@r2
```

思考:分别使用 1,1,1;1,2,1;1,9,1 分析验证程序。

例 10.15　利用存储过程,实现对书名的模糊查询。即:查询并输出书名中含有指定文字的书号、书名和作者。

```
CREATE PROC FuzzyName
@SubNameNCHAR(8)
AS
BEGIN
DECLARE @BNo CHAR(22),@BName CHAR(22),@Author CHAR(8)
DECLARE BDbCur CURSOR FOR
SELECT BNo,BName,Author
FROM Book
    WHERE BName LIKE ' % ' + RTRIM(@SubName) + ' % '
OPEN BDbCur
FETCH NEXT FROM BDbCur INTO @BNo,@BName,@Author
WHILE @@FETCH_STATUS = 0
BEGIN
    PRINT '书号:' + @BNo + '书名:' + @BName + '作者:' + @Author
    FETCH NEXT FROM BDbCur INTO @BNo,@BName,@Author
END
CLOSE BDbCur
DEALLOCATE BDbCur
END
GO
EXEC FuzzyName '数据'
```

提示:查看存储过程的定义和信息可以分别使用 SP_HELPTEXT 和 SP_HELP 语句。

思考:存储过程的类型和特点。

(2) 设计函数

尽管 SQL Server 2016 提供了很多的系统函数,但是针对特定的数据处理,仍需要建立用户自己的自定义函数。

① 使用 CTREATE FUNCTION 创建函数:

```
CTREATE FUNCTION < 函数名 > (形参)
    RETURNS    返回值类型
AS
BEGIN
        SQL 语句序列
        RETURN 表达式
    END
```

② 调用函数：

```
y = DBO. < 函数名 > (实参)
```

③ 使用 DROP FUNCTION 删除函数：

```
DROP FUCTION < 函数名 >
```

例 10.16   利用自定义函数,实现如下自定义函数：

```
CREATE FUNCTIONFxy(@x INT,@y INT)
RETURNSINT
AS
  BEGIN
        DECLARE @zINT
SET @z = POWER(@x,2) + POWER(@y,3) + 1
RETURN @z
  END
GO
DECLARE @x INT,@y INT,@z INT
SELECT @x = 1,@y = 2
SET @z = DBO.Fxy(@x, @y)
SELECT @z
```

10.6.5   设计应用程序

设计应用程序的主要任务是功能设计、界面设计及其程序实现等。针对选用的 DBMS,利用主语言为用户设计并实现功能齐全、性能达标、数据完整、容错力强、具有数据恢复能力和并发控制能力、运行安全稳定的完整的应用系统。

(1) 功能设计

数据库设计的结果将在这里得以具体实现。完整的数据库系统通常由加密、主控、主功能及其子功能等组成。主(子) 功能实现预定的具体任务,而主控功能则是按照预设的系统结构把诸功能集成为一个完整的系统如图 10. 16 所示。具

功能设计

体包括：

加密、主控、输入(导入)、修改、删除、存储、传输、查询、统计、报表、计算、分析和输出(导出)等功能模块。

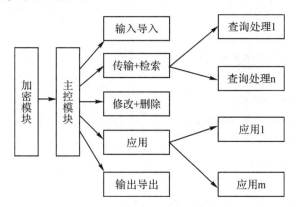

图 10.16　数据库系统功能

(2) 界面设计

图形用户界面(Graphical User Interface,GUI) 是结合计算机科学、美学、心理学、行为学及其应用领域的人机交互系统,强调人、机、环境三者作为一个系统进行总体设计。GUI 是用户与计算机进行信息交流的基本方式,也是功能模块集成的接口。

界面 +
App 实现

GUI 设计内容:类型、风格、结构、布局和接口等。

显然,设计满足用户要求、布局合理、界面美观、操作简单的 GUI,并非易事。因此需要根据 GUI 设计规则,确定 GUI 的类型和风格,利用合理结构进行布局和接口设计。

(3) 程序实现

使用主语言和相应的 DBMS,设计程序实现应用系统及其功能。具体包括:功能实现、系统集成和系统调试等。

① 功能实现。根据功能设计的结果,实现系统的主功能及其子功能等。

② 系统集成。根据系统功能结果和界面要求,利用主控程序和主功能程序把系统的功能模块集成起来,并通过调试最终集成为一个完整的应用系统。

③ 系统调试。把数据导入数据库,对系统程序进行分调(子系统调试) 和联调(系统总调),发现程序的错误和缺陷,并及时加以修改和完善。具体包括正确性、运行时间、存储空间和性能指标等。系统集成与系统调试通常是同时交叉进行。

例 10.17　利用 Java 和 SQL Server,实现 EBook 的 Emp(ENo,EName,ESex)

中职工的输入、添加、修改、删除和查询等功能。参考代码如下：

```
import java.util. * ;
import java.sql. * ;
public class jdbcsql
{
    public static void main(String args[ ])
    {
        Connection cn = null;
        Statement st = null;
        ResultSet rs = null;
        String SqlStr;
        int num = 0;
        Scanner in = new Scanner(System.in);
        String vno = in.next();
        String vname = in.next();
        String vsex = in.next();
        System.out.print(vno + " \t ");
        System.out.print(vname + " \t ");
        System.out.print(vsex + " \n ");
        try
        {
            System.out.println("正在连接数据库 … ");
            Class.forName(" sun.jdbc.odbc.JdbcOdbcDriver ");
            cn = DriverManager.getConnection("jdbc:odbc:HSql", "sa",
"");
            System.out.println("成功连接到数据库。");
            st = cn.createStatement();
            SqlStr = " INSERT INTO Emp VALUES
    ( ' " + vno + " ' , ' " + vname + " ' , ' " + vsex + " ' ) ";
            num = st.executeUpdate(SqlStr);
            SqlStr = " INSERT INTO Emp VALUES( ' E006 ' , ' Tom ' , ' M ' )
";
            num = st.executeUpdate(SqlStr);
            SqlStr = " UPDATE Emp SET EName = ' Tim' WHERE EName =
```

```
' Tom '";
                num = st. executeUpdate(SqlStr);
                SqlStr = " DELETE FROM Emp WHERE ENo = '" + vno + "'";
                num = st. executeUpdate(SqlStr);
                rs = st. executeQuery(" SELECT  *  FROM Emp ");
                System. out. println("查询结果:");
                while (rs. next())
                {
                    System. out. print(rs. getString(" ENo ") + " \t ");
                    System. out. print(rs. getString(" EName ") + " \t ");
                    System. out. print(rs. getString(" ESex ") + " \n ");
                }
                rs. close();
                st. close();
                cn. close();
        } catch (Exception e)
            { System. err. println("异常:" + e. getMessage()); }
    }
}
```

例 10. 18　利用 Python 和 SQL Server, 实现 EBook 的 Emp(ENo,EName, ESex) 中职工的输入、添加、修改、删除和查询等功能。参考代码如下:

```
# PythonSql. py
# 导入 ADO 接口模块
import win32com. client
# 连接服务器和数据库
cn = win32com. client. Dispatch(' ADODB. Connection ')
cnstr = ' Provider = SQLOLEDB. 1; Integrated Security = SSPI; Data Source
= (local) '
cn. Open(cnstr,' sa ',' 123 ')
cn. DefaultDatabase = ' EBook '
# 添加指定记录
cn. Execute(" INSERT INTO Emp VALUES(' E003 ','黄蓉','女') ")
# 建立记录集合
rs = win32com. client. Dispatch(' ADODB. RecordSet ')
```

```
rs.LockType = 4
rs.Open('Emp',cn)
# 添加任意交互输入记录
tmno = input('\t请输入工号:')
tmname = input('\t请输入姓名:')
tmsex = input('\t请输入性别:')
rs.AddNew()
rs.Fields(0).Value = tmno
rs.Fields(1).Value = tmname
rs.Fields(2).Value = tmsex
rs.UpdateBatch()
rs.Close()
# 输出记录集
rs.Open('Emp',cn)
while not rs.EOF:
    for x in rs.Fields:
        print(x.Value,end = '\t')
    rs.MoveNext()
    print()
print(' == 1 == ')
rs.Close()
# 修改黄蓉为郭靖
cn.Execute("UPDATE Emp SET EName = '郭靖',ESex = '男' WHERE
ENo = 'E003'")
rs.Open('Emp',cn)
while not rs.EOF:
    for x in rs.Fields:
        print(x.Value,end = '\t')
    rs.MoveNext()
    print()
print(' == 2 == ')
rs.Close()
# 修改 E003 为输入的工号
rs.Open('Emp',cn)
```

```
while not rs. EOF:
    if rs. Fields(0). Value = = ' E003 ':
        rs. Fields(0). Value = tmno
        rs. UpdateBatch()
    rs. MoveNext()
rs. Close()
# 输出修改结果
rs. Open(' Emp ',cn)
while not rs. EOF:
    for x in rs. Fields:
        print(x. Name,' = ',x. Value,end = ' \t ')
    rs. MoveNext()
    print()
print(' = = 3 = = ')
rs. Close()
# 查询输出输入工号 tmno 的记录
rs. Open(' Emp ',cn)
while not rs. EOF:
    if (rs. Fields(0). Value). strip() = = tmno:
        print(rs. Fields(0). Value,rs. Fields(1). Value,rs. Fields(2). Value)
    rs. MoveNext()
print(' = = 4 = = ')
rs. Close()
# 删除郭靖的记录,并显示结果
cn. Execute(" DELETE FROM Emp WHERE EName = '郭靖'")
rs. Open(' Emp ',cn)
while not rs. EOF:
    for x in rs. Fields:
        print(x,end = ' \t ')
    rs. MoveNext()
    print()
print(' = = 5 = = ')
rs. Close()
# 删除输出输入工号 tmno 的记录
```

```
rs.Open(' Emp ',cn)
while not rs.EOF:
    if (rs.Fields(0).Value).strip() = = tmno:
        rs.Delete()
        rs.UpdateBatch()
    rs.MoveNext()
rs.Close()
# 显示最终结果
rs.Open(' Emp ',cn)
while not rs.EOF:
    for x in rs.Fields:
        print(x,end = ' \t ')
    rs.MoveNext()
    print()
print(' = = 6 = = ')
rs.Close()
cn.Close()
```

集成 + 测试
+ 试运行

10.6.6　数据库测试与试运行

应用系统在投入使用之前,必须经过严格的系统测试,从而使系统能够在试运行期间的各项功能和性能达到预先设计的指标,确保系统的正常运行。

(1) 数据库测试

数据库测试是利用测试工具,选择合适的测试方法,对系统进行整体功能和性能测试,从而使系统的各项指标达到需求分析的要求。具体包括:选择测试工具、确定测试方法、功能测试、性能测试、系统评估和撰写测试报告。

选择测试工具是在符合标准的测试工具中,选择适合当前应用系统的测试工具。

例如:Mercury Interactive 公司的 WinRunner,用于检测系统是否达到了预期要求。通过录制、检测和回放用户操作,对复杂程序进行测试,提高测试效率,确保稳定运行。

选择测试方法是在技术成熟的测试方法中,选择适合当前应用系统的测试方法。常用方法:黑盒测试和白盒测试等。

黑盒测试是已知系统的功能设计规格,测试每个功能是否符合要求。黑盒测试是在软件接口进行,测试人员不考虑程序内部的逻辑结构和内部特性,仅依据程序的需求规格说明书,检查程序功能是否符合要求。

白盒测试是指已知系统的内部工作过程,测试内部操作是否符合设计规格要求。白盒测试是对软件的过程性细节做细致的检查,确定实际状态是否与预期的指标一致。

通过黑盒和白盒测试,确保试运行期间各项功能和性能指标均达到预设要求。

(2) 数据库试运行

严格按照运行需求,分期分批导入数据,在指定环境下运行数据库系统,同时利用选定的测试工具和测试方法,对系统的各项指标进行测试,直到系统稳定运行。

在试运行时,需要执行对数据库的各种操作,测试系统功能和性能(例如:操作方便性、运行效率、安全性、容错能力、运算速度、传输速度、查询速度、输出速度等)是否符合设计要求,如果不达标,则需要对其进行修改和调整,甚至重返物理设计阶段,重组重构物理结构,或者重返逻辑结构设计阶段,调整逻辑结构,直到符合设计要求。

试运行的内容:记录试运行状态及其功能和性能指标、撰写试运行报告和验收。

系统测试和试运行通常同时进行,即在运行中测试,通过测试确保系统稳定运行。

试运行报告:系统软硬件设备和配置报告、程序说明书、程序功能结构与流程图、源程序清单、程序测试手册、程序测试方法和过程、测试用例、错误与修正分析报告等。

验收内容:系统验收和文档验收。前者包括软件和硬件系统;后者包括系统开发文档(设计报告和试运行报告等)和说明文档(用户手册和操作手册等)。

10.7　系统运行与维护

运行 + 维护

系统投入运行后,不但需要进行运行管理,而且需要对系统进行分析、评价和维护。具体包括:运行管理、系统评价和系统维护等。

运行管理:按照设计方案购置软件和硬件等,并进行安装与调试;整理基础数据,培训操作人员;运行日常维护(数据收集、数据整理、数据录入、处理结果的整理与分发、硬件维护与设施管理);运行情况记录(及时、准确、完整地记录正常和不正常运行状态);文档管理和安全保密等。

系统评价:目标与功能评价(预定目标完成情况),性能评价(稳定性、可靠性、安全性、容错性、性能和运行效率等），经济效益评价(直接和间接经济效益等)和撰写评价报告等。

系统维护：硬件设备维护、应用软件维护、代码维护和数据库维护等。其中数据库维护是核心。系统维护通常由 DBA 完成。

数据库维护的主要内容：

(1) 数据库的转储和恢复。DBA 需要定期定时有计划地对数据库及其日志文件进行备份，从而确保发生故障时，利用后备副本，可以把数据库恢复到一致状态，减少损失。

(2) 数据库的安全性控制。系统运行过程中，应用环境会发生变化，对安全性的要求会改变，用户密级也随之改变。因此需要调整安全权限。

(3) 数据库的完整性控制。系统运行过程中，对实体、参照和用户定义等完整性的要求会发生改变。因此需要修改数据完整性。

(4) 数据库性能维护。对系统性能的监督、分析和改进。监督系统运行，并对监测数据进行分析，从而找出改进系统性能的方法。综合运行管理和评价的改进建议，对系统进行调整和改进。

(5) 数据库的重组与重构。随着系统运行，对元组的添加、删除和修改等更新操作，会降低数据库存储空间的利用率和数据的存取效率，使数据库的性能下降。因此，需要对数据库进行重组。重组通常不需要改变逻辑结构和物理结构；如果需要添加新实体，或者实体之间的联系发生了变化，则需要重构数据库的逻辑结构和物理结构。

SQL Server 2016 提供了功能完善的运行与维护机制，而且利用维护计划和维护任务可以很方便地实施系统的运行与维护，特别是数据库的使用与维护。

如果系统已经满足不了应用需求，则应该考虑设计新的系统。

10.8　小结

数据库设计
综合实例

通过对实际应用的需求分析，得到数据字典，从而设计合理的概念结构，进而设计出规范的逻辑模式和优化的物理结构，并实现具有完整性约束、并发控制和数据恢复等控制机制的、高性能的、运行安全稳定的应用系统，使之能够科学地组织和存储数据、高效地获取和维护数据，满足用户的应用需求。

本章介绍了数据库设计的理论、方法和步骤。主要知识点如下：

(1) 数据库设计的方法和步骤。

(2) 需求分析的方法和步骤。

(3) 数据字典的定义和内容。

（4）概念结构设计的方法和步骤。集成冲突（属性冲突、命名冲突和结构冲突等）。

（5）逻辑结构设计的内容。E-R 图向关系模式的转换；逻辑模型完整性设计；逻辑模型规范化；关系模式的规范化和优化；外模式设计及其视图实现。

（6）物理结构的概念、设计内容和评价（内容、指标和方法）。

（7）索引的概念、分类和实现方法。

（8）数据库实施的内容。载入数据、配置数据源、设置游标、创建存储过程和函数、设计应用程序（主要任务）、系统测试和试运行等。

（9）系统运行与维护。运行管理、系统评价和系统维护；数据库维护的内容。

数据库设计实验

利用数据库设计的理论、方法和步骤，理解 SQL Server 2016 的程序设计技术，熟练掌握游标、存储过程、函数、应用系统的设计和实现方法。

实验 12　SQL Server 程序设计

（1）设计程序输出 3 位数中的素数。

（2）设计程序输出百钱买百鸡的购买方案。

（3）设计程序输出水仙花数。水仙花数是满足如下公式的 3 位数。

$$xyz = x^3 + y^3 + z^3$$

实验 13　游标

（1）利用游标输出每一本图书的书号、书名、作者、销量和利润。格式如下：

书号：ISBN978-7-04-040664-1；书名：数据库系统概论；作者：王珊；销量：2；利润：10

......

（2）利用游标输出每个客户购书清单。格式如下：

户号：C001；户名：李明；性别：男；电话：13611122233

书号	书名	作者	社名
ISBN978-7-04-040664-1	数据库系统概论	王珊	高等教育出版社
ISBN978-7-5612-2591-2	图像技术	韩培友	西北工业大学出版社

......

户号：C002；户名：吴光；性别：男；电话：13911122233

书号	书名	作者	社名

ISBN978-7-04-040664-1　　数据库系统概论 王珊　高等教育出版社

ISBN978-7-302-33894-9　　Java 程序设计教程 雍俊海 清华大学出版社

……

实验 14　存储过程和函数

(1) 已知3个数a、b和c,利用存储过程返回3个数的升序排序结果x、y和z。

(2) 已知3个数 a、b 和 c,利用存储过程返回 3 个数的最小、最大、和值和均值。

(3) 已知三角形的三边分别为 a、b 和 c,利用函数计算三角形的面积 Area。

$$Area = \sqrt{s(s-a)(s-b)(s-c)}$$

$$s = (a+b+c)/2$$

(4) 设计并实现如下函数。

$$f(x) = \begin{cases} x^2 + xCosx + 9 & x < -6 \\ 0 & |x| \leqslant 6 \\ x^2 + xsinx - 9 = x > 6 \end{cases}$$

实验 15　数据库设计与实现

1. 利用 VC ++ 和 SQL Server,实现例 10. 17 中的功能,并进行完善。

2. 利用 Python 和 Sqlite3(或者 SQL Server),实现用户信息交互管理。即:

(1) 添加用户信息。

(2) 修改用户信息。

(3) 查询用户信息。

(4) 删除用户信息。

(5) 显示全部用户。

(6) 重置用户信息。

3. 使用选定的主语言和 DBMS,设计并实现具有如下功能的电子书店 EBookInfo:

(1)4 张表 Book、Cust、Buy 和 Press 中数据的添加、修改和删除等功能。

(2)4 张表中基本数据的查询功能。

(3)EBook 中进货和销售等信息的基本统计功能。

(4) 其他信息管理功能自定。

习　题

(1) 解释下列名词：

① 数据库设计　　　　　② 数据字典　　　　　③ 游标

④ODBC　　　　　　　　⑤JDBC　　　　　　　⑥ 物理结构

(2) 简述数据库设计的方法和步骤。

(3) 简述需求分析的方法和步骤。

(4) 简述数据字典的内容。

(5) 简述概念结构设计的方法和步骤。

(6) 简述全局 E-R 图的集成方法及其冲突。

(7) 简述逻辑结构设计的内容。

(8) 简述物理结构设计的内容。

(9) 解释聚簇索引,简述聚簇索引与非聚簇索引的区别。

(10) 对于嵌入式 SQL,如何区分 SQL 语句和主语言语句?

(11) 解释系统评价。简述系统评价的内容。

(12) 简述数据库维护的内容。

第11章　*Chapter 11*

数据仓库与大数据

随着数据库技术应用领域的不断扩大,用户对数据管理技术的要求越来越多样化,因此不断涌现出了并行数据库、分布式数据库、模糊数据库、动态数据库、主动数据库、面向对象数据库、工程数据库、空间数据库、多媒体数据库、XML数据库、数据仓库、数据挖掘和大数据等新技术。

本章主要介绍 XML 数据库、数据仓库、数据挖掘和大数据等。

11.1　XML

随着 Web 技术的快速发展,XML 数据已经成为网络数据交换的基本形式,从而使 XML 发展成为网络数据标准。

11.1.1　XML 与数据描述

扩展标记语言(eXtended Markup Language,XML) 是万维网联盟(World Wide Web Consortium,W3C) 在 1998 年制定的用于网络数据交换,并且可以自行定义标记的可扩展描述型标记语言(网络数据交换标准)。

XML 和超文本标记语言(Hyper Text Markup Language,HTML) 均做为标准通用标记语言(Standard Generalized Markup Language,SGML[ISO 8879]) 的子集,XML 则吸取了 SGML 和 HTML 的优点。即:扩展性、描述性、简洁性、分离性和结构性等。

(1) 扩展性。XML 允许用户自行定义标记和属性,从而可以定制各种数据格式。

(2) 描述性。XML 既可以表达数据本身,又可以描述数据外观。

(3) 简洁性。对于 Web 数据交换,XML 比 SGML 和 HTML 更简单易用。

(4) 结构性。XML 通过内部标记和用户定义标记,可以提供更多文档内容的描述形式,从而很方便的描述文档的结构和语义。

(5) 分离性。XML 把文档内容与显示格式进行分离,从而方便数据管理和显示处理。

XML 的简单、开放、扩展、灵活、描述等特性,使得 XML 在数据库领域以及商业应用领域占据了重要位置。

```
<? xml version = "1. 0" enccodeing = "UTF − 8" standalone = "no"? >
< pub >
< library > Zhejiang Gongshang University Library < / library >
< book year = "2008" >
< title > 数据库技术 < /title >
< price > 36. 00 < / price >
< author id = "101" >
< name > Happy You < /name >
< / author >
< author id = "102" >
< name > Happy Cloud < /name >
< /author >
< /book >
< article editorID = "201" >
< title > 基于模糊集的 XML 查询优化算法 < /title >
< author id = "166" >
< name > Happy You < /name >
< /author >
< /article >
< article editorID = "202" >
< title > 基于粗糙集的 XML 查询优化算法 < /title >
< author id = "199" >
< name > Happy Cloud < /name >
< /author >
< /article >
< /pub >
```

图 11.1　XML 文档示例

XML 文档是数据和标记及其数据描述的集合,对 XML 数据的压缩、存储、索引、传输、交换和查询等管理技术就形成了 XML 数据库技术。即:XML 文档(如图 11-1 所示)是数据集合,XML 及其相关技术是数据库管理系统,文档类型定义(Document

Type Descriptors,DTD) 或者 Schema 是数据库模式设计,XML 查询语言(XML Query Language,XQL) 是数据库查询语言,SAX(Simple API for XML,简单 XML API) 或者文档对象模型(Document Object Model,DOM) 是数据库处理工具。

XML 数据库产品主要包括:中间件、支持 XML 的数据库、XML 本源数据库、XML 服务器、Wrappers 和内容管理系统等。如上图 11.1 所示。

XML 数据库是传统关系数据库和面向对象数据库的扩展,是在传统数据库的基础上,由数据库提供商或者第三方增加了 XML 映射层,由映射层管理 XML 数据,实现传统数据库与 XML 文档之间的转换,特别适合以数据为中心的应用。其主要用途概括:

(1) 有效管理 XML 数据,并提供 XML 数据的查询和修改功能。

(2) 高效集成基于 Web 的各种数据源。

XML 数据库主要包括两种类型:本源数据库(Native XML Database,XML NXD) 和 XML 的数据库(XML Enable Database,支持 XED)。

NXD 是专门对 XML 数据格式的文档进行存取管理和数据查询的数据库技术。

XED 是在传统数据库的基础上,通过增加对 XML 数据的映射功能,从而实现对 XML 数据进行存取管理的数据库技术。

11.1.2 XML 数据模型

XML 文档是 XML 数据库的数据区,是基本存储单元,是 XML 数据的存储格式。XML 文档相当于关系数据库的表。

XML 文档由说明、元素、属性、处理指令和注释等组成。示例如下:

说明:<? xml version = "1.0" enccodeing = "UTF－8" standalone = "no" ? >。

元素:< library > Zhejiang Gongshang University Library < / library >)。

属性:< article editorID = "202" >。

处理指令:<? display student-view ? >。

注释:<! – 图书信息 ->)。

XML 数据库的数据模型包括 DTD 和 Schema 等,用来描述 XML 数据的结构(相当于关系数据库的模式)。根据 DTD 和 Schema 可以存取 XML 数据。XML 数据模型可以支持任意层次的数据嵌套,对半结构化数据提供了良好的支持。

DTD 规定了元素、属性、PCDATA(非嵌套字符型数据) 以及文档内容的顺序和嵌套关系等文档结构信息。DTD 通常存入 ＊.dtd 文件,可以被 XML 文档共享,因此 DTD 是对 XML 数据建立索引的主要方法。

Schema 是 W3C 推荐的 XML 数据模型标准, Schema 比 DTD 提供了更加严格的规范。

例如: 在 DTD 中, 不支持参照约束; 而在 Schema 中, 则可以方便地进行参照约束控制。

11.1.3　XML 查询与处理

常用的 XML 数据库查询语言是: XQL、XPath 和 XSLT。

XQL 是 W3C 提出的对 XML 文档进行信息查找的查询语言标准。具体标准由 XML Query 工作组制定, 当前版本为 XQL1.0。

XPath 是 W3C 提出的描述数据元素在 XML 文档内部位置的标准。在 XPath2.0(2002 年 4 月 30 日 W3C 推出) 标准中, 容纳了 XQL1.0 的基本要求。因此 XPath 不但可以确定数据在 XML 文档中的位置, 而且可以支持数据查询。目前多数 XML 数据库均使用它实现数据查询。

XSLT(eXtensible Stylesheet Language Transformation) 是对 XML 数据进行转换的语言。XSLT 与 XML 的关系, 相当于 SQL 语言与关系数据库的关系。在对 XML 文档操作时, 通常使用 XPath 与 XSLT 协同工作。XSLT 不仅是用于将 XML 转换为 HTML 或其他文本格式, 更全面的定义应该是 XSLT 是用来转换 XML 文档结构的语言。

常用的 XML 数据库处理工具是: DOM、JDOM 和 SAX 等。处理工具提供了对 XML 文档的编辑、管理功能以及与其他语言的编程接口。

DOM 是 W3C 推荐的对 XML 数据进行组织管理的标准和编程接口规范。

JDOM 是采用 JAVA 语言实现的 DOM。

SAX 是目前多数 XML 数据库使用的开发标准。SAX 几乎支持所有的 XML 解析器。SAX 与 DOM 相比, SAX 是轻量级的处理工具。

11.1.4　NXD

NXD 作为直接对 XML 文档进行存取管理和数据查询的专用数据库技术, 是通过基于 XML 文档的逻辑模型, 来实现 XML 数据的存取。NXD 分为: 文本类型和模型类型。

基于文本的 NXD 是文本格式文件, 可以是 RDBMS 的 BLOB 或者特定文件格式。

基于模型的 NXD 非文本格式文件, 是根据文件构造内部模型, 并将模型存储于数据库。其数据存取依赖于数据库。NXD 数据库设计的可塑性好, 变化空间较大。

NXD 的关键技术是数据存储、查询处理、事务处理、代数系统和模式规范化。

(1) 数据存储。XML 数据库产品在底层提供了 Collection 数据结构,用于存放 XML 元素节点,通过 B + 树可以检索元素节点,与 RDBMS 的底层处理一致。在 Collection 上通常建立一级或者两级索引,以便加快查询速度。

(2) 查询处理。NXD 数据库的查询处理是通过解析查询语言的查询表达式实现的。查询解析器把查询表达式解析为查询语法树,利用语法树的检索和匹配技术,实现查询语句的解析。例如:Timber 提出的"结构化联接"技术。

(3) 事务处理。事务处理应该遵循 ACID 特性(原子性、一致性、独立性和持久性) 以确保事务处理的稳定运行。NXD 数据库通常提供事务提交、事务回滚和日志文件等完善的事务处理功能,通过事务和日志控制机制,记录系统执行事务的详细情况,确保系统故障时,可以实施数据恢复。

(4) 模式规范化。规范理论是实现数据库模式结构设计和优化的理论依据。

(5) 代数系统。代数系统是关系数据查询优化的重要工具,广泛使用的 TAX(Tree Algebra for XML,Timber 提出) 技术,以文档树作为基本单位,在逻辑层提供选择、投影、联接等9种基本操作和5种附加操作,以匹配语法树得到实例树(Witness Tree) 为基本操作。同时在物理层提供了用于实现逻辑运算的7种基本操作。

不难看出,NXD 相对于传统数据库,具有如下特点:

(1) 有效管理半结构化 Web 数据。传统的 DBMS 无法有效管理半结构化 Web 数据。

(2) 提供对标签和路径的操作。传统 DBMS 不能对元素名称操作。

(3) 有序性。传统表中,数据项的顺序可以互换。以文档为中心的 XML 文档的内容是有顺序的,不允许随便调整元素、属性、PCDATA 的顺序。缺点是有序性使得 XML 文档的查询操作比较复杂。

(4) 便利的层次化数据操作。XML 数据格式能够方便地清晰表达数据的层次特征。

(5)Web 数据的交换能力。由于 XML 是标准的数据交换格式,因此 NXD 能够存储和查询各种不同结构类型的文档,对异构环境的信息存取提供了良好的支持,为异构环境下的数据集成提供了一种新的方法,这对于 Web 数据管理十分重要。

总之,NXD 适合管理复杂数据结构的数据集,对于 XML 格式的 Web 信息管理,采用 NXD 利于文档的存取和检索,能够提供高质量的全文搜索引擎,特别适合半结构化数据的管理;对于结构化数据管理,则 RDBMS 会更适宜。

11.1.5　XED

XED 作为支持 XML 数据管理的数据库技术,是通过 XML 数据与 DBMS 数据的映射功能实现对 XML 数据的存取管理。

常用的:SQLServer 系列(例如:SQLServer 2016)、Access 系列(例如:Access 2016)、IBM 的 DB2 XML 系列、Informix 系列和 Oracle 系列(例如:Oracle 9i) 等。

XED 产品基本均是使用 DTD 实现与关系数据的转换,而且对 XML 文档的查询符合 W3C 推荐的 XPath 标准,执行查询的 XED 核心是采用 XQL 标准。

由于传统关系数据库的表与以数据为中心的 XML 文档,在数据结构上很类似,因此由 XED 管理的 XML 文档可以方便地存入关系数据库,同理关系数据库的表可以转换成 XML 文档。

事实上,XED 是在传统数据库的基础上增加了对 XML 数据的映射机制,通常只能对结构化程度较高的 XML 文档进行管理,实现 XML 文档与传统数据库之间的映射。XED 数据库内部仍然采用表存储数据,当用户进行 XML 数据查询或者处理时,则 XED 首先需要重新组合 XML 数据,然后再进行相应的操作。本质上 XED 就是以数据为中心、结构化程度较好的,具有 XML 文档存取管理功能的 DBMS。

XED 的关键技术是 XML 文档与关系模式的映射与存储。常用的映射方法是模型映射(Model Mapping) 和结构映射(Struture Mapping)。

(1) 模型映射。需要把 XML 文档模型(即:文档树结构) 映射为关系模式,使用关系模式表示 XML 文档的构造。由于 XML 文档通常具有固定的关系模式,因此模型映射是 XML 模式(或者 DTD) 无关的。

(2) 结构映射。需要把 XML 模式(或者 DTD) 映射为关系模式,使用关系模式表示 XML 文档的逻辑结构。结构映射是 XML 模式(或者 DTD) 相关的。

利用 RDBMS 存储和查询 XML 数据的常用策略如下:

(1) 边模型映射法。

首先把 XML 文档表示成有序有向边标记图(即:XML 图),然后设计一个(或者多个) 关系,存储 XML 图的边和顶点信息。

(2) 点模型映射法。

设计一个或者多个关系,存储 XML 文档语法树(或者实例树) 的结点信息及其结构信息。可以通过区间编码方法实现结构信息的编码和译码,或者直接存储双亲 / 孩子结点对。

(3) 结构映射方法。

根据 XML 文档的 DTD 或者 Schema 推断 XML 元素到表的映射。

(4) 模式设计法。

要求用户或者 DBA 自行设计用于存储 XML 文档的表结构;而表中的数据,则直接以 XML 文档方式发布,也可以由用户或者 DBA 使用 XML 查询语言或者中间件定义关系对应的 XML 视图,从而使 XED 的其他应用可以利用 XML 查询语言在 XML 视图上构造查询,抽取 XML 视图中的数据,并对抽取的部分进行实例化,实现将关系数据转换为 XML 文档。

NXD 和 XED 的优点和缺点对比结果如表 11.1 所示。

表 11.1 NXD 和 XED 的优点和缺点对比

类型	优 点	缺 点
XED	(1) 用户不需要将传统数据库的数据,重新移植到新系统中,只需稍加改变,就可以支持 XML 应用。 (2) 传统数据库技术(例如:范式理论、并发控制、完整性控制和关系代数等),已经非常成熟。 (3) 传统数据库的知识和经验依然有效,用户不需要为了 XML 应用而再去学习一套新的数据库技术	(1) XML 文档存入数据库时需要将其分解,取出时需要组合,不但费时,而且文档格式可能不同。 (2) XML 文档和数据库之间的模式转换复杂,前期开发阶段投入很大。 (3) 以文档为中心、格式复杂的 XML 文档处理性能较差。采纳的 XML 技术标准较落后
NXD	(1) XML 文档存取无须模式转换,存取速度快。 (2) 对格式复杂的 XML 文档支持比XED 好。 (3) 支持最新的 XML 技术标准	(1) 传统数据库技术比较薄弱,没有经过时间考验。 (2) 知识较新,相应的支持人员和文档资源较少。 (3) 应用范围局限在 XML 应用领域中

综上所述:在选择 XML 数据库时,应该考虑以下几个方面:

(1) 针对格式复杂的,而且数据本身包含复杂层次关系或者只有 XML 数据的情况,由于 NXD 对 XML 标准有更完备的支持,而且能够提供更好的访问性能,可以考虑选择 NXD。

(2) 针对格式简单、内容比格式更重要的 XML 文档,特别是在传统数据库上需要提供 XML 访问接口的应用,可以选择 XED。

(3) 针对数据安全要求较高的应用(例如:银行系统、财政系统、股票系统和金融系统的数据库),由于 NXD 在完整性控制、并发控制、数据恢复等传统数据库技术方面还需要进一步的检验,而建立在传统数据库上的 XED 相对更有优势,因此建议选择 XED。

11. 2　数据仓库

数据库系统以数据库为中心,进行联机事务处理(On Line Transaction Processing,OLTP),并得到了非常成功的广泛应用,但是却无法满足管理人员的决策分析要求。为此,在数据库技术的基础上,产生了以历史数据为中心,进行联机分析处理(On Line Analytical Processing,OLAP;关系数据库之父 E. F. Codd 于 1992 年提出),并能够满足决策分析需要的数据仓库(Data Warehouse,DW)。

11.2.1　数据仓库概念

自从数据仓库的出现以来,不少学者从不同角度给出的不同定义如下:

(1)W. H. Inmon 定义(创始人):数据仓库是面向主题的、集成的、稳定的、随时间变化的数据集合,用以支持经营管理中的决策制定过程。

(2)Informix 定义(公司):数据仓库将分布在企业网络中不同信息岛上的业务数据集成到一起,存储在一个单一的关系型数据库中,利用这种集成信息,可方便用户对信息的访问,更可使决策人员对一段时间内的历史数据进行分析,研究事务的发展走势。

(3)SAS 定义(软件研究所):数据仓库是一种管理技术,旨在通过流畅、合理、全面的信息管理,达到有效的决策支持。

根据数据仓库的定义,其基本特征如下:

(1) 主题性。从高层对系统数据,面向应用主题的进行综合、分类、分析和抽象。

(2) 集成性。对历史数据进行抽取,并进行清理、转化和装载等加工处理和集成。

(3) 稳定性。数据仓库中的数据,通常是不可更新的。

(4) 时变性。随着时间的变化,需要不断增加新数据;同时删除确实无用的数据。

(5) 集合性。数据是以多维数据集合、关系集合,或者混合模式的数据集合进行存储的。

不难看出,数据仓库是把原始数据进行多种处理,并且转换成面向主题的、集成的、稳定的、时变的综合数据集合,同时提供功能强大的分析工具,对数据集合进行多方位的分析,以帮助决策人员做出更符合发展规律的正确决策。

11.2.2 数据仓库数据模型

为了能够直观、清晰地表达具体分析领域的数据,数据仓库通常使用多维数据模型,常用的多维数据模型包括:星型模型、雪花模型、星座模型和星系模型等。

1. 多维数据模型

多维数据模型的建模要素是观察事物的角度和希望得到(关注)的事实数据。前者称为维度,后者称为事实。因此,针对一个具体的分析主题可以表示为由多个维度数据和多个事实数据构成的数据模型。通常每一个维度对应一个维度关系表(即:维度表),每一个事实对应一个事实关系表(即:事实表)。

多维数据模型是根据分析主题所涉及数据的特征,确定分析问题的角度和需要得到的数据,从而确定相应的维度表和事实表及其两者之间的关联关系,进而抽象并建立的数据模型。即:

多维数据模型是由多个维度表和事实表及其关联关系组成的结构模型如图11.2所示。

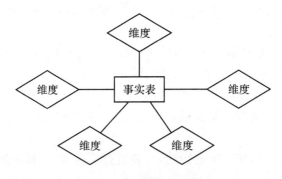

图 11-2　星型多维数据模型

关于多维数据模型的存储,既可以使用多维数组直接存储多维数据,也可以使用 RDBMS 的表依次存储维度表和事实表及其关联关系。

说明:多维数据模型中的维度表和事实表可以直接来自多维数据,也可以来自 RDBMS 的关系表。

不难看出,关系模型关注的是数据的结构;而多维数据模型关注的是数据的含义。

2. 星形模型

星形模型是最常用的多维数据模型,它是以事实表为中心,维度表为叶结点组成的星形结构。事实表用来存储事实的度量值和各个维度的主码值,而维度表用来存放维度数据(维度属性数据、属性类别等信息)。星形模型的结构如图 11.3 所示。

3. 星座模型

星座模型是由一系列同质而不同综合程度(粒度)的事实表共享一系列维表而形成的星形模型。星座模型的结构如图 11-4 所示。

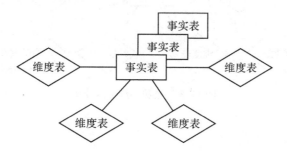

图 11.3　星座多维数据模型

4. 星系模型

如果星型模型中包含多个不同的事实表,且这些事实表连接的维表不完全相同,但共享多个维表,则这种星型模型称为星系模型。星系模型的结构如图 11-4 所示。

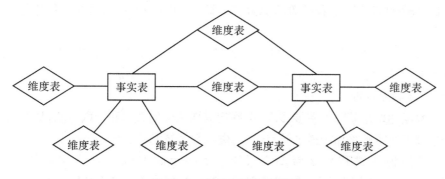

图 11.4　星系多维数据模型

5. 雪花模型

雪花模型是星型模型维度表的进一步拓展、标准化和规范化。对维度层次较多的数据,则需要把星型模型中的每个维度表展开为二级维度表(即:雪花模型)。在雪花模型中,每个维度表都具有标准化的形式,可以最大限度地减少数据冗余,节省存储空间。但是雪花模型增加了维度的数量,也就增加了用户处理表的数量,从而增加了查询复杂性。如图 11.5 所示。

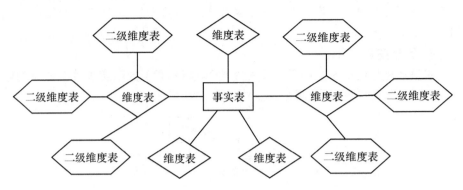

图 11.5 雪花多维数据模型

11.2.3 数据仓库 ETL

ETL(Extraction,抽取;Transformation,转换;Loading,加载) 是把 OLTP 系统中的数据抽取出来,并把不同数据源的数据进行转换、整合和规范化,然后装入数据仓库的过程。

在创建数据仓库的过程中,ETL 贯穿整个过程,ETL 整合数据的质量直接影响后续的分析结果。把系统数据经过抽取和转换,并载入数据仓库的过程称为 ETL 过程,制定 ETL 过程的策略称为 ETL 策略,而完成 ETL 过程的工具称为 ETL 工具。

ETL 过程主要包括:数据抽取、数据转换和数据加载等。如果抽取出来的数据存在"脏"数据,则对数据进行转换之前,需要进行数据清洗。

(1) 数据抽取

数据抽取是 ETL 的首要步骤,是确定需要抽取的数据和抽取方式,从而从一个或者多个源数据库中通过记录选取,进行数据复制的过程。

数据抽取过程将记录写入 ODS(Operational Data Store) 或者临时区 (Staging Area) 以备后用。从 DBS 到 DW 进行数据抽取的常用策略如下:

① 陈旧档案数据抽取。一般用于保险公司和危险品公司等。

② 全部数据抽取。抽取现存操作型环境中的全部数据。

③ 差额数据抽取。抽取上次抽取后的更新数据。变化数据捕获(Change Data Capture, CDC) 可以使用时间戳、DELTA 文件、读取 RDBMS 日志文件或者使用源系统中的触发器等方法实现。使用时间戳是最简单、最常用的方法。例如:超市管理系统数据库中几乎每个表均设计了"插入记录日期"和"更新记录日期"字段,这是规范数据库的基本标准。

(2) 数据转换

数据转换是指根据抽取数据的特征和应用需求,设计转换规则(Business Roles),对抽取出的数据进行过滤、合并、解码、翻译等转换,从而为数据仓库创建有效数据的过程。转换过程需要理解业务侧重点(Business Focus)、信息需求(Informational Needs) 和可用源数据(Available Sources)。具体转换原则如下:

① 字段级数据类型转换以及增加上下文数据。

② 清洗和净化。保留特定值字段或者特定范围记录、检查完整性和清除重复记录。

③ 多数据源整合。采取字段映射、代码变换、合并和派生等进行数据整合。

④ 聚合和汇总。

在 ETL 中,T 是核心,E 和 L 可以看成 T 的输入和输出。ETL 和 OLTP 的区别是 OLTP 系统通常是单记录的 Insert、Update、Delete 和 Select 等操作,而 ETL 过程一般是批量操作。所以实现 ETL,主要是实现 ETL 的转换,而且需要考虑如下方面:

① 空值处理。捕获字段空值,进行加载或者替换为具有确定含义的数据。

② 规范数据格式。实现字段格式约束定义,对于数据源的数据,可以自行定义加载格式。

③ 拆分数据。依据应用需求对字段可以进行分解。

④ 验证数据正确性。利用 Lookup 及其拆分功能进行数据验证。

⑤ 数据替换。根据应用需求,可以实现无效数据或者缺失数据的替换,建立 ETL 过程的主码、外码键约束,保证字段完整性。对于无依赖关系的非法数据,可以替换或者导出到错误数据文件,保证主码唯一记录的加载。

(3) 数据清洗

数据仓库中必须存放大家公认或者经过验证是有价值的,符合一致性要求的,并且符合元数据定义的"优质数据"(Quality Data)。

数据清洗(Cleaning) 是指对通过检测发现的违规数据,清除或者转换成"清洁" 数据,使其符合规则,然后加载到数据仓库。常用的清洗方法包括:拼写检查、分类检查、名字和地址的检查与修正等。

数据清洗的执行过程:

① 预处理。对于数据加载文件(特别是新的文件和数据集合) 进行预诊断和检测。

② 标准化处理。利用数据仓库的标准字典,对地名、人名和产品名等进行标准化处理。

③ 查重。利用各种数据查询手段,避免装入重复数据。

④ 出错处理和修正。把出错的记录和数据写入日志文件,以备后用。

(4) 数据加载

数据加载是指在完成数据的抽取、转换和清洗后,利用数据加载工具或者加载程序,把正确的、完整的、一致的高质量数据加载到数据仓库的过程。

在数据加载时,可以选择最基本的 Import、SQL Loader 和 SQL 语言等加载工具和实用程序,也可以自行设计数据转换函数库(或者子程序库)。

通过 ETL,可以利用源系统的数据生成数据仓库。ETL 是 OLTP 和 OLAP 的桥梁。常用的 ETL 工具有 Informatica、Datastage、OWB、DTS 和 IBM Visual Warehouse 等。

11.2.4 数据仓库设计

数据仓库的开发过程通常包括数据仓库的规划与分析、数据仓库的设计与实施和数据仓库的应用等阶段。其中数据仓库的设计与实施是整个过程的重点。

数据仓库的设计与实施的内容主要包括:数据仓库的概念模型设计、数据仓库的逻辑模型设计、数据仓库的物理模型设计、源数据的 ETL 设计、数据表达与访问设计和数据仓库维护方案设计等。其中数据仓库(的概念模型、逻辑模型和物理模型)设计是该阶段的核心。

(1) 数据仓库的概念模型设计

概念模型设计的主要任务是通过分析系统的运行过程和系统需求,确定系统的主题域,从而确定数据仓库的数据类及其相互关系(即:事实表和维度表),进而创建概念模型。即:

① 需求分析。分析用户需求,确定用户的决策类型、原始数据和系统边界。

② 确定主题。根据用户需求和决策分析的类型,确定系统应该包含的主题域;从而进一步确定各个主题域的要素及其描述属性。具体包括:分析问题时所关心的事实、分析问题时的各种观察角度和描述事实及其观察角度的属性。

③ 确定事实。根据主题域所包含的事实,确定用于描述事实的各个属性的名称、类型和粒度等具体信息。

④ 确定维度。根据分析问题时的各种观察角度,确定主题域所包含的维度,从而进一步确定用于描述维度的各个属性的名称、类型和粒度等具体信息。

⑤ 建立概念模型。根据主题域所包含的事实和维度及其关系,建立适合于决策分析系统的多维数据模型。

(2) 数据仓库的逻辑模型设计

根据数据仓库的概念模型,不能直接建立数据仓库的物理模型,必须首先建立数据仓库的逻辑模型,由逻辑模型来指导数据仓库的物理实施。

设计数据仓库逻辑模型的主要任务是粒度层次划分,数据分割策略的确定,关系模式的定义,数据源及其数据抽取模型的确定等。

① 定义事实实体。利用 RDBMS 的关系模型,定义事实实体的关系模式及其详细信息。

② 定义维度实体。利用 RDBMS 的关系模型,定义维度实体的关系模式及其详细信息。

③ 定义事实实体与维度实体的联系及其属性。

在设计数据仓库的逻辑模型时,需要进行适当的粒度划分、采取合理的数据分割策略,对事实表和维度表进行适当的划分,并定义相应的数据源。

(3) 数据仓库的物理模型设计

物理模型是根据逻辑模型,选择数据仓库的访问方法、设计数据仓库的存储结构、确定数据仓库的存储位置和选择存储介质等,从而为数据仓库提供最佳的物理环境。

设计物理模型的主要任务是设计数据的存储结构、确定数据的存储位置和索引策略等。

① 设计存储结构。不同的存储结构有不同的实现方式,应该综合考虑存取时间、存取空间利用率和维护代价等,根据存储结构的优缺点和适用范围,选择合适的存储结构。

② 确定存储位置。对数据按照其重要程度、使用频率和对响应时间的要求等进行分类,并将不同类别的数据存储在不同的存储设备中。设置存储分配参数,对块的大小、缓冲区的大小和个数等进行物理优化处理。

③ 确定索引策略。通过对数据存取路径的分析,为各个数据存储建立专用的索引,以获得数据的快速存取。

总之,数据仓库是企业体系化环境的核心,是建立智能决策支持系统的基础。一个企业在实施其数据仓库战略时,数据仓库模型设计是关系到数据仓库成功与否的关键。为了提高系统的效率和性能,数据仓库的数据内容、结构、粒度、分割以及其决策分析设计,需要根据用户所反馈的信息不断地调整和完善,而且数据仓库需要通过不断地理解用户的分析需求,向用户提供更准确、更有用的决策信息,所以数据仓库对灵活性和扩展性有较高的要求,因此数据仓库设计是一个动态、反馈、循环和精益求精的过程。

11.2.5 联机事务处理 OLTP

OLTP 是指利用计算机网络,将分布在不同地理位置的业务处理计算机设备或者网络与业务管理网络中心连接,以便在任何网络节点进行统一、实时的业务处理活动或者客户服务。

OLTP 系统是传统数据库系统进行事务处理的主要部分。OLTP 的典型特点是拥有大量的并发用户,而且这些并发用户在积极地完成数据的实时修改任务。常见的应用事例:航空售票系统和银行业务系统等。

OLTP 系统对数据库完整性的维护,通常利用数据库平台的事务 ACID 属性。

例如:ATM 系统取钱业务的工作过程,充分体现了 OLTP 对数据库完整性的维护。即:

如果 ATM 取钱业务在支付现金时更新了你的账户信息。即:事务的原子性。

如果 ATM 支付的钱与记入账户的钱相同,则数据是一致的。即:事务的一致性。

如果 ATM 办理业务过程中,有程序读写账户信息,则应拒绝操作。即:事务的隔离性。

如果 ATM 取钱业务完成或提交,ATM 取钱业务永久生效。即:事务的持久性。

OLTP 系统的研发应该遵守的基本准则:

(1)OLTP 与决策支持工作量

如果 MIS 既要承担联机业务,又要承担决策支持,而且每项工作的要求都不尽相同,又经常发生冲突,则需要分离并且分开管理联机业务和决策支持,两者物理上可以在同一系统中,只要系统提供足够的 I/O 容量维持工作。

(2) 数据放置与文件组

因为大量用户需要以随机的方式访问和修改 OLTP 系统的数据,所以 OLTP 系统的关键是维持良好的 I/O 性能。为了消除潜在的 I/O 瓶颈,系统应该将数据分布在尽可能多的物理磁盘上。SQL Server 的最简单方法是使用文件组,将数据存放在多个文件和文件组中,允许跨越磁盘、磁盘控制器或者 RAID 系统创建数据库,从而提高访问效率。

(3) 调整 OLTP 事务

OLTP 系统的原则是使事务尽可能短,从而使持锁时间尽可能短,同时提高了数据的同步性,而且避免了自由形态的用户输入。另外,可以让事务执行单独的存储过程;或者把访问频繁表的所有引用放在事务的结尾,使极小化访问表的持锁时间。

(4) 控制数据内容

尽量限制数据库冗余数据的数量,减少冗余数据能够加速数据更新。

OLTP 系统通常不需要或者很少需要联机表的历史数据和统计数据等。很少引用的数据应该及时从频繁更新的表中移出,归档到独立的历史数据库。

(5) 数据备份

OLTP 系统的本质特征是连续操作。即:OLTP 系统必须在一周 7 天、一天 24 小时中均可用。OLTP 系统可以停机,但是必须控制在绝对最小值的范围内。所以系统需要在利用率最低时,进行数据备份,从而把对终端用户的影响降到最小。

(6) 索引

对于 OLTP 系统,索引的个数不是越多越好。

通常应该避免为表创建过多的索引。因为每次在增加行或者修改索引字段时,创建的每个索引都必须更新。如果定义了太多不必要的索引,那么当系统更新大量的索引数据时,将会影响数据的访问效率。

11.2.6　联机分析处理 OLAP

因为数据仓库本身不能进行复杂的、灵活多样的数据查询分析,所以需要借助 OLAP 及其相关技术和工具,对数据仓库的数据进行多角度、多视图的查询分析。

(1)OLAP 的概念

OLAP 是一种软件技术,它使分析人员能够迅速、一致、交互地从各个方面观察信息,以达到深入理解数据的目的。特征是共享多维信息的快速分析(Fast Analysis of Shared Multidimensional Information,FASMI),即:快速性、分析性、共享性、多维性和 信息性。

E. F. Codd 先后于 1993 年和 1995 年分别从 4 个方面提出了 OLAP 产品应该满足 18(12 + 6) 条原则。即:

① 基本特性。多维概念视图、直观的数据操作、可存取性、分批提取 VS 解释、OLAP 分析模型、客户 / 服务器体系结构、透明性、支持多用户。

② 特殊特性。处理非规范化数据、保存 OLAP 结果且与源数据分离、抽取遗漏数据、处理遗漏数据。

③ 报表特性。灵活的报表生成能力、稳定的报表生成性能、自动调节的物理模式。

④ 维控制特性。维的等同性、不受限制的维和聚集层次、不受限制的跨维操作。

OLAP 策略通常是针对特定问题,把关系型的或者普通的数据进行多维数据存储,通过对信息的多种可能的观察形式进行快速、稳定、一致和交互的存取,达到 OLAP 的目的。

(2)OLAP 的基本分析操作

OLAP 的基本操作主要包括对多维数据进行切片、切块、钻取,旋转等分析操作。

①切片(Slicing)。在1个或者多个维上选定一个属性成员,而在其他维上选取一定区间的属性成员或者全部属性成员,进行观察数据的分析方法。

②切块(Dicing)。在各个维上选取一定区间的成员属性或者全部成员属性,进行观察数据的分析方式。切片是切块的特例,切块是切片的(叠合)拓展。

③钻取(Drilling)。包括下钻(Drill Down)和上钻(Drill Up)操作。钻取的深度与维的划分层次相对应。下钻是指从概括性数据出发获得相应的更详细的数据。上钻是指从详细的数据中获得相应的概括性数据。

④旋转(Pivoting)。改变一个报告或者页面显示的维方向。

(3)OLAP的实施

关系数据库的模式结构是关系模型,多维数据库的模式结构是多维数据模型。OLAP的基础是多维数据模型。OLAP的实施可以采用:MOLAP、ROLAP和HROLAP3种结构。

①关系联机分析处理(Relational OLAP,ROLAP)。采用关系数据库存储多维数据,并进行联机分析处理。OLAP工具多数使用的是基于关系型的ROLAP。

在ROLAP中,把多维数据模型的事实表和维度表,按照RDBMS的关系模型进行存储,并且利用RDBMS实现多维数据库的功能。即:ROLAP是基于关系的OLAP。

②多维联机分析处理(Multidimensional OLAP,MOLAP)。采用多维数据库(多维数组)存储多维数据,并且是以多维数据库为核心的OLAP。MOLAP的典型工具是EssBase。

MOLAP能够方便直观地实现切片、切块、钻取,旋转等分析操作,并能够以多维方式显示数据。同时多维数据库具有高效的稀疏数据处理能力,能略过零元、缺失和重复数据。而且多维数据库的索引较小。

③混合联机分析处理(Hybrid OLAP,HOLAP)。HOLAP综合了基于多维数据库的OLAP和基于关系数据库的OLAP的优点,把事实表保存在关系数据库中,充分利用了成熟的关系模型所带来的高性能、高可靠性的特点,同时又把聚集信息保存在多维数据库中,很好地满足了联机分析处理的需要。MOLAP和ROLAP的性能对比,如表11.2所示。

表 11.2　MOLAP 和 ROLAP 的性能对比

ROLAP	MOLAP
可变维	固定维

ROLAP	MOLAP
数据仓库的多维视图	维交叉计算
超大型数据库	支持 10～20GB,较难达到 TB 级
数据装载速度快	数据装载速度慢
数据仓库	数据集市

说明:OLAM 是 OLAP 和 DM 通过有机结合而形成的联机分析挖掘新技术。

(4)OLTP 和 OLAP 的比较

OLTP 和 OLAP 分别作为数据库和数据仓库的联机事务处理技术和联机分析技术,在背景和目的、数据模型、数据综合程度、数据更新和处理方式等方面均存在一定的差异。

OLAP 关注的是如何理解聚集的大量数据。OLAP 通常包含很多复杂关系的数据项,其目的是通过分析数据,发现能够起决策作用的有价值的信息。

OLAP 是以数据仓库(或者数据库)为基础,其最终数据源与 OLTP 一样来自底层的数据库系统,但是两者的用户不同,OLTP 是针对操作人员和低层 DBA,而 OLAP 则是为决策人员和高层管理人员。

OLTP 和 OLAP 的对比结果,如表 11.3 所示。

表 11.3　OLTP 和 OLAP 的对比结果

OLTP	OLAP
原始、细节、当前数据	导出、综合、历史数据
面向操作人员,支持日常操作	面向决策人员,支持管理需要
面向应用,事务驱动	面向分析,分析驱动
可更新	不可更新,周期性刷新
数据处理量小	数据处理量大

11.3　数据挖掘

尽管以数据仓库为中心的联机分析处理技术,在一定程度上满足了管理人员的决策分析需要,但是随着数据仓库及其应用技术的快速发展,人们希望能够提供更高层次的数据分析功能,从而对决策分析或者科学研究提供更高层次的支持,因此产生了基于统计学、信息论、神经网络、模糊集、仿生学(遗传算法)、粗糙集、机器学习和数据仓库等技术的数据挖掘(Data Mining,DM) 技术。

11.3.1　数据挖掘概念

数据挖掘(1995 年美国计算机年会公布) 是多个学科相互融合的产物,因此,可以从不同角度给出不同的定义形式。

技术定义:DM 是从大量的、不完全的、有噪声的、模糊的、随机的实际数据中,提取隐含在其中的、人们所不知道的、但又是潜在有用的信息和知识的过程。挖掘发现的知识都是相对的,是有特定前提和约束条件、面向特定领域的,同时还要易于用户理解。

商业定义:DM 是一种崭新的商业信息处理技术,其主要特点是对商业数据库中的大量业务数据进行抽取、转化、分析和模式化处理,从中提取辅助商业决策的关键知识。为商业决策提供真正有价值的信息,进而提高企业竞争力,获得利润。

因此,DM 是深层次的数据分析方法和技术,而且与其他分析技术存在着区别和联系。

(1)DM 与传统分析方法。DM 是在没有明确假设的前提下挖掘信息、发现知识,所得到的信息具有先前未知、有效和实用等特征。例如:商业应用中尿布和啤酒的典型例子。

(2)DM 与 DW。DW 是 DM 的应用基础;DM 是 DW 发展的必然结果,同时促进了 DW 技术的发展。

(3)DM 与 OLAP。DM 的关键是在 DW 中自行寻找模型,而非验证模型。在 DM 之前,可以利用 OLAP 分析采取指定决策所产生的影响,而且 OLAP 可以用于探索数据,找到对问题比较重要的因素,发现异常数据和互相影响的因素,有助于数据挖掘时更好的理解数据,加快数据挖掘的过程。因此,DM 和 OLAP 具有一定的互补性。

(4)DM 与 KDD。数据库中的知识发现(Knowledge Discovery in Database,KDD) 是从大量数据中抽取挖掘出未知的、有价值的模式或者规律等知识的复杂过程。KDD 通常由数据准备(清洗、集成、转换)、数据挖掘以及挖掘结果的解释(知识表示) 和评估(模式评估) 等阶段组成。显然,DM 是 KDD 的关键阶段,而且在实际应用中 DM 和 KDD 已无明显区别。

DM 的主要研究内容包括:基础理论、DM 算法、数据仓库技术、可视挖掘技术、定性定量互换模型、知识表示方法、挖掘知识的维护和利用、半结构化和非结构化数据中的知识发现、Web 数据挖掘、多媒体数据挖掘、基于内容的图像检索以及 DM 的应用等。

不难看出,DM 作为融合多个学科的新的数据分析技术,其目标是从 DW 中发现未知的、隐含的、有意义的知识,从而使 KDD 成为可能。

11.3.2　数据挖掘参考模型

为了促进数据挖掘技术的应用,欧洲委员会联合数据挖掘软件厂商提出了 CRISP-DM 模型(CRoss Industry Standard Process for Data Mining,1996),目的是把数据挖掘的过程标准化,使数据挖掘项目的实施速度更快、成本更低、更可靠并且更容易管理。如图 11-6 所示。

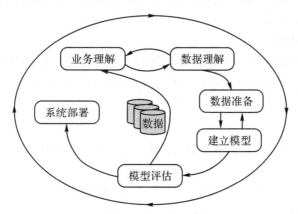

图 11.6　CRISP-DM 模型

在 CRISP-DM 中,数据挖掘包括 6 个阶段:

(1) 业务理解(Business Understanding)。确定业务目标、项目可行性分析、确定数据挖掘目标和提出项目计划。

(2) 数据理解(Data Understanding)。收集原始数据、描述与探索数据和检查数据质量。

(3) 数据准备(Data Preparation)。数据选择、清洁、创建、合并和格式化。

(4) 建立模型(Modeling)。选择建模技术、测试方案设计、模型训练和模型测试评估。

(5) 模型评估(Evaluation)。结果评估、过程回顾、确定下一步工作。

(6) 部署(Deployment)。部署计划、监控和维护计划、做出最终报告和项目回顾。

为保证项目质量,CRISP-DM 规定一个数据挖掘项目应该产生 11 个报告,从而有效地控制数据挖掘项目进程,减少开发风险。即:业务理解报告;原始数据收集报告;数据描述报告;数据探索报告;数据质量报告;数据集描述报告;模型训练报告;模型评估报告;部署计划;监控和维护计划和总结报告等。

11.3.3　数据挖掘算法

随着 DW 和 DM 技术的逐渐成熟,DM 技术已经在数据仓库系统中得到了广泛应用,同时基于信息论和粗糙集的归纳学习算法、基于神经网络和遗传算法的仿生算法、基于概率与统计理论的统计分析算法、基于图形与图像技术的可视分析算法、基于模糊数学理论的模糊分析算法、基于数学运算的公式发现算法、基于 Web 数据的 Web 挖掘算法以及基于内容的多媒体信息挖掘算法等大量的 DM 算法不断地涌现出来。

(1) 关联规则

关联规则挖掘是数据挖掘的重要分支,关联规则是数据挖掘的最经典类型。关联规则挖掘可以发现存在于数据库中的属性之间未知的或者隐藏的关系,从大量交易记录中发现有意义的关联规则,可以帮助商务决策,从而提高销售额和利润。

在挖掘关联规则时,通常使用支持度(Support) 和可信度(Confidence) 以及相应的域值。

已知商品集(模式)$W = \{W_1, W_2, \cdots, W_u\}$,交易集 $E = \{e_1, e_2, \cdots, e_v\}$,交易子集 $A = \{a_1, a_2, \cdots, a_m\}$、$B = \{b_1, b_2, \cdots, b_n\}$ 和 $A \bigcap B = \{a_1, a_2, \cdots, a_m, b_1, b_2, \cdots, b_n\}$(既购买商品 A 又购买商品 B)。其中:$e_j \in W(j = 1, 2, \cdots, v)$;$a_k, b_t \in E(k = ,1,2,m; t = 1,2,\cdots, n)$。

并且交易集和交易子集的记录个数分别为:$|E| = e$;$|A| = x$;$|B| = y$;$|A \bigcap B| = z$。

显然 $z < x, z < y$。则对于关联规则 A→B(即:$\{a_1, a_2, \cdots, a_m\}$→$\{b_1, b_2, \cdots, b_n\}$) 定义其可信度 Confidence 和支持度 Support 如下:

可信度:$C(A→B) = \dfrac{z}{x}$;支持度:$S(A→B; E) = \dfrac{z}{e}$。

不难看出,支持度描述了关联规则的因果商品集在所有交易集中同时出现的概率;可信度用来衡量关联规则的可信程度。而且只有在支持度和可信度均大于相应的域值时,才说明 A 的对 B 的有促进作用,即:说明 A 和 B 之间存在指定程度的相关性。

关联规则的经典算法是 Apriori 算法(Agrwal 和 Srikant, 1994) 及其改进和推广、AIS算法、SETM算法、DHP算法、PARTITION算法、Sampling算法和FP Growth算法,并得到了广泛成功的应用。

(2) 决策树

决策树作为经典的分类算法,是采用自上而下的递归构造方法构造的。树的每一个结点上使用信息增益度选择属性,从而可以从决策树中提取分类规则。

如果训练样本的所有样本是同类的,则把它作为叶节点,节点内容是类别标记;否则,根据预定策略选择一个属性,并且按照属性值,将样本划分为若干子集,使得每个子集上样本的属性值相同;然后依次递归处理每个子集。即:

输入:训练样本(候选属性集:AttribList);输出:决策树。

① 创建结点 N,若 N 的样本为同类 C,则返回叶结点 N,并标志为类 C。

② 若 AttribList 为空,则返回叶结点 N,并标记为个数最多的类别。否则,从 AttribList 选择一个信息增益最大的属性,并标记结点 N 为 TestAttrib。

③ 对于 TestAttrib 的每个已知取值 a_i,根据 TestAttrib = a_i,产生结点 N 的相应分支。

④ 对满足 TestAttrib = a_i 的集合 S_i;若 S_i 为空,则标记相应叶结点为个数最多的类别。否则,把相应叶结点标志为 GenDTree(S_i ,AttribList-TestAttrib) 。

说明:生成决策树是 NP-Hard 问题,因此关键是采用启发式策略选择优的判断条件。

决策树源于概念学习系统(Concept Learning System,CLS) ,其经典算法是 Quiulan 的 ID3(Iterative Dichotomiser 3) 算 法,然后推广到 C4.5、CART 和 Assistant 算法。

ID3 的思想:

① 任意选取一个属性作为决策树的根结点,然后按照该属性的值,创建树的分支。

② 如果叶结点的实例属于同类,则用类标记标识叶结点;如果所有叶结点都有类标记,则算法终止;否则,选取一个从该结点到根节点的路径中没有出现过的属性为标记标识该结点,然后使用这个属性所有的取值继续创建树的分支;并重复该步。

例如:春夏集团根据自身的经济实力和经营情况,准备在全国,再开设 3 类连锁计算机 DIY 商城,每一类 2 家。通过市场调查,目前全国经营的历史数据如表 11.4 所示。

表 11.4　计算机 DIY 商城历史数据

商城	位置	规模	档次	经营效果
100	大城市	大规模	高档	失败

续　表

商城	位置	规模	档次	经营效果
150	大城市	大规模	低档	成功
80	大城市	小规模	高档	成功
60	小城市	大规模	低档	失败
60	小城市	小规模	低档	成功
100	大城市	小规模	低档	失败

则计算机 DIY 商城经营情况决策树如图 11.7 所示。

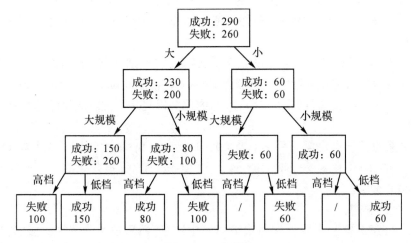

图 11.7　决策树

根据决策树得出的关联规则如下：

IF 位置 = 大城市 ∧ 规模 = 大规模 ∧ 档次 = 低档 THEN 成功

IF 位置 = 大城市 ∧ 规模 = 小规模 ∧ 档次 = 高档 THEN 成功

IF 位置 = 小城市 ∧ 规模 = 小规模 ∧ 档次 = 低档 THEN 成功

因此，开设 3 类连锁商店的可行性方案：

在大城市开设大规模低档连锁商店 2 家；在大城市开设小规模高档连锁商店 2 家；在小城市开设小规模低档连锁商店 2 家。

（3）聚类

聚类是把数据集划分为若干类的过程，并使同类的数据对象具有较高的相似度；而不同类的数据对象则相反。相似度依赖于数据属性的取值，通常使用距离。常用算法如下：

①K 均值聚类。在已知聚类个数时,可以很好地实现分类的无监督聚类算法。即:首先随机选择 k 个数据点作为聚类中心;然后计算其他点到聚类中心的距离,通过对距离均值的计算,不断改变聚类中心的位置,直到聚类中心稳定。优点:算法简单,收敛速度较快;缺点:需要事先知道聚类个数;而且要求类内高聚合,类间低耦合;均值计算必须定义适当等。

②K 中心聚类。K 均值聚类的改进。即:首先为每类随机选择中心样本点,并把剩余样本点按照距离远近分配给最近的类;然后用非中心点替换中心点,并检查聚类代价,若聚类代价小于零,则执行替换,直到中心点不再发生变化。

③C 均值算法。选取类数 k,并从样本集中任意取定 k 个向量 $c_1, c_2, \cdots, c_k$ 作为聚类中心,则第 1 步,把每个样本 $x_t = [x_{11}, \cdots, x_{1n}]$,按照 $\|x_1 - c_i\| = \min \|x_i - c_t\|$ 归入中心为 c_i 的类 C_i;第 2 步,按照 $c_{im} = (\sum x_{1,m})/N_i (x_{li} \in C_i, N_i$ 是 C_i 的向量数),重新调整聚类中心 $c_i = [C_{i1}, \cdots, c_{in}]^T$;第 3 步,如果第 2 步的聚类中心不再变化,则终止。否则转至第 2 步。

众多的聚类算法通常分为:划分聚类(K 均值、C 均值和 K 中心等)、层次聚类(Cure、Chameleon 和 Birch 等)、密度聚类(DBScan、Optics 和 DenClue 等)、网格聚类(STING、CliQue 和 Wave Cluster)和模型聚类(Cobweb 和神经网络算法)等。

(4) 预测

预测是首先构造模型,然后使用模型预测未知值。经典算法是线性回归、多元回归和非线性回归等回归分析。传统算法是趋势外推和时间序列等。优点是原理简单和理论成熟。

①线性回归。利用直线 $y = \alpha + \beta x$ 描述数据模型。已知样本 $(x_1, y_1), \cdots, (x_n, y_n)$,则利用最小二乘法计算的回归系数 α 和 β 如下:

$$\alpha = \bar{y} - \beta \bar{x}; \beta = \frac{i\sum_{i=1}^{n}(x_i - \bar{x})(y_i - \bar{y})}{\sum_{i=1}^{n}(x_i - \bar{x})^2}; \bar{x} = \frac{1}{n}\sum_{i=1}^{n}; \bar{y} = \frac{1}{n}\sum_{i=1}^{n}y_i$$

② 多元回归。由多维变量组成的线性回归函数 $y = \alpha + \beta_1 x_1 + \beta_2 x_2$;可以利用最小二乘法计算回归参数 α, β_1 和 β_2。多元回归的经典算法是 Polynom 算法,即:对于预测目标变量 y 和影响因素 $x_1, \cdots, x_n$。若满足 $y = a_1 x_1 + a_2 x_2 + \cdots + a_n x_n$,则可以根据已知数据估算出系数,$a_1, \cdots a_n$,从而进行预测。

预测理论研究的新领域是人工神经网络(ANN)预测、专家系统预测、模糊预测、粗糙预测、小波分析预测、优选组合预测等。

(5) 分类

分类是通过分析训练样本数据,产生关于类别的精确描述。其目的是通过创

建分类模型,把数据映射到给定的类别。分类主要用于预测未来数据的趋势或者创建分类器。分类过程:

① 建立分类模型,描述给定的数据集。通过分析训练样本数据,实现对样本数据的有指导训练学习或者无指导训练学习,并利用分类规则、决策树和数学公式等形式给出训练学习结果,从而建立分类模型。

② 使用分类模型对数据进行分类。

常用分类方法是决策树、KNN 分类(K 最近邻法)、SVM 分类(支持向量机)、VSM 分类(向量空间模型)、Autoclass 分类(Bayesian 网络,无监督)、神经网络分类(反向传播 BP 网络)、示例推理分类器、遗传算法分类(选择、交叉、变异)、粗糙分类(等价关系、上下近似集)和模糊分类(隶属函数、截集)等。

在 SQL Server 2016 Analysis Services (SSAS) 中已经嵌入了决策树、聚类、关联、Naive Bayes、顺序、时序、神经网络、逻辑回归和线性回归等算法引擎,并提供了相应的挖掘算法。

综上所述:因为 DW 和 DM 具有关联分析、决策分析、聚类、分类、预测、偏差检测和概念描述等功能,DW 和 DM 在银行、金融、电信、保险、医药、交通、税务、零售等领域取得了成功的应用,而且逐步应用到 Web 数据挖掘、生物(基因)信息挖掘、文本挖掘、音频信息挖掘、视频信息挖掘、空间信息挖掘和分布式信息挖掘等领域。

11.4　大数据

在网络信息时代,大数据已经成功地应用到社会的多个领域,并且迅速成为社会各界关注的热点。未来不是 IT 时代,而是数据科技(Data Technology,DT)时代。

大数据(Big Data):无法在一定时间范围内,用常规软件工具进行捕捉、管理和处理的数据集合。需要新处理模式才能具有更强的决策力、洞察发现力和流程优化能力的海量、高增长率和多样化的信息资产。

麦肯锡全球研究所的定义:一种规模大到在获取、存储、管理、分析方面大大超出了传统数据库软件工具能力范围的数据集合,具有海量的数据规模、快速的数据流转、多样的数据类型和价值密度低 4 大特征。

11.4.1　大数据特征

根据专家对大数据的解释,不难看出,大数据具有的 5V 特征为 Volume(巨量)、Velocity(高速)、Variety(多样)、Value(价值)和 Veracity(真实)等。

大数据特征

(1) 巨量：数据的大小决定所考虑的数据的价值和潜在的信息。通常数据量巨大(PB 或 EB 级)，且快速增长。

(2) 高速：获取和处理数据的速度，要求实时响应。

(3) 多样：数据类型的多样性。数据对象多为文本、图形、图像、音频、视频、动画等非结构化和半结构化的异构多媒体数据。导致处理和有效地管理数据的过程复杂。

(4) 价值：合理运用大数据，以低成本创造高价值。

(5) 真实：数据的质量。

11.4.2　大数据结构

通过对大数据特征的分析，可以看出，大数据结构是由结构化、半结构化和非结构化的异构数据组成的复杂结构。即：在大数据中，不但包含结构化数据，而且包含更多半结构化和非结构化数据；并且非结构化数据越来越成为大数据的主要部分。

大数据结构的复杂性使其需要特殊的技术，以有效地处理大量的容忍经过时间内的数据。显然，适用于大数据的技术包括大规模并行处理数据库、数据挖掘、分布式文件系统、分布式数据库、云计算平台、互联网和可扩展的存储系统等。

针对不同结构的主流大数据管理系统：NoSQL 数据库系统、New 数据库系统和 MapReduce 模型等

(1)NoSQL 数据库系统。NoSQL(Not Only SQL，不仅仅是 SQL) 使用非关系型的数据存储方式。NoSQL 系统支持 Key-Value 模型、BigTable 模型、文档模型和图模型等。

(2)NewSQL 数据库系统。融合 SQL(关系) 和 NoSQL(非关系) 的新型数据库系统。即：NewSQL = SQL + NoSQL。

(3)MapReduce 模型。Google 提出的大规模并行计算解决方案 (Map + Reduce)。

未来数据平台的发展趋势：

(1) 面向操作型／分析型应用的关系数据库技术。

(2) 面向操作型应用的 NoSQL 数据库技术。

(3) 面向分析型应用的 MapReduce 数据库技术。

11.4.3 大数据应用

在当今高速发展的社会中,科技发达,信息流通,人们之间的交流越来越密切,生活也越来越方便,大数据在这个高科技时代的各种应用中应运而生。

大数据的主要应用领域:

(1) 企业大数据分析与预测。

(2) 政府大数据分析与预测。

(3) 服务大数据分析与预测。

(4) 消费／零售大数据分析与预测。

(5) 工业／农业大数据分析与预测。

(6) 通信／交通大数据分析与预测。

大数据的成功应用案例非常多应用。部分经典应用案例如下:

(1) 啤酒与尿布:全球零售业巨头沃尔玛在对消费者购物行为分析时发现,男性顾客在购买婴儿尿片时,常常会顺便搭配几瓶啤酒来犒劳自己,于是尝试推出了将啤酒和尿布摆在一起的促销手段。没想到这个举措居然使尿布和啤酒的销量都大幅增加了。

(2) 数据新闻让英国撤军:2010 年 10 月 23 日《卫报》利用维基解密的数据做了一篇"数据新闻"。将伊拉克战争中所有的人员伤亡情况均标注于地图之上,如图 11.8 所示。地图上一个红点便代表一次死伤事件,鼠标点击红点后弹出的窗口则有详细的说明:伤亡人数、时间,造成伤亡的具体原因。密布的红点多达 39 万,显得格外触目惊心。一经刊出立即引起震动,推动英国最终做出撤出驻伊拉克军队的决定。

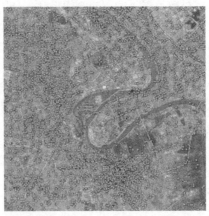

图 11.8 《卫报》大数据分析伤亡事件

(3) 微软大数据成功预测奥斯卡大奖：微软纽约研究院的经济学家大卫罗斯柴尔德 (David Rothschild) 利用大数据成功预测两年的奥斯卡奖项(24 个奥斯卡奖项中的 19 个;24 个奥斯卡奖项中的 21 个)。

(4) 洛杉矶警察局和加利福尼亚大学合作利用大数据预测犯罪的发生。

(5)Google 流感趋势 (Google Flu Trends) 利用搜索关键词预测禽流感的散布。

(6) 梅西百货的实时定价机制。根据需求和库存的情况,该公司基于 SAS 的系统对多达 7 300 万种货品进行实时调价。

综上所述,随着大数据应用越来越广泛,应用的行业也越来越多,每天都可以看到大数据的新奇应用,从而帮助人们获取真正有价值的信息,并从中受益。

显然,大数据正在改变人类的工作和生活方式。

11.5　小　结

针对众多数据库新技术,本章主要介绍 XML 数据库、数据仓库、数据挖掘和大数据的基本概念、基本理论和基本技术等。

主要知识点如下：

(1)XML 数据库的概念和基本类型。

(2) 数据仓库和数据挖掘的概念、特征、模型和应用。

(3)OLTP 和 OLAP 的概念及其区别和联系。

(4) 数据挖掘的概念和模型。

(5) 关联规则、聚类,决策树、分类和预测算法及其原理。

(6) 大数据的概念、特征、管理系统及其应用。

习　题

(1) 解释 XML,简述 XML 数据库的 2 种基本类型及其区别。

(2) 解释数据仓库,简述数据仓库的基本特征、数据模型和设计过程。

(3) 简述数据库系统和数据仓库系统的区别与联系。

(4) 解释 ETL,简述 ETL 的过程。

(5) 解释 OLTP,简述研发 OLTP 系统应该遵守的基本准则。

(6) 解释 OLAP 及其基本操作,简述 OLTP 与 OLAP 的区别。

(7) 解释数据挖掘,简述数据挖掘模型。

(8) 解释关联规则,简述关联规则算法的基本原理。

(9) 解释聚类,简述常用聚类算法及其基本原理。

(10) 解释决策树,简述决策树算法的基本原理。

(11) 解释分类,简述常用分类算法及其基本原理。

(12) 解释预测,简述常用预测算法及其基本原理。

(13) 简述数据仓库与数据挖掘的应用。

(14) 解释大数据,简述大数据的特征。

(15) 简述大数据系统及其应用。

参考文献

[1] A SILBERSCHATZ, H F Korth, S Sudarshan. Database System Concepts[M]. New York: McGraw-Hill, 2014.

[2] 王珊, 萨师煊. 数据库系统概论[M]. 北京: 高等教育出版社, 2014.

[3] 韩培友, 董桂云. 数据库技术[M]. 西安: 西北工业大学出版社, 2008.

[4] 韩培友, 董桂云. 数据库技术习题与实验[M]. 杭州: 浙江工商大学出版社, 2010.

[5] 韩培友. Access 数据库应用[M]. 杭州: 浙江工商大学出版社, 2016.

[6] 韩培友, 董桂云. MySQL 实验指导[M]. 杭州: 浙江工商大学出版社, 2012.

[7] 王勋, 韩培友, 等. 数据库系统原理[M]. 杭州: 浙江工商大学出版社, 2010.

[8] 王勋, 韩培友, 等. 数据库系统原理学习指导[M]. 杭州: 浙江工商大学出版社, 2012.

[9] J D ULLMAN, J WIDOM. 数据库系统实现[M]. 北京: 机械工业出版社, 2002.

[10] M CONNOLLY, E BEGG. 数据库设计教程[M]. 北京: 机械工业出版社, 2003

[11] J D ULLMAN, J WIDOM. 数据库系统基础教程[M]. 北京: 机械工业出版社, 2003.

[12] 韩培友. IDL 可视化分析与应用[M]. 西安: 西北工业大学出版社, 2006.

[13] 周根贵. 数据仓库与数据挖掘[M]. 杭州: 浙江大学出版社, 2004.

[14] 黄德才. 数据库原理及其应用教程[M]. 北京: 科学出版社, 2006.

[15] 张敏, 徐震, 冯登国. 数据库安全[M]. 北京: 科学出版社, 2005.

[16] 韩培友, 董桂云. 图像技术[M]. 西安: 西北工业大学出版社, 2009.